国家出版基金项目
NATIONAL PUBLICATION FOUNDATION

"十三五"
国家重点出版物
出版规划项目

地下水污染风险识别与修复治理关键技术丛书

地下水在线监测、模型应用与污染预警

胡清　许模　林斯杰　张建伟　等编著

化学工业出版社

·北京·

内容简介

本书为"地下水污染风险识别与修复治理关键技术丛书"的一个分册，全书以地下水污染监测预警相关技术环节为主线，系统介绍了从20世纪70年代至今国内外主流地下水污染监测技术方法和装备、常见水质预警模型构建方法、区块链等新型水质预测方法，并讨论了建立区域预警体系的方法，以及在示范区应用情况。该书既涵盖了地下水污染监测领域水质分析方法、数据传输方式、水质预警模型和预警体系建立等传统内容，也涵盖了基于物联网和区块链的地下水污染监测可信计算、地下水污染预警概率模型等新兴技术方法。

本书理论与实践有效结合，具有较强的技术应用性和针对性，可供从事地下水污染监测预警与防控等的工程技术人员、科研人员和管理人员参考，也可供高等学校环境科学与工程、生态工程及相关专业师生参阅。

图书在版编目（CIP）数据

地下水在线监测、模型应用与污染预警/胡清等编
著 . —北京：化学工业出版社，2021.9
（地下水污染风险识别与修复治理关键技术丛书）
ISBN 978-7-122-39377-7

Ⅰ.①地⋯　Ⅱ.①胡⋯　Ⅲ.①地下水-水质监测
②地下水污染-污染防治　Ⅳ.①X832②X523.06

中国版本图书馆CIP数据核字（2021）第120038号

责任编辑：刘兴春　卢萌萌　王蕊蕊　　　　　文字编辑：王文莉
责任校对：王　静　　　　　　　　　　　　装帧设计：王晓宇

出版发行：化学工业出版社（北京市东城区青年湖南街13号　邮政编码100011）
印　　装：北京瑞禾彩色印刷有限公司
787mm×1092mm　1/16　印张17½　字数404千字　2021年10月北京第1版第1次印刷

购书咨询：010-64518888　　　　　　　　售后服务：010-64518899
网　　址：http://www.cip.com.cn
凡购买本书，如有缺损质量问题，本社销售中心负责调换。

定　　价：148.00元　　　　　　　　　　　　　　　　版权所有　违者必究

"地下水污染风险识别与修复治理关键技术丛书"

—— 编 委 会 ——

顾　问：刘鸿亮　魏复盛　林学钰　侯立安　刘文清　吴丰昌　邓铭江　夏　军

主　任：席北斗　李广贺　胡　清

副主任：侯德义　李鸣晓　李炳华　姜永海　李　娟

编委会成员：（按姓氏拼音排序）

蔡五田　郭　健　何小松　侯德义　胡　清　郇　环　黄彩红　贾永锋

姜永海　姜　玉　李炳华　李广贺　李　娟　李　军　李明录　李鸣晓

李其军　李　瑞　李绍康　李书鹏　李　翔　李　宇　林斯杰　刘　国

刘洪禄　刘久荣　刘明柱　刘伟江　鹿豪杰　孟繁华　孟庆义　潘兴瑶

裴元生　石效卷　史　云　苏　婧　孙继朝　汪　洋　王凯军　席北斗

夏　甫　许　模　杨　庆　杨　昱　袁　英　张建伟　张列宇　张兆吉

赵昕宇　赵勇胜　朱　星

《地下水在线监测、模型应用与污染预警》

—— 编著人员名单 ——

胡　清　齐永强　林斯杰　刘明柱　许　模　杨　庆　张建伟　赵学亮

史　云　王明明　史浙明　蒲生彦　汪安宁　吕广丰　黄燕鹏

前言

地下水是我国水资源的重要组成部分。在北方地区尤其是京津冀地区，地下水更是重要的工农业生产和生活的供水水源。然而随着我国工业化和城镇化发展，地下水水质状况不容乐观。《国家十三五规划纲要》《水污染防治行动计划》等国家战略均在着力布局保障京津冀地下水安全。近年来，尽管有"南水北调工程"大幅度缓解了京津冀的缺水状况，但是客水资源的调入及地面人为活动的增强，也造成了潜在污染风险，对地下水质安全构成严重威胁，地下水污染防治工作面临着水质型缺水的困境。而地下水"易污难治"的特性，决定了监测预警是实现区域地下水污染高效防治、开展地下水资源科学管理的基础工作。

长期以来，地下水污染监测预警着重于研究水质模型优化和监测井优化等细分领域，缺乏从监测技术、监测数据传输、阈值构建、预警模型方法到示范应用一条龙介绍的专业书籍。为此，南方科技大学课题组依托"水体污染控制与治理科技重大专项""京津冀地下水污染防治关键技术研究与综合示范项目"（No. 2018ZX07109-002）组织编著此书。

本书以地下水污染监测预警为主线，系统介绍了从20世纪70年代至今国内外主流地下水污染监测技术方法和装备、常见水质预警模型构建方法等监测预警领域新方法，并讨论了区域预警体系建立方法以及示范案例应用情况。本书在编著方式上采用时间顺序对国内外现有主流技术进行了归纳，并按照监测预警的业务逻辑顺序排列章节体例。全书新旧结合，覆盖全面，既涵盖了地下水污染监测领域水质分析方法、数据传输方式、水质预警模型和预警体系建立等传统内容，也涵盖了基于物联网和区块链的地下水污染监测可信计算、地下水污染预警模型等新兴技术方法。同时，本书也在地下水污染监测预警领域提出了重金属和有机污染物在线监测的概念，并予以落地实践。

　　本书分别由来自南方科技大学、中国地质大学（北京）、成都理工大学、中国地质调查局水文地质环境地质调查中心、北京市地质矿产勘查院（原北京地质矿产勘查开发局）等长期从事地下水污染防治的一线技术工作者共同编著而成。其中第1章、第3章、第4章、第5章由南方科技大学的胡清、齐永强、林斯杰、汪安宁、吕广丰、黄燕鹏编著；第2章由中国地质大学（北京）的刘明柱编著；第6章由成都理工大学的许模编著；第7章由北京市地质矿产勘查院的杨庆编著。全书最后由胡清统稿并定稿。中国地质大学（北京）的史浙明，成都理工大学的蒲生彦，中国地质调查局水文地质环境地质调查中心的史云、赵学亮、张建伟、王明明等也参与了本书部分内容的编著，在此表示感谢。中国环境科学研究院的席北斗、清华大学的李广贺等对本书的策划组织和编著提出了宝贵意见和建议。另外，本书编著过程中，南方科技大学的杨梦曦、李俊辰、江宏川等参与了书稿的校对等工作，在此一并表示感谢。

　　限于编著者水平和编著时间，书中不足或疏漏之处在所难免，敬请各位读者批评指正。

编著者

2020年12月

目录

第 3 章
地下水污染在线监测和数据传输技术 / 033

第 4 章
水流模型建立 / 049

第5章
溶质运移模型建立 / 151

第6章
预警体系建立 / 185

第 7 章
典型区域地下水污染监测预警应用案例 / 227

第 1 章

绪论

1.1 地下水污染在线监测预警概述

在全球稀缺的淡水资源中，地下水占比 30.1%，是除了冰帽和冰川以外的最多的淡水资源，同时，地下淡水总量是地表淡水总量的 100 倍，含量十分丰富[1]。现代地下水在全球分布十分广泛，除了冰川覆盖地区以外，但凡人类活动较为密集的区域，几乎都有一定程度的地下水资源存在，这些地下水的埋深往往小于 50m，较易获取[2]。在全球地表水分布不甚均匀，且地表水更易受污染的情况下，地下水的易获取性与人类对淡水资源需求的迫切性相碰撞，就造成地下水资源的大规模利用。数据显示，全球有1/3 的饮用水来自地下水[3]，如果算上工农业等用途，那么有 15 亿～ 30 亿人通过直接或间接的方式使用地下水[4]，其中使用地下水的人口比例较高的国家有印度 85%[5]、伊朗 63%[6]、美国 33.3%[7]。在中国，地下水参与供水的比例在过去几年有了一定程度的下降，我国水利部发布的《2018 年中国水资源公报》显示，2018 年我国的地下水供水量占全部供水量的 16.2%，相比 2014 年下降了 2.1%[8]。从这两年的数据对比可以看出，我国总体对地下水的依赖程度并不大，但在局部区域，如华北平原，地下水的使用比例为67%，主要的去向是农业灌溉[9]。因此，地下水资源发挥着至关重要的作用。

地下水自身存在的特征使保护地下水的难度加大。不像地表水可以借着大流量、高流速、高溶氧、太阳光照等条件实现较为可观的自净作用，由于地下水常常储存于多孔介质的孔隙中，其流速相当缓慢，一旦地下水被污染，将长久难以恢复。因此，地下水污染防治工作的关键在于及时预判、找出可能存在污染风险的区域。其中的困难在于地下水储存在地下，缺少天然的观察窗口，我们只能通过钻孔来监测地下水的动态。如此一来，昂贵的钻孔成本，加上高频监测带来的经济成本，使得监测地下水污染困难重重。

在地下水污染预警方面学术界也存在不同的看法。联合国国际减灾战略（United Nations International Strategy for Disaster Reduction, UNISDR）认为地下水污染属于地质灾害的一种，可以将污染分为预测、预警和预报三个等级（见图 1-1）。其中预测（prediction）是基于已有观测数据的推演给出污染物时空分布情况；预警（warning/early warning）则是根据预测结果采取相应的措施，侧重于建立阈值体系和应对措施；预报（forecast）则是要给出未来污染事件的准确参数。从地下水污染监测基础数据完备性以及土壤性质的各向异性来看，目前能够做到对小尺度区域（例如单一水文地质单元的污染场地）地下水污染状况做近似预测。但是对大尺度区域，尤其是包含有不同水文地质单元的城市尺度的地下水污染进行预测的效果较差。

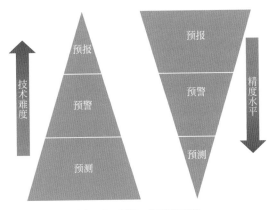

图 1-1 预测、预警和预报

　　在这样的背景下，为了有效阻绝风险，了解存在较高地下水污染风险的区域分布情况，开展地下水污染监测并建立数学模型进行污染预警是相对有效且高效的途径。当前，学术、工业界主要用两种办法来实现这一目标。其一是地质统计学方法，该方法的基础假设是近处事物比远处事物联系更为紧密，因此距离近的站点会比远的站点更可能具有相似的数据，也即基于空间距离对未知区域的污染物分布情况进行预测。其二是地下水数值模拟，该方法基于连续介质假设、质量守恒定律、达西定律、菲克定律等一系列基础理论，构建描述地下水系统实体的方程 $f(x)$，用数学表达式来刻画物理、化学过程，进而模拟地下水水流、污染物在多孔介质中的流动、运移过程。方程中包含系统参数（给水度、储水系数等参数）和结构特征（含水层分布、边界条件等），通过解方程的形式，科学家们可以获取污染物在空间上不同位置的物质浓度，进而划定地下水污染风险区域。以上两种方法经过了较长时间的研究与工程实践考验，已经相对成熟，但仍存在一系列问题。地质统计学的主要问题是具有高度的不确定性[10]。地下水数值模拟的主要问题包括 3 个方面：

　　① 在现实情况下，基础理论的假设难以完全满足，这给模型的构建带来了不确定性；

　　② 含水层结构往往十分复杂，研究者往往难以获取刻画模型所需要的数据，因此难以充分理解地下水的平流、弥散、水动力、污染物化学行为等基本过程，继而难以用数学表达式准确刻画这些过程，同时，所用到的与水文、地质、地形、气象和气候数据相关的不确定性使得数值模型校准和验证具有挑战性[11-13]；

　　③ 即使可以很好地刻画实际过程，在计算过程中地下水数值模拟也存在计算代价高、费时且昂贵的问题[14, 15]。

1.2 国内外研究现状及发展趋势

1.2.1 地下水污染预警模型研究进展

地下水污染预警的核心是预警等级体系建立，包括警度和警限两个方面[16]。警度是指预估或判断水体受影响的程度，一般依赖于模型或评价方法。警限则是指确定警情严重性而划分的界限。通过对国内外地下水污染领域的文献计量学研究表明[17]，国内对地下水污染数值模拟、风险评价、健康风险评价、水质评价等关注度较高。国外对地下水污染预警的研究始于 20 世纪 70 年代，主要技术方法是依靠电化学探头和指示生物对水质进行预测。之后基于风险的思想，开始对地下水脆弱性进行评估，结合污染风险评价结果对重要水源地进行监测预警。而我国对地下水污染预警的系统研究始于 21 世纪初，洪梅等[18]提出了地下水水质预警系统，之后陆续有学者[19-21]提出了基于地下水污染风险评价、灰色预测和风险管理的地下水污染预警模型。

在模型方面，地下水污染预警模型按其结果呈现形式可以分为时间序列模型、水质模型和概率模型三大类。其中时间序列模型、概率模型都是基于观测数据驱动的数学模型，而水质模型是微观或宏观上的机理模型。

（1）时间序列模型

时间序列模型是指将地下水污染监测数据按照信号学的分析思路和方法进行处理，认为观测数值随时间呈现一定的变化规律，而这种规律是可以被各种分析工具所解析和预测的。时间序列模型覆盖了最基本的趋势线分析法到最新的机器学习模型，长期被用于地下水水位预测。例如 Dileep. K 等[22]移植了在气象领域广泛使用的 Mann-Kendall 检验方法[23]用于检验旱灾和人为活动对印度地下水水位的影响，发现了地下水水位的季节性变化趋势。齐欢[24]也是用类似的方法预测降水并应用在济南市地下水管理模型中。差分（differential）自回归整合移动平均（autoregressive integrated moving average，ARIMA）模型则是利用已知观测数据进行回归预测，并要求预测数据的回归曲线和已知数据的回归曲线在许可误差范围内保持一致的形态。尽管 ARIMA 模型被广泛用于地下水水位预测，但仍有国外学者[25,26]和国内学者[27]使用该方法联合其他方法对地下水中污染物进行预测，这些研究均表明单纯使用 ARIMA 方法对污染物的预测精度比指数平滑法的效果要差[25]，而联合了遗传规划的 ARIMA 方法则效果较好[27]。

随着神经网络理论的发展和计算能力的提高，以反向传播（back-propagation，BP）神经网络为代表的神经网络也被应用于对地下水监测时序数据的预测上。此类算法和相关衍生算法（CNN、RNN、LSTM）等均是建立在大量观测数据的基础上来训练神经元的，通过激活函数来确定每个神经元的输入和输出，并通过反向传播算法来不断修正神经元的权重，利用损失函数来确定是否停止迭代，最终得到损失函数最小的权重矩阵以尽可能贴切地描述观测数据。Wu. J 等 [28] 采用 BP 模型来预测地下水中溶解氧（DO）变化情况，Kuo. Y. M 等 [29] 则使用 BP 算法结合均方根误差作为判断指标来预测地下水中 As 含量，其预测值的偏差能控制在 25% 以内。

（2）水质模型

水质模型也是较为常见的地下水污染预警模型。水质模型又称为水流 - 溶质运移模型或污染扩散机理模型。其根本思想是将水文地质参数进行概化，确定边界条件，并建立针对污染源 - 扩散迁移 - 目标点的过程模拟。主要依靠物质、流量和能量守恒关系建立偏微分方程组。对偏微分方程组的解算多使用 FDM（有限差分）、FEM（有限元）、FVM（有限体积），近年来也基于粒子群算法来获得数值解。水质模型是较为成熟的预警模型，以 MODFLOW、MT3D、FEFLOW、Hydrus-1D 等一系列商业化或开源软件为代表，在水质预警方面得到了广泛应用。吴庆等 [30] 利用 Hydrus-1D 和 Visual MODFLOW 分别对污染物开展包气带过程模拟和饱和带模拟，并设计了潜水层和承压层的预警临界值，实现了对浑河的李官堡水源地的预警区划分和管理措施制定。Li 等 [31] 则使用 MODFLOW 构建了天津市水质模型，然后建立了二元红 - 蓝线管理模式用于管理决策。

（3）概率模型

在上述两种模型之外，近年来概率模型也逐渐被采用。概率模型的核心思想为将观测数据和污染发生使用概率模型关联起来，其预测的结果为根据观测指标得到的污染发生概率。典型的概率模型有动态贝叶斯模型、灰色模型和多元 Logistic 回归模型。动态贝叶斯模型以贝叶斯理论为基础，通过求解水文化学过程指标的先验概率，进而对选定的指标使用贝叶斯网络进行概化，计算指标的后验概率。Shihab. K[32,33] 先后使用此方法对监测井间的 pH 值、电导率、总溶解固体（TDS）等指标的条件概率进行计算，求解了指标间的后验概率表，并进一步将该方法扩展到硝酸盐、DO 等指标。Mattern. S 等 [34] 则比较了动态贝叶斯网络、克里金（Krigring）和决策树对地下水中硝酸盐浓度空间分布，并进行了预测，结果表明动态贝叶斯网络结果和不确定性均优于克里金和决策树。灰色模型代表 GM(1,1) 模型，则是用一阶微分方程将观测数据（单变量）转变为以时间 t 为变量的连续微分方程，然后使用马尔可夫链方法，构建每个监测点值和下一个监测点值的状态转移概率权重，并将加权后的概率作为下个时刻的预测值。其中关于马尔可夫链一步转移矩阵的计算方法多采用最小二乘法估计。该方法对突变数据预测效果较差。卢丹 [35] 研究结果表明，GM(1,1)- 马尔可夫模型对枯水期的地下水污染监测数据拟合效果较好，丰水期效果较差。刘喜坤等 [36] 的研究结果从年份监测数据上也表明污染

预测结果受地下水开采量影响较大。马晋等[37]则出于对高频污染物之间的关系，提出了基于多元 Logistic 回归分析的概率模型预警方法。该方法将高频污染物浓度作为多元 Logistic 回归模型的因变量，从而计算污染整体出现的概率，准确度超过 90%。

1.2.2 地下水污染预警阈值体系方法进展

阈值确定方法又叫警限划定方法，是指确定警情不同严重性的划分界限。目前主要的阈值确定方法有相关标准法、临界值法和综合评判法[5]。相关标准法是指根据水质标准，直接使用标准中规定的水质数值作为阈值。这种方法可以是单一水质指标划定[38]，也可以是多个水质指标划定[39]。临界值法则是考虑到污染物的剂量 - 反应关系，从保护人体健康或生态环境安全角度出发，制定的一系列阈值。这类阈值的制定方式往往与人体健康反应有密切关系，也与毒理学数据密切相关。典型的应用有郑丙辉等[40]将污染物暴露安全阈值、污染物无不良反应浓度、暴露人群体重、饮用水占日均可耐受比例等指标耦合，建立了以有不良反应 / 无不良反应为警度的预警阈值体系。综合评判法则多基于 DRASTIC 及其改进方法[41]，以人为打分的形式结合分类方法，对水质提出不同警限。

综合而言，王嘉瑜等[16]提出阈值确定方法既要参考标准，也要顾及人体健康和生态环境保护，同时充分利用统计学、系统分析理论等新方法结合，降低人为因素对权重的影响。

1.2.3 观测-预警与大数据方法

探索大数据驱动的方法在地下水领域的应用研究具有深刻的科学与工程意义。在建立大数据驱动模型时，涉及的关键技术方法为机器学习。机器学习是近二十多年兴起的一门交叉领域技术，机器学习算法是一类从数据分析中获得规律（模型），并利用规律（模型）对未知数据进行预测的方法，这样的方法能有效挖掘大数据中包含的价值，从而实现精准预测，是本研究中主要探索的研究方法。

（1）基于机器学习的大数据驱动模型在地下水领域的应用

基于机器学习的大数据驱动模型构建在地下水领域的多类科学问题得到了广泛应用，包括地下水水位预测、地下水潜力图绘制、地下水污染预测与风险评估等。

在地下水水位时间预测问题上，Guzman 等[42]运用具有外部输入的非线性自回归（nonlinear autoregressive with external input，NARX）循环神经网络算法建立美国密西西比河谷冲积含水层的日地下水水位数据驱动模型，结果显示，用带有 2 层隐层节点与 100 倍时间延迟的贝叶斯正则化算法训练出来的神经网络有良好的预测效果，可以将水位预测误差控制在 ±0.00119m。在区域的地下水水位预测问题上，有学者探索了基于重力恢复和气候实验（gravity recovery and climate experiments，GRACE）衍生的陆地水变化（terrestrial water change，ΔTWS）数据来驱动地下水水位预测模型。研究结果显示，ΔTWS 可以解释 36.48% ～ 74.28% 的水位变化，当加入了气象变量作为解释变量以后，支持向量回归（support vector regression，SVR）算法建立的模型具有最小的均方根误差（RMSE），可以很好地根据 ΔTWS 和气象变量来预测地下水水位 [43]。

地下水潜力图的目的是通过地理信息系统（geographic information system，GIS）和遥感（remote sensing，RS）来找出隐藏在地下的地下水资源，这样的方法可以避免耗费大量的资金、时间和人力资源进行实地调查 [44, 45]，而基于机器学习的大数据驱动方法为绘制地下水潜力图提供了有力的科学技术支撑。Park 等 [46] 在韩国开展了相关研究，在训练模型的过程中，囊括了 859 口井的数据及 16 种地下水影响因素，包括地面高程、地面坡度、土地覆盖类型、容貌密度等，训练出来的模型在另外 365 口井上做了测试。结果发现，基于多元自适应回归样条（multiple adaptive regression spline，MARS）方法训练出来的大数据驱动模型能获得较高的准确率，从而完成对地下水潜力图的准确预测。

（2）基于机器学习的大数据驱动模型在地下水污染预测问题上的应用

基于大数据驱动的地下水污染预测模型同时得到了广泛研究，不同研究之间的差异体现在研究的区域、使用的算法、预测的污染物类别等方面。

在研究区域方面，早期的研究侧重于关注农业区的地下水污染预测，Khalil 等 [47] 探索了利用人工神经网络（artificial neural networks，ANN）、支持向量机（support vector machine，SVM）、局部加权投影回归（locally weighted projection regression，LWPR）、相关向量机（relevance vector machine，RVM）等算法构建数据驱动模型预测农业区硝酸盐污染的可能性，研究中所使用的解释变量为化肥的氮负荷、粪肥的氮负荷，最终印证了数据模型的适用性，并得出了其比 MT3D 等地下水数值模拟方法快的结论。因人口增长导致的垃圾填埋量快速增长，使得垃圾填埋场的渗滤液给地下水带来很大的污染风险，Bagheri 等 [48] 以某垃圾填埋场为研究区，采集了垃圾填埋场 2005 ～ 2015 年 20m 深度的渗滤液浓度数据集，意在研究垃圾渗滤液渗入地下水的过程，所采用的数据驱动模型构建方法为 ANN，包括多层感知机 ANN（multi-layer perceptron ANN，MLPANN）和径向基函数 ANN（radial basis function ANN，RBFANN），该研究证明了基于机器学习的大数据驱动建模方法对于预测垃圾填埋场渗滤污水渗透深度及评估环境影响的有效性。Erickson 等 [49] 讨论了在冰川区域进行基于大数据驱动的地下水 As 浓度预测的可能性，冰川沉积物复杂的、三维的、非均质的特性使得预测难度很高，研究者基于 3283 口冰川井的施工信息、含水层结构特征、土壤地球化学、景观水文位置等合计 74 项解释变量，对区域的地下水 As 浓度进行预测，结果显示，基于增强回归树（boosted regression tree，BRT）能较好地适应冰川区域含水层的建模，从而为该区域的饮用水安全提供保障。这三个案例说明了基于机器学习的大数据驱动方法对于不同类型的场地地下水污染预测都能得到良好的应用。

现实情况下，由于地下水分布广泛，人口密集地区对地下水的依赖程度往往更高，科学家与政府决策者更需要掌握这些区域的地下水污染风险。Pan 等[50] 开展了对加拿大里贾纳市城区地下水含水层总溶解固体的预测研究，基于双步多元线性回归（dual-step multiple linear regression，DMLR）、混合主成分回归（hybrid principal component regression，HPCR）、反向传播神经网络（back propagation neural networks，BPNN）等方法，以及 27 口监测井多年的 As、Ca、Mg 浓度等 14 个指标的监测数据，成功构建了地下水总溶解固体污染预测的数据驱动模型。Díaz-Alcaide 和 Martínez-Santos[51] 在卫生条件差但人口密集的西非国家马里的农村区域开展了研究，目的是通过构建基于机器学习的大数据驱动模型来预测地下水中的大肠埃希菌的分布，以量化分析当地地下水受不良的公共卫生条件（粪便）的影响，在这项研究中引入的解释变量包括了地下水的基本数据（温度、电导率等）及当地的卫生相关数据（污水处理情况、厕所数量等），最终证明基于随机森林（random forest，RF）和逻辑回归（logistic regression，LR）方法所得到的模型能更好地解释研究中使用的数据集，从而得到区域地下水中大肠埃希菌的分布情况。除此之外，众多科学家在流域、州、国家、大陆甚至全球等更大的区域尺度做了相关研究，寻求基于大数据驱动的地下水污染预测方法在不同空间尺度下的应用证明。例如：Tesoriero 等[52] 在美国切萨皮克湾流域研究的地下水还原条件预测大数据驱动模型；Knoll 等[53] 在德国黑森州研究的地下水硝酸盐预测大数据驱动模型；Podgorski 等[54] 利用 RF 算法构建了印度的地下水氟污染情况预测的大数据驱动模型，刻画了印度全国的高氟地区概率分布图；Amini 等[55] 和 Podgorski 等[56] 分别利用自适应神经模糊推理系统（adaptive neuro-fuzzy inference system，ANFIS）和 RF 算法及大量地下水相关数据，来构建全球的地下水 As 浓度分布的大数据驱动模型。由于不同区域存在不同的气象气候、地形地理、水文地质、社会经济等条件，以上的研究扩充了这种大数据驱动方法的适用范围，为这一方法的大规模应用奠定了比较良好的基础。

由于机器学习相关的算法很多，因此对不同算法的适用性展开研究，从而找到每一个算法对应的合适的应用场景。前文提及的 Khalil 等[47] 第一次研究了 ANN、SVM、LWPR、RVM 等方法的应用，取得了比较好的效果。Amini 等[57] 在对全球地下水 As、F 预测研究中探究了 ANFIS 的应用。Winkel 等[58] 初步研究了 LR 在预测东南亚地下水砷污染的效果，为后来 Gurdak 和 Qi[59]、Ayotte 等[60]、Bretzler 等[61]、Díaz-Alcaide 和 Martínez-Santos[51] 等研究奠定了良好的理论与应用基础。Messier 等运用贝叶斯最大熵算法分别建立了四氯乙烯、硝酸盐氮（NO_3^--N）的污染预测数据驱动模型[62, 63]。Singh 等采用 BRT 算法，成功构建了适用于印度 Ghaziabad 和 Unnao 地区地下水 COD 预测的模型，后来的 Ransom 等[64]、Rosecrans 等[65]、Sajedi-Hosseini 等[66] 均在各个不同研究区域、目标污染物上探索了该算法的适用性。Rodriguez-Galiano 等[67] 运用 RF 算法预测美国农业区 Vega de Granada 含水层的污染情况，这是该方法首次运用在地下水污染预测问题上，在该研究中，所使用的两套数据共囊括了 27 组解释变量，建立了多个不同的大数据驱动预测模型，基于均方误差（MSE）和接收者操作特征曲线下的面积（AUC）等模型性能评价指标的分析，研究结果发现，基于 RF 方法得到的数据模型比 LR 更佳。这项研究开创了在地下水污染预测领域运用 RF 方法的先河，诸多研究都以该方法开展了对应的研究，例如：Wang 等 [68] 基于随机森林等 13 种机器学习方法，结合 401 组样本，构建了区域溶解性有机氮（DON）的大数据驱动预测模型；Koch 等 [69] 通过 13000 余组数据与随机森林方法相结合，建立了丹麦地下水的氧化还原界面高度的大数据驱动预测模型；Bindal 和 Singh[70] 利用该方法对印度人口最密集的区域——北方邦，进行地下水 As 污染情况的预测，成功摸清了该区域的地下水 As 分布情况。Barzegar 等 [71] 研究了基于极限学习机算法（extreme learning machine，ELM）预测地下水氟化物污染的可行性，经过 143 组数据的训练，成功构建了基于 4 项解释变量来预测地下水氟化物浓度的数据驱动模型。

能否对各种污染物构建大数据驱动的模型是又一个重要的命题。前文所提及的污染物 / 污染指标包括 NO_3^--N、渗滤液、As、TDS、大肠埃希菌、地下水还原性、F、DON等，是比较常见的污染物或污染指标。然而，存在于自然界中的地下水的污染物远不止这几种。例如，在污染场地，我们的关注点会放在场地重点关注污染物。Lee 等 [72] 通过搜集美国 5 个污染场地，共计 35 口井的数据（n=1056），试图预测"还原脱氯潜力"，以判断何时能达到场地修复的目标；研究中所选用的建模方法为决策树（decision tree，DT），所构建的模型成功实现了提前三月预测还原脱氯潜力的目标。Messier 等 [62] 基于贝叶斯最大熵算法预测美国北卡罗来纳州地下水中四氯乙烯的浓度，取得了较为准确的预测结果。咸水的预测问题在近海含水层中很关键，Cameron 等 [73] 以意大利北部含水层为研究区，证明了用 KC 分类器来预测地下水中的氯浓度的有效性。

（3）国内研究现状

国内对该领域的研究相比国外较少。在地下水领域中相关的研究包括地下水水位预测、地下水资源量评价等。曹伟征等 [74] 提出一种基于相重构和粒子群算法的 ELM 模型，并应用于黑龙江红旗岭农场的地下水埋深大数据驱动预测研究，取得了准确的预测效果，拟合准确率达到了 92.66%。喻黎明等 [75] 选择石家庄平原区为研究区域，建立了基于 ELM 的地下水水位埋深时空分布预测模型，结果显示，与常用的 BP 神经网络相比，误差得到了显著降低，说明了该模型的良好的应用效果。秦怡 [76] 提出了基于"遥感大数据＋机器学习"的大数据驱动模型构建方法，目的是预测地下水资源量，该研究选择的研究区域是广东省，利用多源、多尺度的遥感数据，以地下水资源量公报的数据作为标签，进行模型的学习，从而实现了区域地下水资源量的客观预测评价。

以中国为研究区的地下水污染预测大数据驱动模型研究主要集中在 As 这一污染物。Zhang 等 [77] 以逻辑回归算法为基础，融合地形、土壤性质、水文、重力和遥感信息等

23 种不同来源的解释变量，对山西省的地下水 As 污染风险分布进行预测，最终圈定出 3000km² 的高污染风险区域。Rodríguez-Lado 等[78] 以中国内地为研究区，探索建立基于逻辑回归算法的地下水 As 污染分布数据驱动模型，8 个高度相关的解释变量（全新世沉积物、土壤盐度、细底土质地、地形湿润指数、高 As 河流密度、地面坡度、采样点与河流距离、重力）与 2668 组实测的 As 浓度值被用来进行模型的训练，得到的模型准确度在 83% ～ 98% 之间，研究者还结合人口密度数据，利用该模型评估了可能受风险的人群数量。

1.2.4　大数据技术的不足与挑战

针对国内外研究，分析大数据技术在地下水污染预警领域相关研究存在的问题，归纳如下。

问题一：需要多少数据才能运用大数据驱动的方法实现地下水污染预测？当前的研究并未阐述这一问题。然而，数据量的确定是相当关键的因素，这是因为使用者将构建的大数据驱动预测模型的精度与所使用的数据量有密切的关系，而当数据量不足时，大数据驱动模型容易过拟合，即对训练数据以外的样本预测结果较差。探究该问题具有重要意义，它将指导未来相关科学家、研究人员在开展相关研究前确定好预计将采集的样本量。除此之外，训练数据的获取成本亦是问题，地下水数据的采集需要钻孔、打井，其成本往往以万元计，倘若对于一个需要 200 组地下水相关数据即可解决的问题却用了 300 组地下水相关数据来解决，就造成了 100 组数据资源的浪费。

问题二：如何在构建大数据驱动的地下水污染预测模型前进行解释变量选择？建模前的数据特征工程对构建准确、可靠的模型起很大的作用，其中一项关键是对输入的解释变量进行选择。在现有的相关研究中，往往忽略了解释变量的选择，或是简单进行了选择，未讨论不同的解释变量选择方法对所建立的大数据驱动模型带来的影响，亦未基于评价函数比较不同选择方法的优劣，这将导致最终的预测可能出现偏差。如何基于即将预测的目标变量更科学地对地下水相关数据进行解释变量选择是一个亟待研究的问题。

问题三：以中国为研究区的研究远远少于国外的研究。作为世界人口最多的国家，中国对水资源的需求很高，因此，对中国的地下水污染情况的研究应该进一步深入。基于大数据驱动的方法能否适用于中国的情况，尚未得到充分论证。

问题四：如何定量评价大数据驱动的地下水污染预测模型的不确定性分析？在模型的不确定性分析上，现有的研究往往倾向于不考虑不确定性，或是仅对不确定性进行定性分析，存在不够严谨的问题。不确定性分析在水文预报模型、地下水数值模拟中已有较为成熟的研究，但在基于大数据驱动的地下水污染预测模型方面仍需进一步研究。

[1]   Gleick P H. Water resources [J]. Encyclopedia of Climate, Weather, 1996: 817-823.

[2]   Gleeson T, Befus K M, Jasechko S, et al. The global volume and distribution of modern groundwater [J]. Nature Geoscience, 2016, 9(2): 161-167.

[3]   Council N R. Ground Water Vulnerability Assessment: Predicting Relative Contamination Potential Under Conditions of Uncertainty [M]. Washington DC: National Academies Press, 1993.

[4]   Hassan R, Scholes R, Ash N. Millennium Ecosystem Assessment: Ecosystems and Human Well-Being-Current State and Trends [J]. Washington DC: Island Press, 2005, 917.

[5]   Gupta A, Bansal C, Husain A I. Ground water quality monitoring using wireless sensors and machine learning[C]// International Conference on Automation and Computational Engineering (ICACE). 2018.

[6]   Sajedi-Hosseini F, Malekian A, Choubin B, et al. A novel machine learning-based approach for the risk assessment of nitrate groundwater contamination[J]. Science of the Total Environment, 2018, 644: 954-962.

[7]   United States Environmental Protection Agency. Factoids: Drinking water and ground water statistics for 2008 (EPA-816/K-08-004)[R]. Washington DC: 2008.

[8]   中华人民共和国水利部. 2018年中国水资源公报[R]. 2018.

[9]   周训, 胡伏生, 何江涛, 等. 地下水科学概论[M]. 第二版·彩色版. 北京: 地质出版社, 2014.

[10]   Narany T S, Ramli M F, Aris A Z, et al. Assessment of the potential contamination risk of nitrate in groundwater using indicator kriging (in Amol-Babol Plain, Iran) [M]. Singapore: Springer, 2014: 273-277.

[11]   Alagha J S, Said M A M, Mogheir Y. Modeling of nitrate concentration in groundwater using artificial intelligence approach—a case study of Gaza coastal aquifer [J]. Environmental Monitoring and Assessment, 2014, 186(1): 35-45.

[12]   Raghavendra N S, Deka P C. Support vector machine applications in the field of hydrology: A review [J]. Applied Soft Computing, 2014.

[13]   Barzegar R, Fijani E, Asghari Moghaddam A, et al. Forecasting of groundwater level fluctuations using ensemble hybrid multi-wavelet neural network-based models [J]. Science of the Total Environment, 2017, 599-600: 20-31.

[14]   Hassan A E, Hamed K H. Prediction of plume migration in heterogeneous media using artificial neural networks [J]. Water Resources Research, 2001, 37(3): 605-623.

[15]   Fang H T, Jhong B C, Tan Y C, et al. A two-stage approach integrating SOM- and MOGA-SVM-based algorithms to forecast spatial-temporal groundwater level with meteorological factors [J]. Water Resources Management, 2018, 33(2): 797-818.

[16]   王嘉瑜, 蒲生彦, 胡玥, 等. 地下水污染风险预警等级及阈值确定方法研究综述[J]. 水文地质工程地质, 2020, 47(02):43-50.

[17]   谢浩, 李军, 邹胜章, 等. 基于文献计量学的地下水污染研究现状[J/OL]. 南水北调与水利科技(中英文), 2021, 19(1): 168-178.

[18]   洪梅, 赵勇胜, 张博. 地下水水质预警信息系统研究[J]. 吉林大学学报(地球科学版), 2002(04): 364-368, 377.

[19]   白利平, 王业耀, 郭永丽, 等. 基于风险管理的区域(流域)地下水污染预警方法研究[J]. 环境科学, 2014, 35(08): 2903-2910.

[20]   杨庆, 姜媛, 张伟红, 等. 基于地下水污染预警信息系统的污染防治研究[J]. 城市地质, 2015, 10(04): 63-66.

[21]   左锐, 石榕涛, 王膑, 等. 地下水型水源地水质安全预警技术体系研究[J]. 环境科学研究, 2018, 31(03):409-418.

[22]   Dileep K, Panda A, Mishra S K, et al. The influence of drought and anthropogenic effects on groundwater levels in Orissa, India[J]. Journal of Hydrology, 2007, 343(3): 140-153.

[23]   Keltoum C, Luc N, Claudine, et al. Analyses of precipitation, temperature and evapotranspiration in a French Mediterranean region in the context of climate change[J]. Comptes Rendus - Géoscience, 2010, 342(3): 234-243.

[24]   齐欢. R/S和Mann-Kendall法在济南市地下水管理模型中的应用[J]. 中国农村水利水电, 2019(08):20-25.

[25]   Garcia-Diaz J C. Monitoring and forecasting nitrate concentration in the groundwater using statistical process control and time series analysis: a case study[J]. Stochastic Environmental Research and Risk Assessment, 2011, 25(3):331-339.

[26] Sobia I, Bhatti S, Mohsin A M, et al. Groundwater arsenic and health risk prediction model using machine learning for T.M Khan Sindh, Pakistan[J]. International Journal of Information Technology and Computer Science, 2020, 12(2): 24-31.

[27] 张传奇,温小虎,王勇,等.基于遗传规划的地下水盐分动态模拟[J].水资源与水工程学报,2013,24(03):18-22.

[28] Wu J, Li Z, Zhu L, et al. Optimized BP neural network for dissolved oxygen prediction[J]. IFAC-PapersOnLine, 2018, 51(17): 596-601.

[29] Kuo Y M, Liu C W, Lin K H. Evaluation of the ability of an artificial neural network model to assess the variation of groundwater quality in an area of blackfoot disease in Taiwan[J]. Water Research,2004,38(1):148-158.

[30] 吴庆,郭永丽,滕彦国,等.基于过程模拟的李官堡水源地地下水污染预警[J].水文,2017,37(01):19-24.

[31] Li F, Feng P, Zhang W, et al. An integrated groundwater management mode based on control indexes of groundwater quantity and level[J]. Water Resources Management, 2013, 27(9): 3273-3292.

[32] Shihab K. Dynamic modeling of groundwater pollutants with Bayesian networks[J]. Applied Artificial Intelligence, 2008, 22(4):352-376.

[33] Shihab K. Modeling groundwater quality with Bayesian techniques[C]// The 5th International Conference on Intelligent Systems Design and Applications (ISDA'05), IEEE, 2005: 73-78.

[34] Mattern S, Raouafi W, Bogaert P, et al. Bayesian data fusion (BDF) of monitoring data with a statistical groundwater contamination model to map groundwater quality at the regional scale[J]. Journal of Water Resource and Protection, 2012, 4(11): 929-943.

[35] 卢丹.改进的灰色-马尔科夫模型在地下水水质预测中的应用研究[J].水利规划与设计,2016(06): 86-89,99.

[36] 刘喜坤,张双圣,卜庆生,等.马尔科夫链与GM(1,1)模型在岩溶地下水四氯化碳污染预测中的应用对比[J].江苏水利, 2017, (07): 1-5.

[37] 马晋,何鹏,杨庆,等.基于回归分析的地下水污染预警模型[J].环境工程,2019,37(10): 211-215.

[38] Organization W H. Guidelines for Drinking-water Quality[M]. 4th ed. World Health Organization, 2011.

[39] 赵娟,李育松,卞建民,等.吉林西部地区高砷地下水砷的阈值分析及风险评价[J].吉林大学学报(地球科学版), 2013, 43(01): 251-258.

[40] 郑丙辉,罗锦洪,付青,等.基于人体健康风险的水污染事件污染物安全阈值研究[J].环境科学, 2012, 33(02): 337-341.

[41] 周超,邵景力,崔亚莉,等.基于地下水流数值模型的改进DRASTIC方法[J].水文地质工程地质,2018,45(01):15-22.

[42] Guzman S M, Paz J O, Tagert M L M. The use of NARX neural networks to forecast daily groundwater levels [J]. Water Resources Management, 2017, 31(5): 1591-1603.

[43] Mukherjee A, Ramachandran P. Prediction of GWL with the help of GRACE TWS for unevenly spaced time series data in India : analysis of comparative performances of SVR, ANN and LRM [J]. Journal of Hydrology, 2018, 558: 647-658.

[44] Sander P, Chesley M M, Minor T B. Groundwater assessment using remote sensing and GIS in a rural groundwater project in Ghana: lessons learned [J]. Hydrogeology Journal, 1996, 4(3): 40-49.

[45] Singh A K, Prakash S R. An integrated approach of remote sensing, geophysics and GIS to evaluation of groundwater potentiality of Ojhala sub-watershed, Mirjapur district, UP, India[C]//Proceedings of the Asian conference on GIS, GPS, aerial photography and remote sensing. Bangkok-Thailand, 2002.

[46] Park S, Hamm S-Y, Jeon H-T, et al. Evaluation of logistic regression and multivariate adaptive regression spline models for groundwater potential mapping using R and GIS [J]. Sustainability, 2017, 9(7): 1157.

[47] Khalil A, Almasri M N, McKee M, et al. Applicability of statistical learning algorithms in groundwater quality modeling [J]. Water Resources Research, 2005, 41(5): W 05010.

[48] Bagheri M, Bazvand A, Ehteshami M. Application of artificial intelligence for the management of landfill leachate penetration into groundwater, and assessment of its environmental impacts [J]. Journal of Cleaner Production, 2017, 149: 784-796.

[49] Erickson M L, Elliott S M, Christenson C A, et al. Predicting geogenic arsenic in drinking water wells in glacial aquifers, north-central USA: Accounting for depth-dependent features [J]. Water Resources Research, 2018, 54(12): 10172-10187.

[50] Pan C, Ng K T W, Fallah B, et al. Evaluation of the bias and precision of regression techniques and machine learning approaches in total dissolved solids modeling of an urban aquifer [J]. Environ Sci Pollut Res Int, 2019, 26(2): 1821-1833.

[51] Díaz-Alcaide S, Martínez-Santos P. Mapping fecal pollution in rural groundwater supplies by means of artificial intelligence classifiers [J]. Journal of Hydrology, 2019, 577(1): 124006.

[52] Tesoriero A J, Terziotti S, Abrams D B. Predicting redox conditions in groundwater at a regional scale [J]. Environ Sci Technol, 2015, 49(16): 9657-9664.

[53] Knoll L, Breuer L, Bach M. Large scale prediction of groundwater nitrate concentrations from spatial data using machine

learning [J]. Science of the Total Environment, 2019, 668: 1317-1327.

[54] Podgorski J E, Labhasetwar P, Saha D, et al. Prediction modeling and mapping of groundwater fluoride contamination throughout India [J]. Environ Sci Technol, 2018, 52(17): 9889-9898.

[55] Amini M, Abbaspour K C, Berg M, et al. Statistical modeling of global geogenic arsenic contamination in groundwater [J]. Environ Sci Technol, 2008, 42(10): 3669-3675.

[56] Podgorski J, Berg M. Global threat of arsenic in groundwater [J]. Science, 2020, 368(6493): 845-850.

[57] Amini M, Mueller K, Abbaspour K C, et al. Statistical modeling of global geogenic fluoride contamination in groundwaters [J]. Environ Sci Technol, 2008, 42(10): 3662-3668.

[58] Winkel L, Berg M, Amini M, et al. Predicting groundwater arsenic contamination in Southeast Asia from surface parameters [J]. Nature Geoscience, 2008, 1(8): 536-542.

[59] Gurdak J J, Qi S L. Vulnerability of recently recharged groundwater in principal [corrected] aquifers of the United States to nitrate contamination [J]. Environ Sci Technol, 2012, 46(11): 6004-6012.

[60] Ayotte J D, Nolan B T, Gronberg J A. Predicting arsenic in drinking water wells of the central valley, California [J]. Environ Sci Technol, 2016, 50(14): 7555-7563.

[61] Bretzler A, Lalanne F, Nikiema J, et al. Groundwater arsenic contamination in Burkina Faso, West Africa: predicting and verifying regions at risk [J]. Science of the Total Environment, 2017, 584: 958-970.

[62] Messier K P, Akita Y, Serre M L. Integrating address geocoding, land use regression, and spatiotemporal geostatistical estimation for groundwater tetrachloroethylene [J]. Environ Sci Technol, 2012, 46(5): 2772-2780.

[63] Messier K P, Kane E, Bolich R, et al. Nitrate variability in groundwater of North Carolina using monitoring and private well data models [J]. Environ Sci Technol, 2014, 48(18): 10804-10812.

[64] Ransom K M, Nolan B T, Traum J A, et al. A hybrid machine learning model to predict and visualize nitrate concentration throughout the Central Valley aquifer, California, USA [J]. Science of the Total Environment, 2017, 601-602: 1160-1172.

[65] Rosecrans C Z, Nolan B T, Gronberg J M. Prediction and visualization of redox conditions in the groundwater of Central Valley, California [J]. Journal of Hydrology, 2017, 546: 341-356.

[66] Sajedi-Hosseini F, Malekian A, Choubin B, et al. A novel machine learning-based approach for the risk assessment of nitrate groundwater contamination [J]. Science of the Total Environment, 2018, 644:954-962.

[67] Rodriguez-Galiano V, Mendes M P, Garcia-Soldado M J, et al. Predictive modeling of groundwater nitrate pollution using Random Forest and multisource variables related to intrinsic and specific vulnerability: a case study in an agricultural setting (Southern Spain) [J]. Science of the Total Environment, 2014, 476-477: 189-206.

[68] Wang B, Oldham C, Hipsey M R. Comparison of machine learning techniques and variables for groundwater dissolved organic nitrogen prediction in an urban area [J]. Procedia Engineering, 2016, 154 :1176-1184.

[69] Koch J, Stisen S, Refsgaard J C, et al. Modeling depth of the redox interface at high resolution at national scale using random forest and residual gaussian simulation [J]. Water Resources Research, 2019, 55(2): 1451-1469.

[70] Bindal S, Singh C K. Predicting groundwater arsenic contamination: regions at risk in highest populated state of India [J]. Water Res, 2019, 159: 65-76.

[71] Barzegar R, Asghari Moghaddam A, Adamowski J, et al. Comparison of machine learning models for predicting fluoride contamination in groundwater [J]. Stochastic Environmental Research and Risk Assessment, 2016, 31(10): 2705-2718.

[72] Lee J, Im J, Kim U, et al. A data mining approach to predict in situ detoxification potential of chlorinated ethenes [J]. Environ Sci Technol, 2016, 50(10): 5181-5188.

[73] Cameron E, Pilla G, Stella F A. Application of statistical classification methods for predicting the acceptability of well-water quality [J]. Hydrogeology Journal, 2018, 26(4): 1099-1115.

[74] 曹伟征, 李光轩, 张玉国, 等. 基于 PSR 和 PSO 的区域地下水埋深 ELM 预测模型 [J]. 水利水电技术, 2018, 49(06): 47-53.

[75] 喻黎明, 严为光, 龚道枝, 等. 基于 ELM 模型的浅层地下水位埋深时空分布预测 [J]. 农业机械学报, 2017, 48(02): 215-223.

[76] 秦怡. 基于遥感大数据和机器学习方法的地下水资源量动态评价模型研究 [D].杭州: 浙江大学, 2019.

[77] Zhang Q, Rodriguez-Lado L, Liu J, et al. Coupling predicted model of arsenic in groundwater with endemic arsenism occurrence in Shanxi Province, Northern China [J]. J Hazard Mater, 2013, 262: 1147-1153.

[78] Rodríguez-Lado L, Sun G, Berg M, et al. Groundwater arsenic contamination throughout China [J]. Science, 2013, 341(6148): 866-868.

第 2 章

监测井网优化

地下水水质监测是研究地下水水质不可缺少的手段[1]。地下水监测一般分为：a. 背景监测（基准监测），旨在无人为干扰的前提下识别地下水质量；b. 污染场地监测，旨在确定污染场地周围污染物的程度；c. 非点污染源监测。一个良好的监控网络应不仅能同时代表整个地下水系统，而且具有较高的成本效益。长期地下水监测最重要的目标是实现多重目标管理，包括降低监测成本和对人类健康和环境的风险[2]。地下水的动态监测包括水位、水质、水量以及水温等数据，信息一方面可以让我们掌握地下水水位的动态变化过程、水环境的物理化学变化和生物变化过程，更好地研究地下水的运动规律[3]；另一方面，地下水的监测数据分析对于科学评价、合理开发利用地下水资源、水污染防治和生态环境问题等具有重要作用，在水资源的管理和保护、地下水的开发利用以及地质灾害防治、生态环境保护等方面均可提供技术支持；地下水的动态监测在地质环境监测工作中占有很大比重，只有通过长期连续的监测才能获得充足的数据信息，保证对水文地质条件、地下水水量和水质、地下水环境等有更充分的认识，为管理者和决策者提供有效信息，制定有关政策，更好地为实现人与自然和谐相处和为社会全面协调可持续发展提供保障。

我国自 20 世纪 50 年代起开始监测井网的建设，至今已形成了具有一定规模的监测网，有较为完备的管理和监测系统，并结合实际情况制定了兼具广泛性和实用性的技术标准。尤其以地下水为主要供水来源的北方地区，其监测井网的建设相对更加完善，但依然存在很多不足之处。

首先，监测井网布设不合理，观测井主要集中在水源地和市区，密度过大致使数据冗余，浪费人力物力。对于交通不便、比较偏僻的地区，监测井的设置相对较少，数据资料不全，不足以全面了解地下水环境。其次，由于国家投入在监测井网建设的经费不足，很多监测设备得不到定期维护，部分监测井遭到破坏或者严重堵塞，致使部分监测站点无法正常运行，监测数据在数量和质量上不断下降。除此之外，监测井在布设密度及位置方面的科学性以及完整性等方面也存在一些问题。

地下水监测井网的布设和优化是一个非常复杂的问题，主要涉及监测井的数量、位置、结构、监测频率、监测指标等方面。一个理想的监测井网要求其既可以满足一定精度要求，获得充足的地下水动态信息，反映地下水环境的变化，又可以在有限的成本下获取最大的水文地质信息。

本章讨论的监测井网优化的目标有：
① 识别采样频率的时间冗余并且进行监测频率优化；
② 确定现有监测井的数量和位置的空间冗余；
③ 确定是否应增加监测井以进一步改善监测井网的效率。

2.1 研究现状

国外在地下水监测井网布设优化方面的研究较为成熟，Gorelick 等最早将地下水数值模拟与监测网优化模型耦合，对地下水中污染物的识别进行了探讨[4]；20 世纪 50 年代初，欧盟开始关注地下水位的系统监测，直至 20 世纪 80 年代才建立国家地下水监测网。美国 20 世纪初已经开始了地下水的监测，60 年代末完成了国家地下水监测网的建设。70 年代中期，美国格外重视水质监测，并连续颁布了一系列关于水环境的法律法规[5]，由此地下水监测网的研究也引起了各国的重视。

早期针对监测网的研究主要集中于水位监测网优化设计，即针对地下水水位建立优化问题。早期基于区域化变量理论，研究者在美国堪萨斯州地下水观测网设计中首先运用了克里金（Kriging）法，并且认为在减少 86 口观测井下对现有观测网获取水文地质信息的精度没有影响；Mahar 等也将数值模拟引入到监测网的优化中，对监测网的数量进行优化[6]；也有学者利用蚁群算法对地下水观测井网进行优化，可以在满足精度要求下减少冗余井；Asefa 等以支持向量机为基础布设地下水水位监测网，而后又根据水头对监测井的位置进行优化[7]；Khan 等对位于澳大利亚的新南威尔士州的农业灌溉区进行地下水水位观测井网的优化设计时选择了主成分分析（PCA）法，并且利用克里金插值对优化后的监测网做出了评价[8]。

基于地下水水位监测网优化设计多年研究，水质监测网优化逐渐成为主流，即优化设计合理高效的水质监测网更为迫切。Gorelick 等研究监测网优化模型的同时，也探讨了地下水中未知污染物的源强识别[4]；Meyer 等最早将蒙特卡罗（Monte Carlo）分析法应用到地下水监测井优化当中，优化目标为污染物检出概率最大并且监测井数量最少[9]；Hudak 等考虑了迁移的多条路径和多个层位，提出了一种基于多层地下水流动系统的地下水水质监测方法，通过权重值量化整个模型域中各点的污染敏感性，可为地下水三维监测工作提供依据[5]；Mogheir 提出一种基于最小冗余信息的地下水水质监测网络评估与再设计方法，开发了一种利用熵理论的方法，并将这一理论应用于巴勒斯坦加沙地带的地下水质量监测网络的优化中，优化后分析表明，加沙地带地下水质量监测井（使用氯化物数据）的数量可减少 53%[10]；Asefa 等在迁移模型基础上结合 Monte Carlo 分析法，进行了地下水水质监测网的优化[7]；Bierkens 提出了一种设计工业现场地下水污染监测网络的方法，该方法的前提是不可能以合理的成本检测到 100% 的污染羽，因此需要在污染风险和网络密度之间寻求平衡，在考虑了流场的不确定性的条件下建立水流模型和质点追踪[11]；Chadalavada 等建立模拟优化模型，并结合整数规划对地下水水质监测网做进一步的优化[12]；Papapetridis 等建立了一个 Monte Carlo 随机模型来模拟垃圾填埋场中污染物的迁移，计算了不同监测井布置下检出概率，分析表明：在非均质含水层中，取样频率至关重要，认为每月一次的抽样最佳[13]；Thakur 探索利用统计学、地质统计学和水文地质学等优化监测网络的不同方法，提出地下水监测网时空优化的新方法，并应用到地下水监测网络的时空优化中，将不同潜在监测点的未监测浓度纳入地下水监测优化方法，分析了影响地下水监测优化方法的因素[14]；Nowak 等提出通过多目标优化来进行监测网的设计，目标是成本最小、污染物进入含水层检测到的可能性最大和能最早检测到污染物，并将风险源划分为严重的、中等的和可容忍的，每个风险类别又将检测概率和预警时间作为单独目标，能够得到最佳的风险控制监测网[15]；Sreekanth 等提出地下水水质观测井网的随机设计方法，该方法采用定标约束零空间的蒙特卡罗分析方法，对注入井中的峰值浓度降低率及其相应时间进行随机模拟，该方法能够同时确定最佳位置和监测峰值浓度降低率的最佳时间[16]。

　　地下水污染监测网优化设计方面研究方法众多，主要有统计方法、水文地质分析法、熵值法与卡尔曼滤波技术等。统计方法包含传统数理统计方法，如方差缩减技术、降维（如聚类法和主成分分析法）以及地质统计方法（如克里金方法）。传统数理统计方法可应用于对取样频率的优化，取样频率越高，所得信息越完整，但取样频率的增多对信息增益的贡献存在边际效应，高频取样可能无法提供更多信息。Adrian 研究污染浓度时间序列后认为一定范围内增大取样间隔并不会影响自相关性[17]。维数约简类方法的主要逻辑是识别监测效果无贡献的检测井，以精简监测网、去除冗余。张立杰等采用聚类分析对含水层富水性、地下水水质类型进行划分和评价等，突破传统地质学建立了定性分类系统[18]；魏明亮利用模糊聚类分析进行坝址地下水水质监测网优化[19]。Tamara 等应用主成分分析对澳大利亚某灌区地下水监测网进行优化的过程，确定了单个检测井在捕捉地下水水位时空变化中的相对贡献[20]。

　　水文地质分析法是地下水监测网优化设计研究初始阶段的常见方法，其最大特点是对工区水文地质条件的充分利用，但它作为一种定性的地下水监测网优化方法存在局限性，如个人的主观性问题。针对监测目标类型的不同，水文地质分析法可分为地下水动态类型编图法和地下水污染风险编图法，前者主要用于设计地下水位监测网，后者用于设计地下水水质监测网[21]。近几年，许多学者采用地下水动态类型编图法和克里金方法做优化评估形式的研究。此外，还有基于熵值法、卡尔曼滤波技术等的优化方法。熵值法源于 1948 年 Shannon 建立的信息论中的信息最大熵的概念，Mishra 等指出水资源管理需高质量水文数据[22]，熵值法是有希望解决地下水监测网优化的手段之一。国外较新颖的研究有 Alizadeh 等针对在以往监测网优化研究中，应用联合可能性理论计算联合熵无法正确解释不同监测点间共享信息的问题，提出基于信息凝聚和全相关概念的新方法，在多变量数据较多的情况下确定熵度量[23]。

2.2 异常值识别

由于异常值会严重影响优化结果，所以在进行监测井网优化之前，需要对以往的水质资料进行异常值识别与剔除。异常值包括极大值与极小值。识别过程中遵循以下原则。

① 时间尺度上，每一个监测井的时间浓度变化趋势往往存在不符合变化趋势与范围的单个极大值或者极小值，该异常值远远超过或低于正常值；

② 空间尺度上，相邻监测井同一指标的时间浓度趋势，如对于某个极大值或极小值，多个监测井都存在，往往无法将其视为异常值。

图 2-1 和图 2-2 分别表示某示范区内 PG-49 监测井和 PG-50 监测井的浓度趋势图，由图可见 2015 年第 1 季度 TDS 值表现较高，然而由于两个监测井位置相近，故认为该组数据不是异常值，而是时间上 TDS 的骤增。异常值识别和剔除过程需要考虑时间上的变化趋势，同时也不可忽略空间因素。

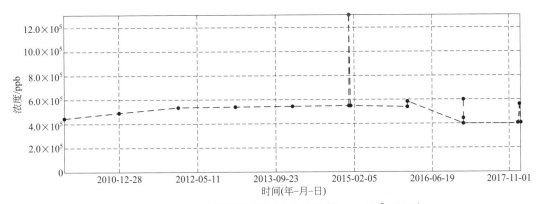

图2-1　PG-49监测井TDS浓度变化曲线（1ppb=10^{-9}，下同）

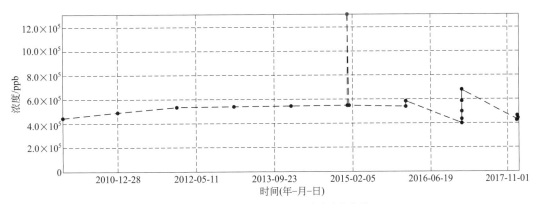

图2-2　PG-50监测井TDS浓度变化曲线

异常值识别结果见表 2-1。

表 2-1　某示范区内潜水含水层异常值

监测井	指标	监测时间	浓度/ppb	类型
PG-13	TDS	2017年第3季度	60100（极小值）	潜水含水层
PG-19	Mn	2012年第2季度	11	
PG-32	Cl	2017年第2季度	77200	
PG-41	Cl	2017年第1季度	20900	
PG-42	Cl	2015年第1季度	20900	
PG-6	Mn	2013年第3季度	159	
PG-16	Mn	2013年第3季度	429	第一承压含水层
PG-5	Mn	2013年第3季度	158	
PG-17	NO_3^-	2013年第3季度	2700（极小值）	第二、第三承压含水层
PG-36	Cr	2010年第1季度	14	

2.3　区域监测井网采样频率优化

从采样频率上识别时间冗余的方法主要有时间变异函数法和迭代细化法两种。

2.3.1　时间变异函数法

由于地区上监测数据各不相同，当多数监测井的监测数据少于 8 次时，往往需要采用时间变异函数法优化。根据所有的历史监测资料，绘制时间变异函数，根据所给的变异函数，将基台值（sill）作为每个指标的优化采样频率。

在监测井网频率优化中采取时间变异函数（变差函数）。变差函数是地质统计学中最基本的模拟方法，用来描述样本数据的空间（时间）相关性，所研究的数据点在空间（时间）上相距越远，其相关性则越小，模拟这种现象的数学函数即为变差函数，通常用图 2-3 来表示，方差可以从区域变量抽取的样本值中计算归纳出来，它通过变程 a 来反映变量的影响范围，其中 X 轴表示滞后距离；Y 轴表示方差；$V(h)$ 表示变差函数值；$Lag(h)$ 为滞后函数；C_0 为块金值，是由微观结构变化和观测误差所决定的一种随机变化成分；C 为拱高，$V(h)$ 的最大值；C_0+C 为基台值，反映一定方向上 $V(h)$ 结构变化与随机变化的总变化幅度；a 为变化幅度，反映 $Lag(h)$ 变化的影响范围或变异速度。

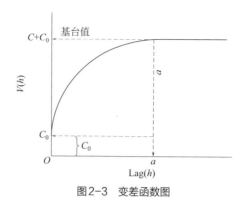

图2-3 变差函数图

变差函数可以用以下 4 个参数来描述。

（1）变差函数的类型

它决定了随着滞后距的变化，变差（方差）变化的快慢程度。

（2）变程 a

当滞后距超过距离 a 时，说明这两个数据点之间的相关性就非常不明显。a 也叫影响距离。

（3）块金值 C_0

当滞后距为 0 时所对应的方差，适用于当两样品间的距离很小时其方差的范围大小。

（4）先验方差

也称基台值，是反映变量变化幅度的量值。

变差函数的概念：把区域化变量 $Z(x)$ 和 $Z(x+h)$ 两点差的方差的 1/2 定义为 $Z(x)$ 的变差函数，其数学表达式如下（其中 h 为滞后距）：

$$
\begin{aligned}
V(x,h) &= \frac{1}{2}\mathrm{Var}[Z(x)-Z(x+h)] \\
&= \frac{1}{2}E[Z(x)-Z(x+h)]^2 - \frac{1}{2}\{E[Z(x)]-E[Z(x+h)]\}^2 \\
&= \frac{1}{2}E[Z(x)-Z(x+h)]^2
\end{aligned}
\tag{2-1}
$$

利用区域化变量 $Z(x)$ 的部分样本数据，即可对该区域化变量的 $Z(x)$ 变差函数进行估算，其数学表达式如下（其中 i 为样本序号）：

$$
V(h) = \frac{1}{2N}\sum_{i=1}^{N}[Z(x_i)-Z(x_i+h)]^2
\tag{2-2}
$$

确定变差函数时，首先根据已有数据绘制实验变差函数，之后还需要通过实验变差函数进行拟合，求解理论变异函数。选用哪种拟合方法，一方面取决于研究区样本的数据，另一方面取决于对实际规律的掌握程度。目前常用的拟合函数主要有三种，分别是高斯模型、球状模型及指数模型，这几种函数模型所具有的特点如图2-4所示。

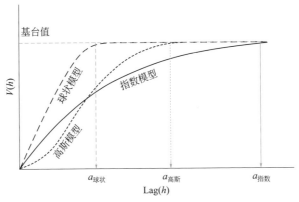

图2-4　几种常用变差函数类型

球状模型的标准数学表达式为：

$$V(h) = \begin{cases} 0, h = 0 \\ \dfrac{3}{2}\left(\dfrac{h}{a}\right) - \dfrac{1}{2}\left(\dfrac{h}{a}\right)^3, 0 < h \leqslant a \\ 1, h > a \end{cases}$$
（2-3）

变程 $a_{球状} = a$，由曲线可以看出，近距离相关变化较快，接近变程时相关性变化小。

高斯模型的数学表达式为：

$$V(h) = \begin{cases} 0, h = 0 \\ 1 - e^{-\left(\frac{h}{a}\right)^2}, h > 0 \end{cases}$$
（2-4）

变程 $a_{高斯} = \sqrt{3}a$，由图2-4可以看出，在变程中部远距离相关性变化较快，接近变程时，近距离相关性变化慢。

指数模型的数学表达式为：

$$V(h) = \begin{cases} 0, h = 0 \\ 1 - e^{-\frac{h}{a}}, h > 0 \end{cases}$$
（2-5）

变程 $a_{指数} = 3a$，由曲线可以看出，近距离相关性变化较快，远距离相关性变化较慢。

2.3.2　迭代细化法

当检测资料较为充足时往往采用迭代细化法。过程如下：

① 在现有监测井网和每个优化指标监测数据的基础上，确定当前每个优化指标对应的每个监测井的平均采样频率；

② 拟合现有监测数据趋势以及绘制出趋势 95% 的统计置信区间；

③ 随机迭代移除的部分数据，基于新数据重新估计趋势并且确定趋势是否在原始置信区间内；

④ 当重新估计趋势超过一定置信区间时，将停止迭代细化过程并基于剩余监测资料计算出新的优化采样频率。

2.4 区域监测井网空间冗余优化

2.4.1 绘制指标浓度等值线图

在进行监测井网空间优化之前，首先需要绘制每个优化指标的七个时间段的浓度等值线图，该过程中采取基于分簇的累积分布曲线的局部加权二次回归。由于污染区域的采样通常是为了追踪羽流，浓度高值处的聚类在原始的单变量浓度分布中往往容易被过度表示，从而导致结果的偏差。由于克里金和其他插值方法通常难以精确地描述出浓度的极高点和极低点，而分散的累积分布曲线（CDF）能够调整空间聚类的原始分布，提供更准确的真实浓度分布估计，所以在绘制浓度趋势图中采用分位数局部加权二次回归的方法。首先，通过分散的 CDF 将浓度转换成均匀的分数。然后对均匀分数进行 logit 变换，基于空间带宽，以此使用计算 2D 网格的每个节点处的对数进行空间估计。最后，再次通过分散的 CDF 将对数空间估计值反向转换为浓度估计值，空间映射生成每个指标的浓度等值线图。

2.4.2 识别监测井网冗余井

为了识别现有监测网的最佳子集，测得空间冗余，在地理空间模型的基础上采用准遗传算法。

① 采用准遗传算法暂时移除一定百分比的监测井，并对于每种情形构建含水层区域内每个指标的浓度等值线图；

② 计算临时浓度估计值与相应的原始估计值之间的相对残差（平均绝对偏差、90%的绝对偏差与最大绝对偏差）来评估监测井的冗余度；

③ 在三个评价参数的阈值内，获得每个指标七个时间段内每个监测井的优化方案；

④ 计算每个优化指标的重要指数，如果该指数低于 0.5，则判定监测井冗余。最终综合四个优化指标，计算出每一个监测井的重要指数，从而判定监测井的冗余度。

对于基因遗传算法，它是一种基于生物进化论的启发式随机搜索算法，其优点主要是：对于函数的形态没有要求，即对所求解的函数没有太多限制（如连续、可导或单峰等）；遗传算法从所有样本总体（由多个个体构成）中开始搜索，而不像传统优化方法从单一样本开始，因此相对于传统方法它提高了搜索效率；并且当求解函数为非连续、多峰的情况，能够以较大的概率收敛到最优解，因而具有较好的全局最优解求解能力。基于生物进化的遗传算法伪代码实现如下：

```
t:=0;
initialize P(t);
evaluate P'(t);
P'(t)=evariation [P(t)];
Evaluate [P'(t)];
While t<T do
  P(t+1):=select [P'(t)∪Q]
  t:=t+1;
end
```

其中，$P(t)$ 是第 t 代种群；Q 是种群 $P(t)$ 中参与选择的一个子群，它可以是整个种群，也可以为空；$P'(t)$ 是种群 $P(t)$ 通过交叉、变异生成的新一代种群；T 是终止的迭代次数。

此外，对于蚁群算法在适当的条件下可能获得更快的优化结果，尤其是在监测井数量相对庞大的情况下。蚁群算法步骤如下所述。

步骤 1：随机选择一个位置作为起始点。

步骤 2：从剩余井中根据相对误差 η_j 和路径沉积的信息素 τ_{ij} 选择下一个被删井，初始信息素可随机赋值。式中 i 是当前蚂蚁位置；$C_{\text{est},j}$ 是井 j 的估计浓度；选择井 j 的概率由 p_{ij} 定义：

$$\eta_j = \frac{|C_{\text{est},j} - C_j|}{\min(C_{\text{est},j}, C_j)} \tag{2-6}$$

$$p_{ij} = \frac{(\tau_{ij})^\alpha (\eta_j)^\beta}{\sum_{l \in L} (\tau_{il})^\alpha (\eta_l)^\beta} \tag{2-7}$$

式中　α，β——自定义参数（这里设置 $\alpha = 1$，$\beta = -1$）；

　　　　L——剩余井集合。

步骤 3：当一个剩余井被选择后，该井被标记为冗余，且该井成为当前井，重复该操作至被选择井个数达到期望删除井个数。

步骤 4：确定整个监测网络的总体误差。

步骤 5：对群体中的每只蚂蚁重复前述步骤。

步骤 6：蚂蚁路径每片段 τ_{ij} 的信息素密度通过以下规则更新迭代。

$$\tau_{ij}(t+1) = (1-\rho)\tau_{ij}(t) + \Delta\tau_{ij} \tag{2-8}$$

式中　ρ——信息素蒸发率；

　　$\Delta\tau_{ij}$——与总体误差相关。

步骤 7：返回步骤 1 开始下一次迭代，至满足指定的迭代次数或收敛标准。

在多个目标值的情况下，我们对所有解（多个误差值）进行非支配快速排序，并根据排名情况计算 $\Delta\tau_{ij}$，计算公式为：

$$\Delta\tau_{ij} = \frac{K}{1 - \dfrac{e^{\frac{1-i}{2Q^2}}}{Q\sqrt{2\pi}}} \tag{2-9}$$

式中，K 和 Q 均为自定义参数，由此则将多目标合成为一个指标。

2.4.3　新加监测井

监测井优化过程除了进行空间冗余分析之外，还需要判断现有的监测网是否需要通过添加新的监测井来改善地下水监测网络。本书首先通过水文地质分析法分析现有监测井网的分布以判断现有井网的充足性，然后考虑含水层脆弱性评价、研究区域污染源荷载以及地下水水质分布，综合采用权重叠加法与多目标头脑风暴算法，对不同的区域增加指定数目监测井，计算新加监测井的最佳监测位置。

首先对含水层脆弱性分区图、污染源荷载和水质分区图进行叠加，再生成总体性分区图，对于不同的区域指定不同的新加井数目，采用多目标头脑风暴算法处理。过程如下：

① 在指定区域内随机生成 500 个可行解；

② 根据聚类策略计算非支配集、精英集、普通集；

③ 根据选择和扩散策略随机选取待变异的个体，通过特定的位置方向和分布方向计算新个体，并比较新生成个体和原个体的 pareto 支配关系，选取保留哪个（若无支配关系则随机选取一个保留）；

④ 根据拥挤度得到历史最优。

2.5 污染区监测井网优化

污染区地下水污染监测井网的优化主要基于以下两个方面：
① 利用趋势分析方法来分析污染羽在各取样点浓度随时间的变化状况；
② 利用取样优化方法确定取样点在时间上的取样频率和空间上的取样密度。

2.5.1 趋势分析方法

（1）各取样点浓度随时间变化分析

污染羽的稳定性主要是以浓度趋势为依据，采用 Mann-Kendall 分析，通过考虑 3 个因素来确定浓度趋势：来自 Mann-Kendall 检验的 Mann-Kendall 统计量、趋势的置信度以及浓度数据的变异系数（方法原理同 2.3.1 部分相关内容）。在评估每口井中不同研究组分的浓度趋势时，将浓度变化分为降低（D）、可能降低（PD）、稳定（S）、无变化趋势（NT）、可能升高（PI）和升高（I）6 种趋势。

（2）污染物空间分布特征

为了更充分地表征污染物的变化趋势，本次采用矩分析法，即零阶矩、一阶矩和二阶矩计算区内的总质量、浓度分布和污染物质量空间分布情况。

3 种矩分析法的公式如下所述。

① 零阶矩：

$$M_{0,0,0} = \int_{-\infty}^{+\infty} \int_{-\infty}^{+\infty} \int_{-\infty}^{+\infty} \eta C_i \mathrm{d}x\mathrm{d}y\mathrm{d}z \qquad (2\text{-}10)$$

② 一阶矩：

$$X_c = \frac{M_{1,0,0}}{M_{0,0,0}} = \frac{\int_{-\infty}^{+\infty} \int_{-\infty}^{+\infty} \int_{-\infty}^{+\infty} \eta C_i x \mathrm{d}x\mathrm{d}y\mathrm{d}z}{\int_{-\infty}^{+\infty} \int_{-\infty}^{+\infty} \int_{-\infty}^{+\infty} \eta C_i \mathrm{d}x\mathrm{d}y\mathrm{d}z} \qquad Y_c = \frac{M_{0,1,0}}{M_{0,0,0}} = \frac{\int_{-\infty}^{+\infty} \int_{-\infty}^{+\infty} \int_{-\infty}^{+\infty} \eta C_i y \mathrm{d}x\mathrm{d}y\mathrm{d}z}{\int_{-\infty}^{+\infty} \int_{-\infty}^{+\infty} \int_{-\infty}^{+\infty} \eta C_i \mathrm{d}x\mathrm{d}y\mathrm{d}z}$$

$$(2\text{-}11)$$

污染物质心距污染源距离的计算公式 $D_{\text{from center}}$：

$$D_{\text{from center}} = \sqrt{(X_{\text{source}} - X_{\text{c}})^2 + (Y_{\text{source}} - Y_{\text{c}})^2} \qquad (2\text{-}12)$$

③ 二阶矩：

$$S_{xx} \cong \frac{\sum(X_i - X_c)^2 V_i C_{\text{iavg}}}{\sum V_i C_{\text{iavg}}} \qquad S_{yy} \cong \frac{\sum(Y_i - Y_c)^2 V_i C_{\text{iavg}}}{\sum V_i C_{\text{iavg}}} \qquad (2\text{-}13)$$

$$S_{xy} \cong \frac{\sum(X_i - X_c)(Y_i - Y_c) V_i C_{\text{iavg}}}{\sum V_i C_{\text{iavg}}} \qquad (2\text{-}14)$$

式中　　C_i——污染物浓度；

　　　　η——总孔隙度；

　　x, y, z——空间坐标；

S_{xx}, S_{yy}, S_{xy}——特定污染物质量的空间分散张量；

　　C_{iavg}——每个三角形中污染物的几何平均值；

　　　　V_i——三角形的体积；

　　X_c, Y_c——质心的坐标；

$X_{\text{source}}, Y_{\text{source}}$——污染源的坐标。

2.5.2　采样优化方法

采样优化包括采样位置和采样频率两方面的优化：前者采用 Delaunay 方法，用于二维空间的取样优化；后者采用修正的 CES 方法来优化各监测点的取样频率。

（1）采样位置优化

Delaunay 方法通过对各节点的空间分析来判断监测网络中各采样位置的相对重要性（见图 2-5）。

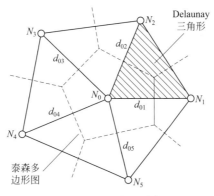

图2-5　相邻节点的描述图

如果某一点在长时间内与周围各点的浓度基本类似（稳定）或可由它周围监测点的浓度估计得到，则表示该取样点不能提供更多有关污染羽的新信息，因此在以后的监测过程中不必在该点取样，以节省取样分析费用。反之，如果某取样点的浓度不能由它周围监测点的浓度估计得到，则表示该取样点不能从原有的监测网中去除。具体公式如下：

$$EC_0 = \frac{\sum_{i=1}^{n}\left(NC_i \times \frac{1}{d_{0i}}\right)}{\sum_{i=1}^{n}\frac{1}{d_{0i}}} \qquad (2-15)$$

式中　n——相邻节点的个数；

　　NC_i——测定的 N_i 节点的浓度值；

　　d_{0i}——N_0 节点与 N_i 节点之间的距离；

　　EC_0——N_0 节点浓度的估算值。

　　SF 值为：

$$SF = \left|\frac{EC_0 - NC_0}{\text{Max}(EC_0, NC_0)}\right| \qquad (2-16)$$

式中　SF——估算值与实测值的相对偏差；

　　EC_0——N_0 节点浓度的估算值；

　　NC_0——测定的 N_0 节点的浓度值。

　　SF 值的变化范围为 [0,1)：SF 值为 0 时，估算值与实测值一致；SF 值越大，估算值与实测值相差越大。

整个系统污染物浓度的平均值可由利用 Delaunay 三角形的平均浓度和面积加权的方法计算：

$$C_{\text{avr}} = \frac{\sum_{i=1}^{N}TC_i TA_i}{\sum_{i=1}^{N}TA_i} \qquad (2-17)$$

式中　N——在三角形区域所有 Delaunay 三角形的个数；

　　TA_i——每个 Delaunay 三角形的面积；

　　TC_i——每个 Delaunay 三角形的平均浓度值（图 2-6）；

$$TC_i = \frac{NC_1 \times A_1 + NC_2 \times A_2 + NC_3 \times A_3}{A_1 + A_2 + A_3} \qquad (2-18)$$

　　NC_i——顶点 N_i 的对数浓度值（i=1、2、3）；

　　A_i——A_i 所代替的面积值（i=1、2、3）。

如图 2-7 所示，N_1、N_2 和 N_3 是 Delaunay 三角形的顶点，A_1、A_2 和 A_3 为以 Delaunay

三角形形心为基准分割的三个部分的面积（图 2-7）。该三角形的平均 SF 值的估算公式为：

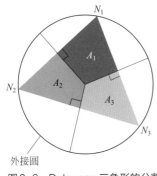

图 2-6　Delaunay 三角形的分割

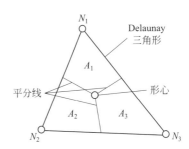

图 2-7　估计一个 Delaunay 三角形的 SF 值的分割

$$SF_{\text{avr}} = \frac{SF_1 \times A_1 + SF_2 \times A_2 + SF_3 \times A_3}{A_1 + A_2 + A_3} \qquad (2\text{-}19)$$

式中　SF_i——N_i 顶点的 SF 值（i=1、2、3）。

根据 SF 值可将 Delaunay 三角形分为 S-Small（$SF \leqslant 0.3$）、M-Moderate（$0.3 < SF \leqslant 0.6$）、L-Large（$0.6 < SF \leqslant 0.9$）和 E-Extremely large（$SF > 0.9$）四级。当 SF 值属于 L 或 E 等级的区域时，需要增加新的取样点；相反，若 SF 的值属于 S 或 M 等级的区域，无需增加新的取样点。如表 2-2 所列。

表 2-2　采样点位置的清除标准

分析	$SF \to 0$（误差很小）	$SF \to 1$（误差很大）
CR 或 AR 远远偏离 1（重要的信息丢失）	保留	保留
CR → 1 且 AR → 1（几乎没有信息丢失）	去除	保留

注：CR 为平均浓度比，AR 为面积比。

（2）采样频率优化

采样频率优化采用修改的 CES 方法；其判定准则如图 2-8 所示，其本质上为监测井的污染物浓度变化率（ROC）和监测井的污染物浓度变化趋势构成的判断矩阵。

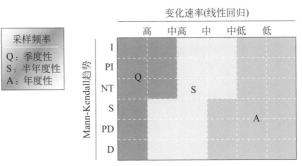

图 2-8　采样频率确定准则

2.5.3　优化流程总结

基于以上优化原则及方法，地下水污染区监测井网优化流程可归纳为图 2-9。

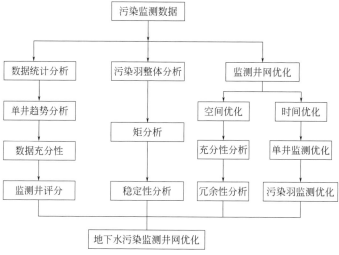

图2-9　污染区监测井网优化流程

[1]　Husam B. Assessment of a groundwater quality monitoring network using vulnerability mapping and geostatistics: A case study from Heretaunga Plains, New Zealand[J]. Agricultural Water Management, 2010, 97: 240-246.

[2]　Chien C C, Medina M A , Jr, et al. Contaminated ground water and sediment: modeling for management and remediation[M]. Boca Raton FL: Lewis Publishers, 2003.

[3]　陈植华. 地下水观测网的若干问题与基于信息熵的研究方法[J]. 地学前缘, 2001, 8(1):135-142.

[4]　Gorelick S M, Evans B, Remson I. Identifying sources of groundwater pollution: An optimization approach[J]. Water Resources Research, 1983, 19(3): 117-118.

[5]　Hudak P F, Loaiciga H A. An optimization method for monitoring network design in multilayered groundwater flow systems[J]. Water Resources Research, 1993, 29(8): 2835-2845.

[6]　Mahar P S, Datta B. Optimal monitoring network and ground-water-pollution source identification[J]. Journal of Water Resources Planning and Management, 1997, 123(4): 199-207.

[7]　Asefa T, Kemblowski M W, Urroz G, et al. Support vectors–based groundwater head observation networks design[J]. Water Resources Research, 2005, 40(11):151-175.

[8]　Khan S, Chen H F, Rana T. Optimizing ground water observation networks in irrigation areas using principal component analysis[J]. Groundwater Monitoring & Remediation, 2010, 28(3): 93-100.

[9]　Meyer P D, Brill E D. A method for locating wells in a groundwater monitoring network under conditions of uncertainty[J].

Water Resources Research, 1988, 24: 1277-1282.

[10] Mogheir Y, De Lima J L M P, Singh V P. Assessment of spatial structure of groundwater quality variables based on the entropy theory[J]. Hydrology and Earth System Sciences, 2003, 7(5): 707-721.

[11] Bierkens M F P. Designing a monitoring network for detecting groundwater pollution with stochastic simulation and a cost model[J]. Stochastic Environmental Research and Risk Assessment, 2006, 20(5): 335-351.

[12] Chadalavada S, Datta B. Dynamic optimal monitoring network design for transient transport of pollutants in groundwater aquifers[J]. Water Resources Management, 2008, 22(6): 651-670.

[13] Papapetridis K, Paleologos E K. Sampling frequency of groundwater monitoring and remediation delay at contaminated sites[J]. Water Resources Management, 2012, 26(9): 2673-2688.

[14] Singh P, Thakur J K, Suyash K. Delineating groundwater potential zones in a hard-rock terrain using geospatial tool[J]. Hydrological Sciences Journal, 2013, 58(1): 213-223.

[15] Nowak W , Bode F , Loschko M . A multi-objective optimization concept for risk-based early-warning monitoring networks in well catchments[J]. Procedia Environmental Sciences, 2015, 25:191-198.

[16] Sreekanth J, Lau H, Pagendam D E. Design of optimal groundwater monitoring well network using stochastic modeling and reduced-rank spatial prediction[J]. Water Resources Research, 2017, 53(8): 6821-6840.

[17] Adrian D. Design of networks for monitoring water quality[J]. Water Resources, 1990.

[18] 张立杰, 刘琦, 张焕智. 聚类分析方法及其在水文地质分析中的应用 [J]. 长春科技大学学报, 1999, 29(04):349-354.

[19] 魏明亮. 模糊聚类分析法在坝址地下水质监测网优化中的应用 [J]. 勘察科学技术, 2009(03): 49-52.

[20] Tamara M J, Shahbaz K, Mohsin H. A comparative analysis of water application and energy consumption at the irrigated field level[J]. Agricultural Water Management, 2010, 97(10): 1477-1485.

[21] 郭燕莎, 王劲峰, 殷秀兰. 地下水监测网优化方法研究综述 [J]. 地理科学进展, 2011, 30(9):1159-1166.

[22] Mishra S, Deeds N, Ruskauff G. Global sensitivity analysis techniques for probabilistic ground water modeling[J]. Groundwater, 2010, 47(5): 727-744.

[23] Alizadeh Z, Yazdi J, Moridi A. Development of an entropy method for groundwater quality monitoring network design[J]. Environmental Processes, 2018, 5: 769-788.

第 3 章

地下水污染在线监测和
数据传输技术

3.1 地下水污染在线监测技术概述

长久以来，地下水污染监测多以人工采样为主，井下在线探头为辅。但在线探头面临一系列问题，例如探头去污、监测指标有限等问题。同时，地下水本身流速缓慢的特性也使得学术界和工业界之前对地下水在线监测持不乐观态度。此外，受地表水和大气在线监测的影响，地下水在线监测领域的一些基础概念不够清晰。因此在探讨地下水污染在线监测时，必须厘清在线监测和实时监测、原位监测和异位监测、监测和物探等基本概念。

一般而言，在线（online）监测要求设备时刻保持在热运行状态，能够以一定时间间隔频率进行采样测试并自动向服务器端发送数据帧。这种在线状态不仅是数据处理流程意义上的在线，通常也指设备探头必须全程且长时间地浸没到待测介质中直到检修周期来临。实时（realtime）监测则包含了人为介入操作的过程，其典型过程为操作人员从服务器端下达采样及检测指令后，现场设备启动流程并将测得的结果返回到服务器端。在实时监测中，现场设备是处于休眠状态而非在线监测中的热运行状态，这是在线监测和实时监测的本质区别。当然，如果降低采样频次，在线监测和实时监测的效果会非常接近。另一方面，原位监测指将探头浸没在待测介质流场中，而异位监测则把待测介质抽取到流场之外。目前地下水监测中多用多参数探头（五参数或七参数）来实现原位监测，而对于地下水中其他污染物则需要使用高级分析仪器。最后，污染监测与物探也应该有所区别。广义上使用诸如 TDR、探地雷达、GeoProbe-MIP 等物探技术进行地下水污染监测，尤其是包气带地下水 NAPL 相污染物是可行的。然而这种一次性的探勘过程并不能作为长期污染监测的手段，因此也不纳入本章节的讨论范围之内。

本章节将在概括介绍现有地下水污染物在线监测技术和常见设备基础上，重点讨论地下水污染监测中的 2 个核心问题：

① 地下水自动监测中的分层监测问题；
② 地下水监测数据可信传输问题。

3.2 地下水污染在线监测方法与设备

根据地下水污染监测设备工作原理，可以将主流监测设备分为电化学法、光学法、色谱法以及以光谱学、质谱学为代表的高级分析方法。绝大部分井下浸没式探头都是基于电化学法进行设计的，主要原因还是受限于井下狭小空间、复杂潮湿环境等不利因素。电化学法探头相比其他分析方法具有如下优点：一是电化学传感器响应时间短、整机功耗低，有利于减小井头和井下设备尺寸，降低供电维护等需求；二是电化学传感器不具备转动机械部件，不易被沉积物或细沙等堵塞；三是电化学传感器使用普遍，校准曲线和基本原理经过数十年的发展已经非常完备，成本上也相比其他方法低廉。

相比地表水电化学监测方法的广泛应用，地下水污染物在线监测方法受地下水自身流动速度缓慢、污染物扩散条件复杂等因素限制，其设备依赖电化学法或光学法，监测指标较少，有别于地表水监测中的在线监测设备。同时由于操作上需要涉及洗井等步骤，往往无法采用在线式监测设备。目前国内外成熟的水质自动监测设备受传感探头种类的限制，最多只能监测 7 ～ 10 项指标，并且目前大多数监测井的内径多为 100 ～ 150mm，难以继续增加探头数量。如何对特定的监测对象进行特征指标的识别，进而设定特定的监测指标，实现对地下水的分层采样，集成开发多层低扰动采样 – 预处理 – 智能配水耦合设备系统，并进行包括重金属和有机物的多因子在线监测装备来获取地下水污染物信息，是当前国内外面临的共同难点和研究热点。

在在线监测设备方面，国外发达国家很早就开始对地下水水质进行仪器检测或长期监测。地下水水质多参数在线监测仪是指一类专门针对地下水的自动化水质分析仪表，仪器主要通过远程在线操作，实现水样的采集、分析及数据的传输。该类水质监测仪器一般具有自动诊断、自动校准、自动故障报警、自动水样取样、自动清洗等功能，保证检测数据分析准确性的情况下，实现无人值守自动运行。一般而言，此类地下水水质自动监测系统是在 20 世纪 70 年代发展起来的。美国、英国、日本、荷兰、德国都先后建立了此类系统，均实现了空气、水体污染状况变化及生态环境变化的连续自动监测，可预测预报未来环境质量，有力地扩大了环境监测范围以及监测数据的获取、处理、传输、应用的能力，为环境监测动态监控区域环境质量乃至全球生态环境质量提供了强有力的技术保障，极大促进了环境监测的现代化发展，实现了监测的实时性、连续性和完整性。商业化的水质自动监测仪器主要有下列几种代表产品。

（1）CTD-diver 系列

主要特点：全世界最小的可自动测量和记录地下水水位、温度以及电导率的监测仪。内部安装有温度传感器、压力传感器、存储器和电池。仪器输出的是光信号，通过光转串装置转换为电信号（RS232 总线），再通过数据读取装置进行数据的读取和参数设置。软件操作较为复杂，产品监测参数单一。

（2）IN-SITU AT200、AT400 系列

主要特点：IN-SITU 公司的地下水水质监测产品运行稳定，用专用软件 Win-Situ 5 设置好监测参数后，用户可以直接从水位仪中读出水柱压力、水温以及水质相关参数。

AT200 系列监测参数为水位、水温、电导率；AT400 系列除了包含上述参数外，还可以监测 pH 值、DO 等参数，不需要进行二次计算。它的管理软件功能强大，可以直接生成各种数据图表，通过该软件可以实现对监测仪的功能的全面控制。提供公开的 Modbus 协议，并兼容 SDI-12 协议，方便用户进行二次开发。硬件接口简洁（RS485），连接简单，工作可靠。

（3）哈希 HYDROLAB DS、MS 系列

HYDROLAB 多参数水质监测仪是专为现场水质测量更加可靠和耐用而设计的仪器，可同时实现多个参数数据的在线读取、存储和分析。与数据采集装置、计算机和通信传输设备相连可实现数据的长期在线监测和远程传输，监测仪器由测量主机、电池仓、手持数据终端、数据电缆、标准液体和智能软件等部分构成。

（4）其他电化学方法设备

Wilson 等 [1] 设计了一种电位计系统，通过自动流动注射的方式实现了废弃蔬菜中铜离子和钙离子的生物吸附过程的监测。Suzuki 等 [2] 设计实现了一套重金属实时在线监测系统，该系统基于电感耦合等离子体法，可以对空气悬浮颗粒中的 15 种元素（Ti、V、Cr、Mn、Ni、Cu、Zn、As、Mo、Sb、Ba、Tl、Pb、Cd、Co）进行含量测定。Sartore 等 [3] 设计了一种可应用于实时水体监测的石英晶体化学传感器，传感器可实现对 Cu、Pb、Cd、Cr 四种重金属元素的含量测量。Mikkelsen 等 [4] 利用伏安测量法，通过固态银汞合金电极为工作电极研制了一套针对水体中 Zn 和 Fe 两种元素的自动监控系统。Lv 等 [5] 又在电化学溶出法的基础上设计了一套远程监测系统，可以实现对水中 Pb、Cu、Cd 三种元素的监测。Barton 等 [6] 同样利用电化学溶出法，在此基础上设计实现了一种丝网电极传感器，这种传感器通过不同的电极来实现水体中多种元素（Pb、Hg、Cu、Zn、Cd）含量的测量。国内目前实际应用到在线监测中的技术较少，大部分水中重金属在线监测系统的技术原理都是溶出伏安法。蓝月存等 [7] 建立了基于阳极溶出伏安法的环境友好的 Hg 在线监测方法，采用标准比较法进行定量，可用于地表水和工业废水中 Hg 的现场、快速、连续、准确监测。刀谞等 [8] 建立了一种快速测定水体中 Cd、Pb、Hg、As 的阳极溶出伏安法，可广泛用于重金属污染事故应急监测。谢扬 [9] 采用了阳极溶出伏安法实现在线测定水中的 Cd、Pb、Cu、As、Zn 重金属元素，该方法在操作规范、日常保养及时的情况下，可以连续、及时、较准确地监测水质变化，实现远程监控，为环境管理服务。

国内在地下水环境监测仪器方面，自 20 世纪 70 年代初开始，经过 20 多年的发展，已研制生产了不少产品。随着科学技术的不断发展，我国的监测仪器已具有一定研究、开发和生产能力，特别是各种仪器的数据处理系统及自动控制系统的最新研究成果，使我国在地下水环境监测仪器的研究方面迈上了一个新的台阶。

其中，中国地质调查局水文地质工程地质技术方法研究所研制的"S-WW-1 系列地下水远程监测传输系统"代表了当今国内外较为先进的水平，已基本实现了地下水水位

水温以及常规水质参数的自动采集、自动存储、自动传输,特别是在功能设置与软件编辑来说,更适合我国的国情。2007 ~ 2010 年依托多个地下水监测项目,开展了地下水多级多层自动监测技术研究,进行了必要的技术储备;研发了多级监测井专用的复合式传感器、多通道数据采集系统以及地下水监测发布系统软件(演示版)等,在地下水监测数据交换传输过程中,对数据通信的数据格式、代码定义和层次结构等进行了规范研究,解决了一些地下水多层监测技术体系建设中的关键技术,取得了一定的成果,为进一步开展地下水多层自动监测技术体系的研究与示范奠定了良好的基础。

3.3 分层监测

在地下水采样过程中,如何完整高效地从监测井中获取具有各层代表性的地下水样品是采样工作的重点和难点。传统的地下水采样器具包括贝勒管、抓取式采样器、负压提升式采样器、大功率电动潜水泵、惯性提升泵等,存在的不足之处在于:采样过程中取样部件反复穿越含水层或者强烈搅动含水层,对地下水层造成扰动,并导致不同地层或含水层之间地下水水样的交叉污染,使得取得的水样不足以代表某一深度的实际污染情况。

为了研究地下水污染羽垂直分布和运移情况,也兼顾到建井成本,实施一孔同径的多层监测井也是相对普遍的选择。该技术要求进行分层采样。目前国内外实现分层采样的设备可以分为三大类:一是从石油开采行业改进而来的膨胀封隔器多层采样设备,适用于半固定或永久固定分层采样;二是以加拿大斯伦贝谢公司的 Westbay 地下水分层监测系统为代表的动态分层采样,其主要原理为采用一根带有阀口的密闭检查管,使用阀口通过单一套管进入井孔的不同位置进行标准采样流程;三是以 HDPE 挤压成型技术,根据含水层位置在井管不同位置开口的 CMT 类技术,也称为多通道地下水监测技术,较为普遍的版本最多一次可以进行 7 个含水层监控。

3 种分层监测方法各有优劣。对于前两种方法,由于涉及分隔含水层止水的部件是动态机构或是可滑动部件,因此对于不同含水层的水样是否存在差异性检验是比较重要的判别标准。常见的多以电导率偏差来识别不同含水层差异性。其次,前两种方式中的采样泵一般为大功率潜水泵,采样流量大,采样过程中对含水层造成较大扰动,对污染物水样中的易变组分影响大,所采集的水样不能满足有机污染物测试要求。目前亦有相关科研小组在研发低流量、低扰动、直径小的多层采样设备,固定安装于监测井下,满足监测井内低流量低扰动采样及采样前洗井需要。此外,对于前两种方法,由于地下水污染监测需要长期进行分层采样,要求长期稳定封隔不同含水层,防止含水层之间的串通和交叉污染,传统的充气式封隔器为临时封隔止水设备,长时间置于井下会因慢漏气而收缩，失去膨胀封隔能力和效果。传统的充气式封隔器不足以满足长期稳定封隔含水层的要求，也需研制一种长期稳定封隔、能过电缆及出水管线的专用封隔器，固定安装于地下水监测井内，实现长期永久封隔止水，满足地下水分层封隔、分层采样需要。

3.4 采样数据可信传输

采样数据失真是所有涉及环境采样过程无可回避的问题。不光在地下水领域，在土壤、大气和地表水采样方面也面临相同问题。尽管我国近年来环境监测质量控制体系已经基本完善，但干扰采样、违规操作、数据失真、人为篡改等违规违法行为仍时有发生。根据统计，自 2015 年以来，生态环境部官网上发布的环境监测数据违规违法通报67 篇，通报环境监测数据违规违法事件近百起，其中环境质量违规违法事件 4 起，占总数的 4% 左右，其余的为污染源监测数据违规违法事件。

我们对所有的通报进行了统计，典型环境监测数据造假手段见表 3-1。

表 3-1　典型环境监测数据造假手段

序号	类别	起数	详细情况
1	改变采样小环境	17	喷水 5 起，堵塞进气口 2 起，稀释采样对象 6 起，备有替代标准液（气）4 起
2	硬件上做手脚	9	破坏传感器 4 起，更改参数 3 起，其他 2 起（安装可调电阻、插线控制等）
3	干扰软件运行	4	4 起
4	破坏监控设施	1	1 起
5	直接篡改、伪造数据	4	4 起
6	其他	22	

区块链技术是信息科学领域的一种创新技术，是基于分布式存储、P2P 网络、数字证书、共识机制、智能合约等技术的一种组合创新，具有可信任、防篡改、易追溯等突出特点。

区块链技术组合构成如图 3-1 所示。

从图 3-1 看，区块链技术是一套复杂的技术体系，其数据存储示意如图 3-2 所示。

总结区块链技术的整体机制：数学加密保安全，人手一账共监管；智能合约管规程，共识机制定话权。

2015 年以来，区块链技术受到了各国政府、国际巨头和资本市场的密切关注，多国政府纷纷发布了自己的区块链技术发展白皮书，把发展区块链技术上升到国家战略。许多 IT 巨头也积极行动起来，投身于区块链技术的研发中。Google、IBM、Microsoft、腾讯、华为、百度、阿里、京东等都发布了自己的区块链技术发展白皮书并推出了一些产品和服务。

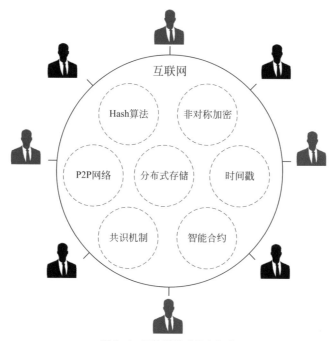

图3-1　区块链技术组合构成

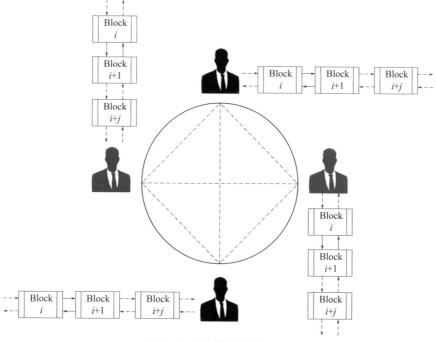

图3-2　区块链数据存储示意

我国政府也高度重视区块链技术的发展，2018 年 5 月，工业和信息化部信息中心发布了《2018 年中国区块链产业白皮书》。白皮书中这样评价区块链技术：区块链作为一项颠覆性信息技术，正在引领全球新一轮技术变革和产业变革，有望成为全球技术创新和模式创新的"策源地"，推动"信息互联网"向"价值互联网"变迁。

我国在区块链技术领域持续创新，区块链产业初步形成，开始在供应链金融、征信、商品溯源、版权交易、数字身份、电子证据等领域快速应用。区块链产业生态已经初具规模，截至 2018 年 3 月底，我国以区块链业务为主营业务的区块链公司数量已经达到了 456 家。我国区块链产业生态地如图 3-3 所示。

图3-3　我国区块链产业生态地

（1）区块链技术的特点

区块链具有 P2P 的组网结构、链式账本结构、分布式对等存储、非对称加密、全网共识机制及智能合约六大要素，这六大要素的组合应用使区块链具有以下特点：

① 去中心化、去中介。数据分布式存储，区块链的所有参与者共同维护记录在区块链中的交易信息。交易各方通过非对称加密技术保障身份的可信。共识机制保障交易的真实性。区块链的工作过程不需要权威第三方作为中介来保证。

② 信息不可篡改。区块链参与者人手一份账本，链式结构与共识机制保障了信息一旦上链就不可篡改。

③ 可溯可证。区块链每个区块都是以时间先后顺序排列的，每个区块写入时都经历了交易的可信审核，所以记录在区块链上的每笔交易都是可溯可证的。

④ 规则可信、不可抵赖。区块链通过智能合约进行强制履约，解决了以智能合约为载体的规则可信问题。

⑤ 表达价值的唯一性。通证（token）是可流通的加密数字权益证明。通证是数字

权益证明，要有内在价值和使用价值，是以数字形式存在的权益凭证，它代表的是一种权利、一种固有和内在的价值。通证可以代表一切可以数字化的权益证明，从身份证到学历文凭，从货币到票据，从钥匙、门票到积分、卡券，从股票到债券，账目、所有权、资格、证明等人类社会全部权益证明，都可以用通证来代表。通证的真实性、防篡改性、保护隐私等能力，由密码学予以保障。每一个通证都是由密码学保护的一份权利，这种保护更坚固和可靠，具有表达价值的唯一性。通证必须能够在一个网络中流动，而且随时随地可以验证。

（2）区块链的三大保障机制

1）共识机制

就是所有记账节点之间如何达成共识，来选择和认定记录的真实性和有效性。全网认可的是最长的一条区块链，因为在此之上的工作量最大。如果想要修改某个区块内的交易信息，就必须将该区块和后面所有区块的信息进行修改。这种共识机制既可以作为认定的手段，又可以避免虚假交易和信息篡改。

2）智能合约

主要基于区块链系统里可信的不可篡改的数据，自动地执行一些预先定义好的规则和条款，如新区块的自动记录。

3）非对称加密

即在加密和解密的过程中使用一个"密钥对"，"密钥对"中的两个密钥具有非对称的特点，即在信息发送过程中，发送方通过一把密钥将信息加密，接收方在收到信息后，只有通过配对的另一把密钥才能对信息进行解密。非对称加密使得参与者更容易达成共识，将价值交换中的摩擦边界降到最低，还能实现透明数据后的匿名性，保护个人隐私。

可信计算作为一种主动免疫的新型计算模式，具有身份识别、状态度量、保密存储等功能，是保障关键信息技术基础设施自主可控、安全可信的核心关键技术。在可信计算技术体系中，核心是 TPM（trusted platform module）。TPM 包括处理器、协处理器、存储单元和操作系统等组件（见图 3-4），具有对称 / 非对称加密、安全存储、完整性度量和签名认证四个主要功能。数据的非对称加密和签名验证是通过 RSA 来实现的；完整性度量则是通过高效的 SHA-1 散列算法来完成；对称加密算法可以使用任意算法，既可以使用专用协处理器，也可以使用通过件实现。

基于可信计算模块的监测设备通过可信传导建立可信链，保证设备自身的硬件安全、软件安全和参数安全。TPM 有唯一的标识码，可以向区块链 CA 申请密钥对，成为区块链成员管理的对象。可信监测设备逻辑结构如图 3-4 所示。

可信监测、监控设备与传统的监测、监控设备相比，增加了可信控制模块，设备引导和应用执行过程也有所不同，可信监测、监控设备的工作流程如图 3-5 所示。

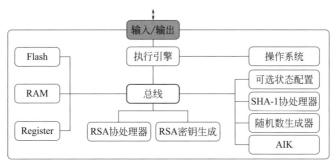

图3-4 可信监测设备逻辑结构

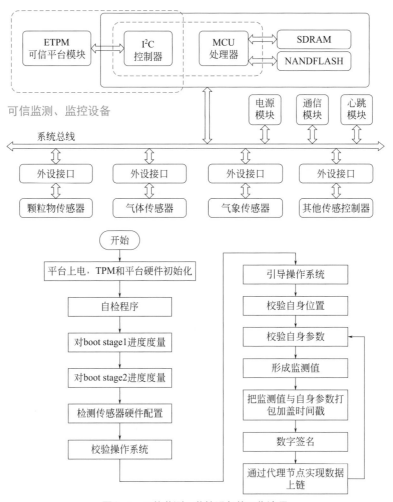

图3-5 可信监测、监控设备的工作流程

在监控、安防等设备可信的前提下，结合大数据、人工智能技术，采样现场保真的实现逻辑如图3-6所示。

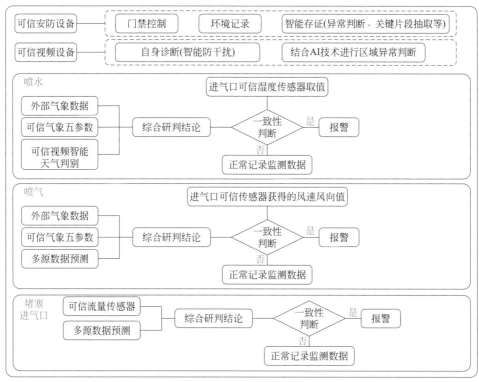

图 3-6　采样现场保真的实现逻辑

3.4.1　数据传输安全可靠

可信监测设备监测到的数据以加密的形式存储在可信监测设备中，如何可靠地进行数据传输是实现数据可信的一个重要环节。实现数据的可靠传输要解决两个问题：一是监测设备如何接入区块链系统；二是数据传输过程的可靠。

区块链技术的非对称加密技术与数字签名技术保障了数据传输的安全可靠，在区块链网络中，数据的传输就是一个签名—传输—签名验证的过程，数据可靠传输示意如图3-7 所示。

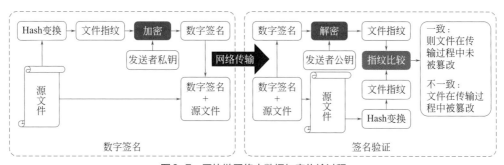

图 3-7　区块链网络中数据加密传输过程

监测设备一般是嵌入式设备，具有算力低、存储空间小、网络带宽低的特点，不能满足作为区块链节点的性能需求。项目组提出了代理上链的方案，巧妙地解决了这一问题。可信监测、监控设备数据上链流程如图3-8所示。

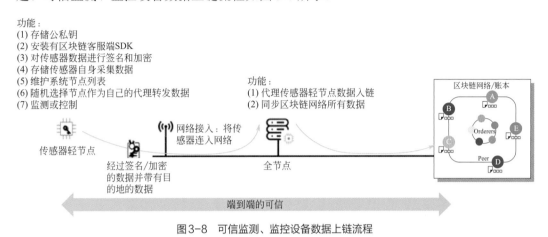

图3-8　可信监测、监控设备数据上链流程

3.4.2　防止数据被篡改

当可信监测数据被区块链存证后，根据区块链的特性，数据是不可以篡改的。由于区块链的效率和响应时间有待提高，许多区块链系统在设计时都同时双通道存储，数据既存储到区块链上，也保存到传统的数据库中。篡改和伪造数据的行为只能发生在传统的数据库中，因此只要在数据应用中用区块链数据进行校验就能遏制篡改和伪造数据行为。区块链数据验证流程如图3-9所示。也可以在应用访问基础监测或关键数据时同时访问区块链数据和关系数据库，经校核一致后方可作为应用的有效数据。

3.4.3　采样业务流程监管

（1）智能合约简介

一个智能合约（见图3-10）是一套以数字形式定义的承诺，合约参与方可以在上面执行这些承诺的协议。智能合约允许在没有第三方的情况下进行可信交易，这些交易可追踪且不可逆转。智能合约并不是一定要依赖于区块链来实现，但是区块链的基础特性决定了智能合约更加适合在区块链上来实现。例如去中心化，数据的防篡改、高可用性等。去中心化能够保证数据的全网备份与不可受第三方机构的干扰，无需担心数据会被篡改。高可用性保证服务或者存储系统受到攻击或其他问题而发生合约不执行的问题。区块链上的智能合约技术是解决信任机制的有效途径。

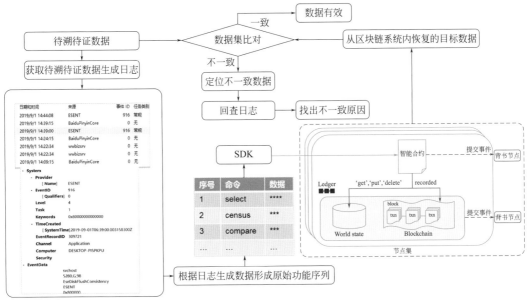

图3-9　区块链数据验证流程

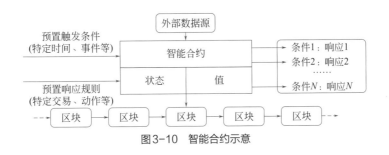

图3-10　智能合约示意

（2）智能合约流程监管

采用智能合约技术，把现有的管理规范和指南代码化，配合可信记录仪器和仪器参数反馈实现对业务流程的有效控制。下面以空气质量监测系统报警处理流程（见图3-11）为例说明智能合约流程监管运行方式如下：

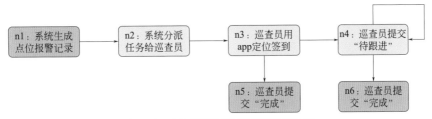

图3-11　空气质量监测系统报警处理流程

① 预先为工作流程定义模板数据；

② 监测系统分析监测数据，生成"点位报警记录"，调用区块链应用 API，启动一个流程实例；

③ 监测系统（平台 / 巡查 APP）在分派巡查任务、定位、提交反馈时，分别调用区块链应用 API，流程执行步骤和流程执行相关数据上链；

④ 当区块链网络收到流程实例的上链请求后，合约会存证上链数据、读取相关模板、执行比对和计算，如果发现不规范，则会生成一个流程异常执行记录。

监测系统通过区块链应用 API，查询是否存在不规范执行的流程实例，以及流程实例的所有存证数据。

（3）智能合约用于运维管理

监测设备的运维管理包括设备的全生命周期管理、设备巡检、设备维修等运维工作，这些工作都是具体的业务流程。

① 设备全生命周期管理。设备供应商负责设备校验、入库与安装，管理部门跟运维单位合作负责管理安装的监测设备。运维单位的节点需要加入管理部门的运维链，将设备的校验、入库、上线、下线等生命周期的每个步骤在运维链中存证。管理部门可以通过连接运维链查询、考核、溯源设备的运维记录。

② 维修工单智能合约管理。监测平台预警后自动生成维修工单。数据在运维单位、实验室和监测站之间共享。数据格式和内容相对固定，包括工单派发记录、维修工单执行记录、反馈提交记录、实验室检测、审核记录等。

③ 巡检任务管理。监测站制订定期巡检任务。内容包括：巡检计划的制订、变更和审批，巡检任务执行流程记录、任务登记和处理，考核标准等。

通过区块链智能合约管理运维业务流程，保障了运维业务流程执行的可信性，只要业务执行过程中出现不按业务流程规范执行的运维业务，智能合约就会发出流程执行异常报警并存证异常数据，为运维业务的监管、溯源或追责提供依据。

[1] Wilson D, Valle M D, Alegret S, et al. Potentiometric electronic tongue-flow injection analysis system for the monitoring of heavy metal biosorption processes-Science Direct[J]. Talanta, 2012, 93(2): 285-292.

[2] Suzuki Y, Sato H, Hiyoshi K, et al. Quantitative real-time monitoring of multi-elements in airborne particulates by direct introduction into an inductively coupled plasma mass sp ectrometer[J]. Spectrochimica Acta Part B: Atomic Spectroscopy, 2012, 76: 133-139.

[3] Sartore L, Barbaglio M, Borgese L, et al. Polymer-grafted QCM chemical sensor and application to heavy metal ions real time detection[J]. Sensors & Actuators B Chemical, 2011, 155(2): 538-544.

[4] Mikkelsen Y, Strasunskiene K, Skogvold S, et al. Automatic voltammetric system for continuous Trace Metal Monitoring in Various Environmental Samples[J]. Electroanalysis, 2010, 19(19): 2085-2092.

[5] Lv Z L, Qi G M, Jiang T J, et al. A simplified electrochemical instrument equipped with automated flow-injection system and network communication technology for remote online monitoring of heavy metal ions[J]. Journal of Electroanalytical Chemistry, 2017, 791: 49-55.

[6] Barton J, García M B G, Santos D H, et al. Screen-printed electrodes for environmental monitoring of heavy metal ions: areview[J]. Microchimica Acta, 2016, 183(2): 503-517.

[7] 蓝月存, 李丽和, 潘艳, 等. 阳极溶出伏安法在水质汞在线监测仪中的应用[J]. 广东化工, 2017, 044(020): 90-91, 71.

[8] 刀谞, 张霖琳, 滕恩江, 等. 阳极溶出伏安法水体镉污染快速测定方法研究[J]. 中国测试, 2015, 041(002): 34-37, 41.

[9] 谢扬. 浅谈重金属水质在线设备在地表水监测中的应用[J]. 环境保护与循环经济, 2019, 039(004): 66-68, 74.

第 4 章

水流模型建立

4.1 模型规划

4.1.1 模型用途

人们对地下水模型的需求，归根结底都是为了预测未来，从而为决策提供支持。预测未来必须建立在充分了解过去、当前情况以及系统演变机制的基础上。有些决策单纯通过借助以往经验和对宏观情况的把握就可以做出，而另外一些情况以人类的认知能力无法系统地整合已有的信息进行预测，这时就需要借助一些外在工具，而地下水模型是帮助地下水工作者进行预测的最好工具。

常见的模型用途有：

① 评价地下水可持续供水量；

② 地下水环境影响评价；

③ 地下水修复系统可行性研究；

④ 优化灌溉抽水量；

⑤ 水源地保护区划；

⑥ 模拟自然降解过程；

⑦ 确定风险评估的暴露途径；

⑧ 确定含水层存储和恢复的可行性；

⑨ 计算矿坑涌水的影响；

⑩ 预测海水入侵造成的影响；

⑪ 评估污染羽空间分布和演化过程；

⑫ 指导野外数据收集。

地下水模拟工作的核心是深入理解研究区地下水赋存和运移规律，选择适当的数学工具对问题进行表征和求解，创造性地使用可用信息对模型进行校正，其后才可以对现实世界进行一定程度的预测，而且这一预测结果必须经过审慎考察方能使用。由于地下水循环的不确定性较高，在创建地下水模型时很难仅通过初始的模型结构和参数再现现实世界，所以建立地下水模型的重要工作之一就是使用现场测得的水位、水量、水质信息对模型进行校准和验证，在合理范围内反复调整模型结构和参数，只有当模型的可靠性得到充分验证后方可使用此模型进行更深入的工作。

4.1.2　模拟目标

地下水模拟的本质是把客观世界以线性方程组的形式表达出来，并对其进行求解。这一过程所蕴含的不确定性远大于现场数据中所包含的确定性。换言之，地下水模拟过程中需要做出大量系统性的假设来对问题进行修正和限制，而这些假设大都来自模拟目标。举例来说，如果模型是用于管理或者诉讼，则对其精细程度有较高要求；如果是用于对尚未出现的污染进行预测性的评估，则要根据风险水平设计出不同的污染情景；如果是用于对突发事件的快速评估，则可能需要放弃模拟中的很多细枝末节而专注于主流。

对地下水系统进行模拟时，最常见的目标是地下水资源评价和地下水溶质迁移评估。有时地下水工作者会创造性地使用地下水模型进行地热能、地下水年龄、地面沉降、修复工程设计、排水工程设计、变密度及多相流等方面的应用。

4.1.3　时空尺度问题

（1）模型研究的 3 个空间尺度

在模型研究中，常常会在 3 个空间尺度上考虑问题[1]：
① 区域尺度上的信息常常用来定义模型边界；
② 场地尺度的信息被用来定义需要进行预测的区域；
③ 最终选定的模型区域一般介于上述两个范围之间。一旦选定，后续的工作将集中在此区域。

（2）污染模型的确定

确定评估区范围是地下水污染综合评估的基础步骤，是概化地下水补给、径流、排泄条件，查找潜在污染源，分析污染受体的先决条件。评估区确定以地下水主要污染物浓度空间分布特征与地下水流场特征为主要依据，参考评估区所在水文地质单元，圈定评估区范围。评估区范围的划定应遵循以下原则。

① 评估区范围应完全包含目标区域，包括溶质有可能在未来影响到的区域，也应该有足够空间消化模型内部的应力（抽注井、河湖入渗等）。溶质运移的潜在影响区可以用简便方法计算得出，包括使用渗流速率、阻滞系数或解析解方法。如果模型区无法完全包含未来的污染烟羽，则无法实施全面的溶质质量平衡估算。

② 评估区的边界应尽量与现有自然边界（河流、湖泊、排水沟、分水岭、含水层组

边界、两个相邻抽水区边界、海岸线、地下水补给区或排泄区边界等）一致。注意河流湖泊并不一定代表含水层边界，而且地下水分水岭也经常会缓慢移动。

③ 评估区域应与地下水主要流动方向平行（至少在最为关注的区域），以减少数值弥散的影响。评估区范围内水文地质条件基本清楚（与勘查阶段相适应）。在此基础上，评估区域范围应尽可能小，从而节省计算资源。

（3）水流模型和溶质运移模型尺度的差别

通常来讲，解决水流问题的模型要比解决溶质运移问题的模型大得多。当存在此类矛盾时，可遵循以下原则，根据具体情况进行选择：

① 建立一个较大的水流模型，然后在此基础上建立一个较小的溶质运移模型（模型嵌套）；

② 在网格剖分过程中，对溶质运移影响区进行细化；

③ 综合考虑后选择折中的评估区范围。

（4）模型的时间尺度

模型的时间尺度包括：应力期和时间步长两种。在同一个应力期内，模型的边界条件保持不变。时间步长是模型在时间尺度上的分辨率。影响时间步长选择的因素有模型稳定性、数值弥散因素及边界和模拟目标的时间变化。通常来讲，时间步长越小，模型越精确，但同时也会消耗大量的计算资源。常见确定时间步长的方法是使用弥散度来定义网格大小，然后使用这个网格大小来计算时间步长。在很多模拟界面软件中，这一操作是自动完成的。

4.1.4 资料收集

4.1.4.1 地下水模型所需资料及获取途径

应在查明或基本查明评价区水文地质条件的基础上，掌握主要含水层的空间分布，岩性结构特征，含水层（隔水层）的顶板和底板标高（厚度），地下水类型，导水性，储水性，边界条件，与相邻含水层的水力联系，地下水现状开采量和地下水的补给、径流、排泄条件。我国地质矿产部门开展的区域性水文地质普查工作开始于 20 世纪 50 年代中期，到目前为止基本完成了 1：20 万区域水文地质普查工作。此类数据资料来源是全国地质资料馆、地质图书馆、中国水文地质勘察院及所属野外队资料室、中国地质环境监测院等单位的资料目录。评估区资料收集工作应在区域资料的基础上进行。

对计算评价区内地下水水位（水头）或水质的空间分布和动态变化应有足够的控制

资料，关键部位应有地下水动态观测孔。地下水动态观测孔的分布配置，应保证对各参数分区和主要补给、排泄边界的控制。

应掌握计算区内地下水开采量、回灌量、降水量、泉水流量和其他源汇项的时空分布和变化规律。地下水开采量应以实测资料为主，推测资料的依据必须予以论证。对计算区内的河流应掌握历年地表水水文资料，并对其进行必要的分析。

水文地质条件变化较大的区段的各种水文地质参数和数据获取，应安排一定数量的单井非稳定流抽水试验、孔组非稳定流抽水试验、河渠渗漏试验、井灌回归试验、示踪试验等水文地质试验获取渗透系数、导水系数、给水度、弹性释水系数、蒸发系数、弱渗透层的越流系数、地表水体和含水层的水量交换参数、降水入渗系数等水文地质参数。

水文地质、环境地质、开发利用资料主要应通过调查的方法获取。

社会经济、自然地理、水文气象、水利工程、基础地质资料主要应通过搜集的方法获取。

应详细收集评估区的运行资料，包括位置，业主，土地利用，现存及历史污染物的种类、数量和存在方式。评估区运行资料还应包括污染大事年表，包括化学品存储与处置作业、前期踏勘与采样记录、业主变更等内容。

4.1.4.2 常见数据来源部门

（1）环保部门

环保部门收集的资料包括：
① 环境影响评价报告；
② 污染物监测报告；
③ 场地尺度土壤及地下水污染调查报告及风险评估报告。

（2）地质环境监测部门

地质环境监测部门收集的资料包括：
① 地形图、地质图、水文地质图；
② 前人所做的有关钻探、抽水试验、地球物理勘探等方面的研究报告；
③ 监测井位置、钻孔结构、地层岩性、柱状图、剖面图及成井报告等；
④ 地下水水位及水质监测数据。

（3）水利部门

水利部门收集的资料包括：
① 水文水资源基础数据；
② 建设项目水资源论证报告；

③ 水源地勘察报告。

水源地勘察报告一般包括以下内容：a. 降雨量与蒸发量；b. 地表水体流量；c. 抽水试验及长期观测井的地下水水位监测数据；d. 地下水水体及地表水的开发利用状况；e. 灌溉区域、作物类型及灌溉制度情况。

（4）业主

从业主或相关管理部门收集的资料包括：评估区历史与布局、项目审批前置报告（如可行性研究报告、地质、水文、勘察报告、环评报告及其他资料）、生产运行数据与报告。

（5）其他

本地区其他相关管理部门、社区组织、当地图书馆、区域志编纂部门等机构现存资料。本地区开展的其他研究报告、文献、零散图件、报纸存档、网站资源以及评估区工作人员、邻近居民或其他知情人士的调查访问资料。

4.1.4.3 常见需要数字化的底图

① 行政、地理、地质、水文地质、地下水水质、土地利用图、作物种植图；
② 降水入渗和潜水蒸发条件图；
③ 地表水系、水体、渠系分布及入渗条件图；
④ 地下水、地表水灌区分布及灌溉回归或入渗条件图系；
⑤ 分层、分类地下水开采分区图；
⑥ 含水层渗透系数、给水度、导水系数、弹性释水系数分区图；
⑦ 弱透水层黏性土压密释水系数、垂向渗透系数、弹性释水系数分区图；
⑧ 地下水水位统测及长观点分布图；
⑨ 计算区边界条件图。

4.1.4.4 常见需要空间插值的等值线图

① 地面高程等值线图；
② 各含水层及弱透水层厚度等值线图；
③ 识别期、检验期地下水初始及末水位（水头）等值线图（分层）；
④ 预测期地下水初始水位（水头）等值线图（分层）；
⑤ 识别期、检验期地面沉降量等值线图。

4.1.4.5　需要数字化的动态资料

包含地下水水位动态、地表水水位动态以及降水量、蒸发量、渠系引水量、河道漏失量、泉水流量、边界流量、地面沉降量、地下水和地表水的灌溉量、人工回灌量动态、分层地下水开采量等。开采量动态按工业用水、农业灌溉用水、城镇生活用水、农村人畜用水、其他行业用水五类，分项、分层处理。其相关数据资料来源一览表如表 4-1。

表 4-1　相关数据资料来源一览表

类型	资料	数据来源	资料信息要求与说明
水文地质条件资料	（1）含水层物理系统：包括地质、构造、地层、地形坡度、地表水体等方面的资料； （2）含水层结构：含水层的水平延伸、边界类型、顶底板埋深、含水层厚度、基岩结构等； （3）含水层水文地质参数及空间变异渗透系数、给水度、储水系数、弥散系数及孔隙度等； （4）钻孔：钻孔位置、孔口标高、岩性描述及成井结构等	（1）地质图与水文地质图； （2）地形图； （3）前人所作的有关钻探、抽水试验及分析、地球物理勘探、水力学等方面的研究报告； （4）钻孔结构、地层岩性、柱状图、剖面图及成井报告等； （5）有关学术刊物上及会议上发表的学术论文、学生的毕业论文等； （6）行政部门及私人企业的有关数据	（1）应有一定数量的控制点； （2）地质单元的厚度、延伸以及含水层的识别； （3）地形标高等值线、含水层厚度等值线； （4）含水层立体结构图、水文地质参数分布图； （5）地表水与地下水以及不同含水层之间的水力联系程度； （6）地下水对生态环境的支撑作用
水资源及其开发利用资料	（1）各种源汇项及其对地下水动力场的作用； （2）天然排泄区及人工开采区地理位置、排泄速率、排泄方式及延续时间； （3）地表水体与地下水的相互作用； （4）地下水人工开采、回灌及其过程； （5）土地利用模式、灌溉方式、蒸发、降雨情况等	（1）降雨量及蒸发量； （2）地表水体流量及现状； （3）抽水试验及长期观测井的地下水水位监测数据； （4）地下水体及地表水体的开发利用量，包括政府部门的统计数据和可估计到的未进行统计的开发利用量； （5）灌溉区域、作物类型及分布情况； （6）水资源需求量及污水排放量预测分析； （7）其他政府、企业等有关部分的水资源开发利用数据	（1）降雨量/蒸发量通常为时间序列数据，最小时间单元应到月，有些时候需到天； （2）数据采集的时间、地点、数值及测量单位应准确； （3）对于地下水数据，应注明是否为动水位； （4）不同时期地下水位等水位线图及地下水位过程线的说明
水质监测资料	（1）常规水质指标数据； （2）非常规水质指标数据	（1）评估区所在地建设项目环境影响评价报告； （2）评估区相关取水单位或饮用水监测管理部门水质分析报告	（1）不同时期、不同点位的水质数据； （2）不同含水层位的水质数据； （3）不同监测指标数据

4.2　水流模型概化

地下水是无形无质的场流，在地下空间三个维度和时间维度上都存在变化，人们毕竟不可能掌握地下水运行的所有细节。如果我们沿用传统的分析思维，纠结于每一块砾石的形状、每一粒水滴的来源，则必然会陷入不可知论的泥潭。认识地下水必须从系统论出发，将现实世界高度精练，定义地下水系统的水力边界，将纷繁复杂的地质体抽象为若干个含水层、隔水层，抓住地下水运动的主流特征，定义含水层的渗透性能等，这一过程就是地下水系统的概化。

地下水系统概化是一门艺术，不会百分之百正确，也不会亘古不变，是随着资料的收集、调查的深入不断完善的过程。在此过程中需要掌握简单性与精确性的平衡，若一味追求简练，要以牺牲精度为代价，实用性不强；一味追求精度，系统过于复杂和不透明，校正和维护起来也越发困难。

进行地下水系统概化的最终目的通常是进行数学计算，而这些计算几乎必然由计算机来完成。这时，地下水系统概化的目标就变得更为具体，即将现实世界的参数与性质转换为标准的、面向高速计算工具的数据流。具体包括水文地质结构概化、边界概化、参数概化和流场概化，这些要素的概化过程将在接下来相应的章节中分别讨论。

4.2.1 模型区域

4.2.1.1 模型区域

托特在 1963 年的研究工作，形象地刻画了地下水运动的几种典型时空尺度。发生在浅部的局部流场，其时间尺度以月、年计；反之，发生在区域尺度（数十甚至数百千米）的地下水循环则最深，以百年甚至千年计。一般而言，在地形起伏较大的地区，局部流场占优势；而在含水层厚度较大的地区，区域流场占优势。

地下水模型概化的首要任务是确定模型区域范围[2]，模型区域范围的划定应涵盖研究区地下水行为的过程，以及系统内主要应力和应力影响的区域。对于环境影响评价而言，应能涵盖已知地下水环境问题影响的范围，包括污染源、当前污染分布范围、地下水环境敏感区域等，必要时扩展至完整的水文地质单元，以及可能与污染区域所在的水文地质单元存在直接补排关系的区域。理想情况下，模型区应包含一个完整的水文地质单元。然而地下水的流动具有区域性，往往补给区和排泄区相隔甚远但具有内在联系；而污染或潜在污染区域只占完整水文地质单元中的一小部分。所以在划定模型区域时既要兼顾区域性地下水流动状态，又不能无限外推，把环境影响评估变成地下水资源评估。在实际工作中，划定模型区域一般应遵循以下原则：

① 模型区域应尽量包含完整水文地质单元，模型边界尽量与实际水力边界重合；

② 模型范围内水文地质条件基本清楚（与勘查阶段相适应）；

③ 考虑模型区域时，必须同时确定边界条件的性质和概化方法，即边界条件应与模

型区范围同时确定；

④ 若必须使用人为边界，应使其尽量远离地下水系统扰动源（如抽水井），避免使模型受虚拟边界主导。

常见的模型区域边界包括：

① 河流；

② 地表（地下）分水岭；

③ 低渗透性地质体；

④ 岩性界面；

⑤ 沿等水位线划定的虚拟边界；

⑥ 沿地下水流线划定的虚拟边界。

4.2.1.2 水文地质单元

地表水流域较容易认知，只要追踪干支流河道，流域就展现得很清楚。人们对地下水"流域"的认识则要晚很多。起初，打井取水只注意水井附近含水层的局部，区区几口井之间的关系也很难说得清楚。工业革命以来，人类的生产力大大提高，需水量和开采能力也飞速增长，井群长期采水使地下水位不断降低，于是人们认识到含水层中的水是相互联系的。长期大量开采地下水，不仅降低了区域的地下水位，而且导致地面沉降、河流断流、湿地消失、海水入侵、植被退化等问题。这时人们才意识到，地下水虽然反应缓慢，但它却是一个内在统一的整体，结结实实地连接着人类的生存环境。这时就有必要考察地下水的"流域"，也就是地下水系统。

地下水在本质上仍然受重力场控制，所以其流域与地表水流域有许多相似之处，尤其是在地形起伏较大的山区，地下水的流域与地表水的流域常常是重合的。在这种情况下，地下水在上游接受补给，沿地形起伏向下游径流，最后在排泄区汇集排出地表，自成一个相对独立的地下水流系统，这就是一个典型的水文地质单元。处于同一水文地质单元的地下水，往往具有相同的补给来源，相互之间存在密切的水力联系，形成相对统一的整体；而属于不同水文地质单元的地下水，则指向不同的排泄区，相互之间没有或只有微弱的水力联系。显而易见，清楚地了解水文地质单元划分是地下水工作的基础和前提；如果对地下水的补给、径流、排泄条件都不清楚，合理使用和保护地下水资源就无从谈起。某区域水文地质单元说明如图 4-1 所示。

举例来说，图 4-1 中橙色、紫色、红色区域分别为一个独立的山区水文地质单元，相互之间没有水力联系。

中国地下水分布具有明显的地域性，在西北地区，大型断陷内陆盆地堆积了巨厚的新生代松散沉积物，是孔隙地下水的主要分布区；东部地区是中、新生代的大型裂谷盆地分布区，松嫩盆地、渤海湾盆地和南黄海·苏北盆地内沉积了巨厚的新生代松散沉积物，成为我国东部地区孔隙地下水的主要分布区；四川盆地和鄂尔多斯高原则是以中生代孔隙、裂隙地下水为主；江南地区的中东部以基岩裂隙地下水为主，西南部则以岩溶地下水为特征。由于盆地形成、发展历程及古沉积环境不同，各盆地中的含水层相互独立，各成体系，并具有明显的多层性。近几十年来，我国水文地质学者从不同角度出发，对中国区域地下水分区进行了深入研究。2004年，张宗祜、李烈荣主编的《中国地下水资源与环境图集》采用地貌、含水层、大河流域作为分区指标，将全国分为43个水文地质区，代表了我国目前区域水文地质的研究水平。

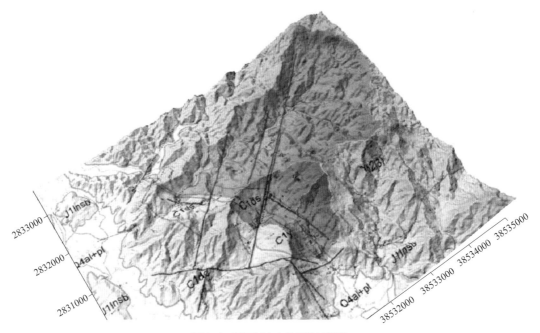

图4-1　某区域水文地质单元说明

4.2.1.3　平面概化图

地下水的赋存不如地物那样直观，其信息的图形化需要使用特殊的手段。水文地质编图是地下水工作中一项经常的、大量的科研实践活动，它是大量调查研究成果的综合体现，反映地下水的特征及其赋存、分布、形成和发展的规律性。地下水的流动由重力场和地下介质类型共同控制，所以此二类信息的明确表达就成为研究区平面概化图的基本功能。不仅如此，一幅完整的水文地质平面图至少应该包括一张剖面图，以直观展示地形的起伏、地层的垂向结构和接触关系，这一点在研究区剖面概化图中单独解释。

平面概化图的基础是平面地质图，即岩层和地质现象的平面展布信息图。在地质图上增加地下水调查点信息可以得到平面概化图的雏形，在此基础上将与地下水运动无关的地质信息弱化，同时根据制图目的增加关于地下水赋存和运动的相关信息，这样就可得到一张完整的研究区平面概化图。值得注意的是，地质图上所表达的地质体不一定是当地的主要含水层，而这正是地下水模拟的关注重点，所以平面概化图与地质图中所表达的岩层并不一定完全一致。

很多情况下，研究区水文地质图虽可作为研究区平面概化图的雏形来使用，但由于我国通行使用分幅制度进行基础水文地质调查，很多情况下需要对多幅水文地质图进行拼接方能完整展现模型区域。在此基础上，应明确标识出如下要素方能作为一张合格的平面概化图。

① 研究区基本情况，包括模型研究范围、主要居民点以及标志性的地形、地貌；

② 水文地质控制点，包括地表河流、湖泊、开采井以及地下水的天然露头等；

③ 地下水含水层控制点，主要包括控制含水层的各类钻孔。

水文地质图是前人地下水调查成果的精华，是绝大多数地下水工作（尤其是大、中尺度的地下水工作）的基础和出发点。小尺度的地下水工作更加依赖现场勘察工作的成果，可以自行编制场地水文地质图，但仍可从区域水文地质图中借鉴很多背景信息。从中华人民共和国成立初期到 20 世纪 80 年代，我国地下水工作主要集中于水源开发工程。在这一时期探明和开发了我国众多地下水水源地，初步解决了大中城市的供水问题；同时，地质调查部门在全国范围内开展了 1：20 万国际标准精度为主的水文地质普查工作。截至 1999～2010 年间进行的新一轮国土资源大调查工作之前，除少数高山荒漠等人迹罕至地区普查精度为 1：50 万之外，全国大部分国土面积已完成了 1：20 万精度的地下水普查，积累了丰富的基础资料和较为完整的区域水文地质图库。

4.2.2　水文地质结构概化

4.2.2.1　主要含水层介质类型及概化依据

（1）含水层

大量的水储存在地下。在这里水仍然是流动的，虽然速度可能很慢，但仍然是水循环的一部分。俄罗斯学者维尔纳茨基形象地说："地壳表面就像饱含水分的海绵。"各种岩土类型都存在空隙，可以为地下水的赋存提供前提。我们都有这样的经验，大雨过后，砂土地不积水，而黏土地积水，比较泥泞。这是因为砂土地上的水可以较快地渗入地下。所以我们说砂是透水的，黏土是不透水的；或者把砂称为透水层，把黏土称为隔水层。自然界中，如果透水层下面存在隔水层，那么向下渗透的雨水或地面水就会集聚在上面的透水层中。这种充满了水的透水层就叫作含水层。

（2）含水层介质类型

一个含水系统中有多少个含水层，每个含水层的富水和导水性质如何，需要根据研究目的、现存资料、计算能力等客观条件概化而来。以一个泥砂互层的潜水含水层为例，在考虑水源供水问题时，可以忽略含水系统中的若干泥质隔水层，而把整个系统概化为一层；但在考虑污染问题时，局部隔水层的存在可以实质性地影响污染物的运移，这时就应把含水系统概化为若干个含水层和隔水层。同一个含水层之内，各处的渗透性和富水性也不尽相同，也需要使用"均质 - 非均质""各向同性 - 各向异性"等范畴对含水层参数进行概化。

含水层介质类型一般包括：

① 孔隙介质；

② 裂隙介质；

③ 孔隙 - 裂隙介质；

④ 裂隙 - 孔隙介质。

常见的含水层介质类型如图 4-2 所示。

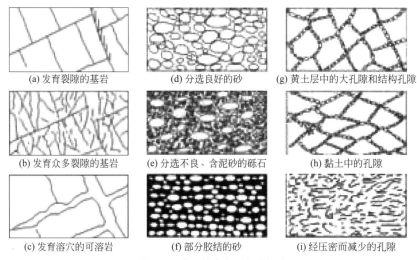

(a) 发育裂隙的基岩　　(d) 分选良好的砂　　(g) 黄土层中的大孔隙和结构孔隙

(b) 发育众多裂隙的基岩　　(e) 分选不良、含泥砂的砾石　　(h) 黏土中的孔隙

(c) 发育溶穴的可溶岩　　(f) 部分胶结的砂　　(i) 经压密而减少的孔隙

图4-2　常见的含水层介质类型

（3）孔隙介质含水层

接近地表的地层一般是尚未胶结的松散沉积物，对于砂砾类的沉积物，其孔隙度和渗透性主要取决于颗粒分选程度，分选越差、颗粒大小越悬殊的松散岩土，孔隙度越小，渗透性也越差；黏性土沉积物由于结构原因一般孔隙度更大，但孔隙之间连通性不好，所以渗透性一般很低。上述的这一类地下水主要存在于砂层或砾石、卵石层的孔隙中，我们称之为孔隙水。平原地区所使用的地下水多为孔隙水。

在世界范围内，富水性最好的是砂卵砾石沉积层，这类地层常常在滨海平原、冲积盆地和冰川活动带出现。除此之外裂隙发育的砂岩、透水型的玄武岩和发育了溶孔溶洞的碳酸盐岩也是很好的含水层。

（4）裂隙介质含水层

松散的风化沉积层之下的岩石称为基岩，一般比较完整，胶结性较好。基岩中不存在连通的颗粒间孔隙，但随地质作用会存在裂隙，而地下水就储存在这些裂隙中，这类地下水被称为裂隙水。岩石中之所以会有裂隙，是因为这些岩石都是亿万年之前形成的，其后经历了地壳运动等各种各样的变动，产生了许多裂隙。

沉积岩是常见的基岩种类，是地质年代中海洋、湖泊、河流中泥砂等物沉积而成的岩石，其初始状态是水平的层状结构，但在地质年代中经历了许多地壳运动，发生了褶皱，岩层向上拱起的称为背斜，岩层向下凹陷的称为向斜，可以想象，在背斜和向斜的中心（轴部）裂隙比较多。由于岩石的性质不同，产生裂隙的性质和程度也不同。经过地壳运动后，硬而脆的岩石裂隙会相对较多，而塑性强的、含大量泥质的岩石裂隙则较少。

碳酸盐地层是一类特殊的可溶性基岩，在地质作用产生的裂隙或者破碎带中有地下水的流动，由于碳酸盐的可溶性，地下水会沿着裂隙掏蚀形成溶穴、溶洞。这些溶洞越掏越大，过水能力也越来越强，而这又反过来提高了地下水的侵蚀能力。岩溶现象的发育大大提高了岩层的富水性和渗透性。一般来说，如果石灰岩质纯层厚，往往溶洞较为发育，岩溶水也较多。

裂隙、岩溶含水介质的概化要视具体情况而定。在局部溶洞发育处，岩溶水运动一般为非达西流（即非线性流和紊流），但在大区域上，北方岩溶水运动近似地满足达西定律，含水介质可概化为非均质、各向异性的连续介质。

（5）弱透水层

含水层和隔水层通常呈近水平分布，而地下水在含水层中水平流动。在相当长的一段时期内，人们把隔水层看成是绝对不透水的，一直到 20 世纪 40 年代才发现，在原先划入的隔水层中有一类是弱透水层。这些弱透水层在一般的供水工程中所提供的水量微不足道，但在垂直方向上由于过水断面巨大（等于弱透水层分布范围），因此相邻含水层通过弱透水层交换（称为越流）的水量相当大，这时再将其称为隔水层就不合适了。

没有隔水顶板的地下水称为潜水（见图 4-3）。由于潜水含水层的厚度随潜水面的升降而变化，所以其释放出的水来自饱和空隙中的排水，出水能力较强。充满两个隔水层之间的含水层中的地下水称为承压水。承压含水层的厚度不随水头的升降而变化，所以其中产出的地下水主要来自含水层骨架的弹性释水，单位降深对应的出水能力较弱。与潜水相比，承压水与大气圈、地表水圈的联系较差，水循环也缓慢得多。承压水不像潜水那样容易受污染，但一旦污染很难得到净化。

天然条件下，平原区的潜水同时接受降水入渗补给及来自下部的承压水越流补给。随着深度加大，降水补给的份额减少，承压水越流补给的比例加大；同时隔水的黏性土层向下也逐渐增多，潜水逐渐演变为承压水。当平原深部承压水受到开采导致其水头低于潜水时，潜水便反过来补给承压水。

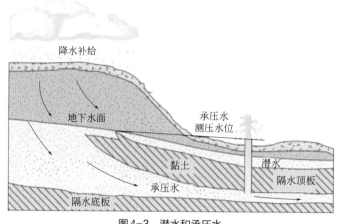

图4-3　潜水和承压水

4.2.2.2　主要含水层的水平分区及依据

含水层的概化是科学也是艺术。概化过程应由具有较高理论水平和丰富经验的水文地质工作者担任，设计者应精细分析岩性结构、构造、岩溶裂隙发育程度以及钻孔简易水文地质观测、小型抽水试验、等水位线图和水位动态等资料，以获得较符合实际条件的分区图。对于第四系孔隙含水层系统来说一般问题不大，但是对于裂隙、岩溶含水层，则要认真对待。若分区不佳，则会大大增加模型识别的过程。

（1）含水介质的描述

① 确定含水层类型，查明含水层在空间的分布形状。对承压水，可用顶板、底板标高等值线图或含水层等厚度图来表示；对潜水，则可用底板标高等值线图来表示。

② 确定含水层的导水性、储水性及主渗透方向的变化规律，用导水系数T、储水系数（或给水度）进行概化分区，只要渗透性变化不大的地段，就可相对视为均质区。

③ 确定计算目标含水层与相邻含水层、隔水层的水力联系，是否有"天窗"、断层等连通。

（2）均质和非均质

如果在渗流场中所有点都具有相同的渗透系数，则概化为均质含水层，否则概化为非均质的；自然界中绝对均质的岩层是没有的，均质与非均质是相对的，视具体的研究目标而定。如果渗透系数空间变异性相对较小，则概化为均质含水层，否则概化为非均质含水层。

（3）各向同性和各向异性

根据含水层透水性能和渗流方向的关系，可以概化为各向同性和各向异性两类。如果渗流场中某一点的渗透系数不取决于方向，即不管渗流方向如何都具有相同的渗透系数，则介质是各向同性的，否则是各向异性的。

（4）含水介质的分区

可根据岩性结构、构造、岩溶裂隙发育程度以及钻孔简易水文地质观测、小型抽水试验、等水位线图和水位动态等资料来初步划分。对于第四系孔隙含水层系统来说，一般较为直观。但是，对于裂隙、岩溶含水层则要认真对待。在局部裂隙、溶洞发育处，地下水运动一般为非达西流（即非线性流和紊流），但在大区域上，北方岩溶水运动近似地满足达西定律，含水介质可概化为非均质、各向异性的连续介质。

4.2.2.3　主要含水层垂向概化及依据

地下介质的垂向分层包含地质分层、水文地质分层、模型分层等几类范畴。地质分层是根据地质年代、岩性等垂向特征确定界线，其最直接的获取方法是依据地质钻孔信息；在无地质钻孔资料的情况下，可参照区域地质图和区域地质报告。水文地质分层是指含水岩组的划分，是根据水文地质特征（水质、水温、富水性等）划分的水文地质单位，其界线往往与地层界线不吻合。模型分层是水文地质分层在模型中的数学表现，它植根于水文地质分层但又不等同。根据研究目的不同，在确定含水层水力联系与富水情况等基础上，往往会将多个含水层概化为一个含水层进行考虑，或将一个含水层剖分为多个模型层精细刻画污染物的迁移情况。

模型区在垂向上存在多个含水层时，需要考虑这些含水层在垂向上如何概化。一般应考虑如下因素：

① 与模拟目标有关的地下水流动涉及几个含水层；

② 这些含水层是承压、非承压，还是承压 - 非承压类含水层；多层结构的层间水力联系是面状越流、"岩性天窗"沟通，还是两者均有的形式；

③ 既存在越流又存在弱透水层释水的地区，要将弱透水层作为单独层处理；

④ 考虑模型区各个含水层是否存在各自独立的水位校准数据，很多情况下模型区仅有各含水层的混合水位数据，这时要根据实际情况对垂向概化做出取舍；

⑤ 确定含水层垂向系统结构后，应分析地下水的补给、排泄（包括抽水井和矿坑排水等）形式等因素，确定地下水流动属于二维、准三维还是三维。进一步考虑地下水的动态特征，是稳定的还是非稳定的。此后方可确定地下水流动方程的类型。

许多水源地，特别是第四系孔隙水水源地，大多是多层含水层越流系统。水源地的开采井，特别是民井，大多采用混合抽水形式开采。然而，目前的地下水开采动态预测大多将其作为一个含水层来处理，仅计算出一个地下水降落漏斗。应当注意，两个（三个）含水层的混合开采，实际上存在着两个（三个）地下水降落漏斗。因此多层含水层系统混合开采条件下的地下水资源评价应当分层计算出各自的漏斗。

（1）越流

在天然条件下，上、下含水层之间夹有半透水层，在水头差作用下，高水头含水层的水通过半透水层渗透而进入水头低的含水层的现象是越流。地下水系统中越流含水层的行为可用特征渗漏长度（或称"渗漏因子"）λ（单位为m）表征：

$$\lambda = \sqrt{kbc} \tag{4-1}$$

式中　k——渗透系数，m/d；

　　　b——饱和含水层平均厚度，m；

　　　c——越流含水层阻滞系数，d。

越流含水层阻滞系数 c 的定义为：

$$c = \frac{d}{k_c} \tag{4-2}$$

式中　d——越流含水层厚度，m；

　　　k_c——其垂向渗透系数，m/d。

对于多个含水层系统，含水层被弱透水层隔开，每个含水层都会存在各自的 λ 参数。此时的 λ 参数与上述方程定义有所不同。例如，对于两个含水层被一个弱透水层隔开的情形，λ 通过下式计算得到：

$$\lambda = \sqrt{\frac{T_1 T_2 c}{T_1 + T_2}} \tag{4-3}$$

式中　T_1，T_2——两个含水层的导水系数；

　　　c——越流含水层阻滞系数。

使用 λ 参数可对含水层越流现象做如下判断：在双含水层系统的一个含水层中抽水通常会导致来自另一个含水层的渗漏，这种渗漏有95%发生在抽水井周边 4λ 的范围内；在双含水层系统中，若上部含水层有溪流，则通常会导致来自下部含水层的渗漏，这些渗漏有95%发生在溪流边界的 3λ 范围内。越流示意如图4-4所示（图中 q_z 为下部含水层的渗漏）。因此，超过这个范围的两个含水层水头差可能将减少到 < 5%。从另外一个角度讲，大多数（95%）水在岸边 3λ 区域进入或离开河岸或湖泊，当地表水体边界之间的距离比 3λ 大一个数量级时，双含水层系统将表现出单含水层特征。

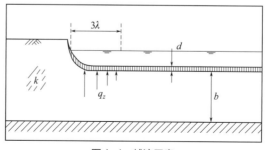

图4-4　越流示意

在区域面状补给条件下，总垂向补给中达到特定含水层的份额与含水层对应的导水系数成比例，即：

$$R_m = R\left(\frac{T_m}{\sum T_m}\right) \tag{4-4}$$

式中　R_m——到达含水层 m 的补给量；

　　　R——总垂向补给量；

　　　T_m——第 m 含水层的导水系数。

此时上下含水层的水头将会有持续稳定的差异 Δh，即

$$\Delta h = R_m c_m \tag{4-5}$$

式中　c_m——越流含水层阻滞系数；

　　　R_m——通过它的补给量。

第 1 点到第 3 点的结论可推广至多于两个含水层的情况，前提是在计算时需采用 λ 的最大值。

多含水层系统中的有限差分模型剖分的单元格宽度应小于 λ；在理想情况下，单元格宽度应小于 0.1λ。

（2）岩性天窗

承压含水层隔水顶板的间隔区称为"岩性天窗"。它是上下两含水层地下水的主要通道。为了较精确地确定主要"岩性天窗"过水能力的参数，在该"岩性天窗"附近的主含水层和邻含水层中最好各布置一个观测孔。通过"岩性天窗"的流量 Q_Z 为：

$$Q_Z = K_Z \frac{H_Z - H}{M_Z} \omega \tag{4-6}$$

式中　K_Z——"岩性天窗"垂向渗透系数；

　　　M_Z——"岩性天窗"垂向渗流长度；

　　　ω——"岩性天窗"的横截面积；

　　　H——含水层的水头值；

　　　H_Z——邻含水层的水位值。

然而，"岩性天窗"的横截面积在勘探中难以控制，此时可以把 ω、K_Z、M_Z 合成一个综合性参数，称为"天窗"流量系数 C_Z，即：

$$C_Z = \frac{K_Z}{M_Z} \omega \tag{4-7}$$

此时，通过"天窗"的流量即可写为：

$$Q_Z = C_Z(H_Z - H) \tag{4-8}$$

（3）无明确底板时的处理

有一些地下水盆地在垂向上赋存很深，可达地下数千米，此时如果强求将模型底部边界与实际地质边界一致，则会为模型增加许多本不需要的不确定性。底部边界条件的选择应当反映已知情况和建模的目标。这时可以人为设定一个假想的含水层底板。有研究建议，作为近似，可以使用主要赢水河（地下水排泄到地表水）之间平均距离的1/4 ～ 1/8 作为含水层的有效厚度。

4.2.2.4 研究区水文地质结构概化图

地下水水文地质条件概化成果一般以平面图和剖面图的形式表达。一般应包含如下要素。

① 地表地理要素：包括剖面所切割过的对应地表主要地理地貌，如分水岭、河流、湖泊、项目位置等。

② 含水层结构：包括各主要含水层及地质构造（如断层）的空间位置。

③ 地下水水位。

④ 各类源汇项及其性质（图4-5）。

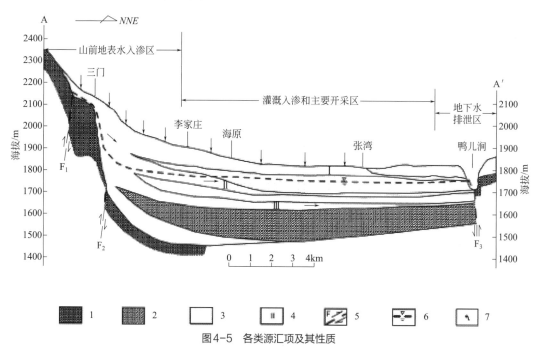

图4-5　各类源汇项及其性质

（引自水文地质概念模型概化导则，中国地质调查局，2004年）
1—基岩；2—隔水层；3—弱透水层；4—含水层；5—F_1处的断层；
6—张湾附近的地下水头；7—鸭儿涧附近的泉

4.2.3　地下水补给、径流与排泄条件

地下水经常不断地参与着自然界的水循环，我们把下面 3 个概念（过程）叫作地下水循环——地下水的补给、径流与排泄过程。

① 补给——含水层（含水系统）从外界获得水量的过程；

② 径流——水由补给处向排泄处的运动过程；

③ 排泄——含水层（含水系统）失去水量的过程。

地下水在补给、径流、排泄过程中，不断进行着水量的交换和运移。由于水是盐分和热量良好的溶剂和载体，所以在水量交换的同时也伴随着水化学场和温度场相应的变化，即水量、盐量、热量都在变化。这些变化的特点决定了含水层（含水系统）中水量、水质、水温的分布规律。因此，在做地下水研究时，只有搞清地下水的补、径、排规律或特点，才能正确地评价水资源，才能更合理地利用地下水，更有效地防范地下水害。

4.2.3.1　补给

（1）地下水的补给

地下水的补给是含水层（含水系统）从外界获得水量的过程。研究地下水的补给，主要研究如下 3 个问题。

① 补给源。大气降水、地表水、凝结水、相邻含水层（含水系统）的水以及人工补给水源。

② 补给条件。主要是发生补给的地质 - 水文地质条件，如补给方式和补给通道的情况等。

③ 补给量。含水层（含水系统）获得了多少水。

（2）大气降水入渗补给

1）大气降水入渗机理

大气降水落到地表以后，要通过包气带到达地下水面补给地下水。有时虽然雨水也渗入了地下，但尚未到达地下水面就消耗于湿润包气带，地下水并未获得补充。像这种不能使地下水得到补给的降水称为无效降水。只有当大气降水渗入地下，补足包气带水分亏缺之后，多余的继续下渗到地下水面的那一部分降水量才是有效降水。显然，大气降水补给地下水的数量大小及补给方式受控于包气带的厚度、岩性、结构、含水状况以及降水特征等许多因素，情况很复杂。

一般认为，在松散层中大气降水通过包气带补给地下水时，其下渗方式有 2 种。

① 活塞式下渗——入渗水的湿锋面整体向下推进的入渗方式。活塞式下渗发生在均

质土的包气带中。在水的下渗过程中,"新水"总在"老水"之上,湿润了包气带以后,多余的水才补给地下水。然而,自然界极少具备完全均质的土层,均质是相对的,非均质是绝对的。尤其研究水分渗透这种缓慢的运动,土层的不均匀性(土质不均、虫孔、根孔、裂隙)显得更加突出。

② 捷径式下渗——入渗水的湿锋面首先沿渗透性强的大空隙通道快速向下推进的入渗方式。由于水具有"往低处流、欺软怕硬、爱走捷径"的特性,故在多数情况下为捷径式下渗。

捷径式下渗在黏土中尤为明显,因为黏土中往往存在虫孔、根孔及裂隙等大的空隙通道。这些部位的湿锋面向下推进速度较快,可以超过其他部位的"老水"抢先到达地下水面补给地下水,不必像活塞式下渗那样,必须将整个包气带的水分亏缺补足以后多余的水才能补给含水层。

一般认为,在砂质土中主要为活塞式下渗;在黏性土中活塞式下渗与捷径式下渗同时发生。

2)影响大气降水补给地下水的因素(降水特征、包气带特征、地形、植被等)

大气降水落到地面,一部分转为地表径流,一部分被蒸发返回大气,一部分下渗进入包气带。进入包气带的这些水并不能全部补给地下水,甚至完全不能补到地下水中去,因为渗入地下的水首先要湿润包气带而被包气带滞留。若雨量不大,入渗有限,还不能将包气带全部湿润,即入渗水不能补足包气带水分的亏空,当然就谈不上补给地下水了(无效降水)。若继续下雨,入渗水湿润了整个包气带之后,便可到达地下水面补给地下水了(这部分才叫有效降水)。所以降水特征、包气带特征、地形、植被等都可影响大气降水补给地下水的数量。

① 降水特征的影响。降水特征包括降水量、降水强度和降水持续时间。

Ⅰ.降水量的影响。降水量是指大气降水平铺在地面上所得水层厚度的毫米数。

一个地区年降水量的大小是影响地下水补给的决定因素。因为大气降水是补给地下水最普遍、最根本的源泉。

由于入渗到地面以下的水量并不能全部补给地下水,不能全部成为可从井孔中抽出的水源,而是有相当一部分用于湿润包气带补足水分亏缺,以土壤水的形式被滞留在包气带之中。与这部分被滞留在包气带的水量相对应的降水量对地下水补给来说不起作用,故称之为无效降水量。若年降水量小于湿润包气带所需的水量,则对地下水无补给作用。即使年降水量大于湿润包气带所需水量,也会由于断续的降水间隔中土面蒸发、叶面蒸发的耗散,使得渗入地下用于湿润包气带的水量大大减少,从而增加了无效降水量。只有包气带饱和后再继续降水,才能补给地下水,成为有效降水。所以年降水量越大,补给地下水的量越大。故一般情况下,年降水量大的地区地下水也较丰富。

Ⅱ.降水强度和时间的影响。降水强度是指单位时间内降水量的多少,单位为mm/h。

如果降水强度过大,如倾盆大雨,降水强度超过了入渗地面的速率,即大于土壤吸收降水的能力，则大部分降水转变为地表径流流失，补给地下水的比例就会降低。如果每次降水量都很小，且降水时间间隔较长，水只能湿润部分包气带，甚至只湿润地皮，在降水间隔期间又被蒸发消耗。此类间歇性的小雨对地下水补给来说，只能是无效降水。所以，间歇性的小雨和集中的暴雨都不利于地下水获得补给，而不超过地面入渗速率的绵绵细雨才最有利于地下水的补给。

② 包气带特征的影响。包气带特征主要指包气带的厚度、岩性、透水性。一般来说，包气带的岩石透水性好，有利于降水入渗补给地下水。如果包气带由黏性土层构成，水的入渗就比较困难，降水就易于形成地表径流流失，不利于补给地下水。如果包气带过厚，即地下水埋深较大，滞留降水的数量就大，不利于补给地下水。

但是，如果包气带很薄，即地下水埋深很浅，也不利于降水入渗。因为毛细水带达到或接近地表，土壤水分较多，会降低水的入渗率即土壤吸纳降水的能力，而使大量降水转为地表径流，也不利于降水补给地下水。

③ 地形的影响。地面坡度大，水在自身重力的作用下易于形成地表径流，影响补给地下水。平缓与局部低洼的地势有利于降水就地入渗，并可以滞积表流，增加降水入渗份额。

④ 植被的影响。植被发育，土壤中有机质多，根系、树冠、枝叶、落叶、草地都能保护土壤结构，可以滞蓄降水而减少地表径流的发生，有利于降水入渗。植被发育可以改善小气候，增加降水量，有利于地下水获得更多的补给。

但在干旱地区，植物以蒸腾的方式强烈地消耗包气带的水分，会造成包气带水分的大量亏缺，使地下水获得降水补给明显减少，如一株 45 岁的柳树每年要消耗 $90m^3$ 的水分，那么一行大树就相当于一条排水渠。

3）大气降水补给地下水的能力

大气降水补给地下水的能力（属于补给条件）大小，常以降水入渗系数 a 表示：

$$a = q_x / X \text{（一般 } a \text{ 在 } 0.2 \sim 0.5 \text{ 之间）} \tag{4-9}$$

$$q_x = X - D - \Delta s \tag{4-10}$$

式中　q_x——年大气降水的入渗量，mm；

　　　X——降水量，mm；

　　　D——地表径流深度，mm；

　　　Δs——包气带水分滞留量，mm。

大气降水是地下水最重要的补给来源。一般情况下，入渗补给含水层的水量仅占降水量的 20% ～ 50%，其余的降水通过蒸发、地表径流、土壤水等途径耗失了。入渗系数的大小与包气带的厚度以及岩性相关。降水入渗系数的求法有如下几种。

① 地中渗透仪法。在若干个入渗（蒸发）皿中放入本区代表性原状土，以水位调节管控制不同的地下水位埋深。经过若干年观测，可以得到不同包气带岩性、不同地下水

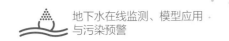

位埋深、不同年降水量条件下的入渗系数 a 数值，做成图表就可以得出各种条件下的 a 值大小。

② 潜水天然变幅法。本法适用于地下水水平径流、垂向越流、蒸发微弱并且不受开采影响的地段。观测不同包气带岩性、不同地下水位埋深，同时还观测由降水入渗引起的地下水位抬升值 Δh，并测定水位变动带来的给水度，则： $a = q_x / X = \mu \Delta h / X$。

③ 承压含水层的补给。潜水含水层可以在其整个分布范围内得到大气降水的补给。而承压含水层则不然，它只能在出露地表的地方或与地表相通的地方获得补给。因此，地形和地质构造对承压水的补给影响很大。若承压含水层出露处地形较高，则只在出露处获得补给；若承压含水层出露在低洼处，则整个汇水范围内的水都可以汇集得到补给。

4）大气降水补给地下水量的确定

① 平原区大气降水入渗补给量（ $Q_{补}$，m^3 ）的确定。

$$Q_{补} = 1000XaF \qquad (4\text{-}11)$$

式中　X——降水量，mm ；

　　　a——降水入渗系数；

　　　F——补给面积，m^2。

② 山区大气降水的确定。山地地下水循环属于渗入 - 径流型。大气水、地表水、地下水三者经常转换，单独求算大气降水入渗量因地形和岩性复杂而难以实现。一般山区地下水埋深较大，蒸发作用可以忽略，故常用测得某一流域的地下水的排泄量来代替大气降水入渗量。

若该山地没有河水外排，只有泉或泉群排泄地下水，即可用所有泉水流量之和作为地下水的排泄量，即大气降水入渗补给地下水的量。

干旱季节，常年流水河中没有地表径流注入，则河流中的流量皆由地下水提供，称之为基流量。该基流量就是流域内地下水的排泄量，即干旱季节河流的基流量就是大气降水入渗补给地下水的量。基流量可由测流法获得。

当流域内地下水分散排泄时，由于排泄点甚多，测起来很困难，则可用分割河水流量过程线的方法求得全年地下水的排泄量，以此代表大气降水补给地下水的量。其中最简单的方法是流量过程线的直线分割法。具体方法如下：在控制研究区域的河流断面上定期测定河流流量，即可作出全年流量过程线，即流量随时间的变化曲线；从流量过程线的起涨点 A 引水平线交退水段的点 B，则线 AB 与时间轴所围定的部分就相当于地下水的排泄量，即剔除了由洪水期地表径流流入河中的水量，剩下的就是由地下水提供的基流量。

（3）地表水对地下水的补给

地表水存在于江、河、湖、海、库、池、塘、渠等低乡洼地，在一定条件下都可以成为地下水的补给源。这里的一定条件包括：a. 与地下水有水力联系；b. 地表水位高于地下水位。

一般山地河流河谷深切，河水位常低于地下水位，故地下水向河流排泄。

山前地带，河流堆积，地面高程较大，河水位常高于地下水位，故河水补给地下水。

大型河流的中下游，常由于河床堆积成为地上河（黄河），也是河水补给地下水。冲积平原或盆地的某些部位，河水与地下水之间的补给、排泄关系往往随季节而变化。由于地下水位变化滞后于河水水位变化，并且较河水水位变化幅度小。因此，旱季，河水水位迅速降到地下水位以下，则地下水补给河水（河水接受地下水补给或河流排泄地下水）；雨季，河水水位猛涨至地下水位以上，则河水补给地下水（地下水接受河水的补给或河水向地下水排泄）。这种连续性的饱和补给，其运动状态符合达西定律：

$$Q_{补} = K\omega l \tag{4-12}$$

式中　$Q_{补}$——流量（单位时间内通过某一断面的水量）；

　　　K——渗透系数（河床的透水性指标）；

　　　ω——过水断面面积（透水河床长度与浸水周界的乘积）；

　　　l——水力梯度（由山地河水位与地下水位的水位差决定）。

实际工作中，如何获得某一段河流补给（或排泄）地下水的水量呢？

可以采取测定河流流量的方法。即在该河段上、下游断面上分别测得流量 $Q_上$ 及 $Q_下$，二者之差乘以过水时间 t 即可。

若 $Q_上 > Q_下$，为河水补给地下水，则 $Q_{总补} = (Q_上 - Q_下)t$

若 $Q_上 < Q_下$，为地下水补给河水，则 $Q_{总补} = (Q_下 - Q_上)t$

如果补给地下水的是一条间歇性河流，河水的渗漏量就不等于地下水所获得的补给量。因为一次短时间的洪流，渗入地下的水要有相当一部分耗于湿润包气带，用式（4-10）求得的渗漏量就大于地下水所获得的补给量了。

大气降水和地表水体是地下水获得补给的两个重要来源，但二者的补给特征是不同的。

大气降水：面状补给，范围大而均匀，持续时间短。

地表水体：线状补给，范围限于水体周边，持续时间长或不间断。

（4）含水层之间的补给

某含水层获得另外含水层或水体的补给，必备如下两个条件（缺一不可）：

① 水位差（接受补给者水位较低）；

② 透水通道（"天窗"、导水断层、钻孔、弱透水层等）。

补给流受到以下因素影响：

① 驱动越流的水力梯度大（因为 $I = h/L$，层间垂向 L 很小）；

② 发生越流的面积大（远比水平流动的过水断面大）；

③ 越流量大（根据达西定律 $Q = K\omega l$，尽管弱透水层的 K 值较小，但由于 ω、l 较大，越流补给量也就很可观了，所以在广阔的平原区开采地下水时，含水层之间的越流

补给量不可忽视。

（5）其他补给源

1）凝结水补给

凝结水在昼夜温差较大的干旱气候地区，可成为地下水补给源之一。

空气中有了水分就构成湿度。饱和湿度随着温度的降低而减小，当温度降到一定程度，空气中的绝对湿度可与饱和湿度相等。若温度继续下降，饱和湿度便继续减小，超过饱和湿度的那一部分水分便凝结成液态水。这种由气态水转化成液态水的过程叫作凝结作用。

白天，在太阳辐射的作用下，大气和土壤都进入吸热升温过程；到夜晚，都进入散热降温过程。由于土壤和空气的热学性质不同，热响应能力不同，土壤散热快而大气散热慢。当地温降到一定程度，土壤孔隙中的水汽达到饱和。地温继续下降，随着绝对湿度的减小，过饱和的那部分水汽便凝结成水滴。此时，由于大气温度较高，绝对湿度较大，水汽便由大气向土壤孔隙运动，如此不断地补充和凝结，数量足够大时便补给地下水。

2）地下水补渗给水

水库、坑塘、沟渠、浇地以及排放在环境中的工业废水和生活污水，都可能入渗补给地下水。

4.2.3.2　径流

（1）地下水径流

地下水径流是地下水由补给区向排泄区的运移过程。一般情况下，地下水处在不断的径流运动之中，它是连接补给与排泄的中间环节，它将地下水的水量、盐量从补给区传输到排泄处，从而影响着含水层或含水系统中水质、水量的时空分布。研究地下水径流主要从径流方向、径流强度、径流条件、径流量几方面入手。

（2）径流方向

地下水在补给区获得水量补给之后，通过径流到排泄区排泄。所以，地下水总的径流方向是由补给区指向排泄区（由源指向汇）。但在某些局部地段，由于地形变化造成局部势源与势汇关系的差异，使得局部地下水径流方向与总体方向不一致。如在某些河间地块流网中，补给区分水岭处的地下水先垂直向下，在排泄区又垂直向上流，中间地带近乎水平运动。再如，从井孔中抽水时，井孔周围的水流都指向井孔，呈向心状径流。又如河北平原，在总的地势控制下，地下水从地形较高的西部太行山前向东部地势较低的渤海方向流。但在广阔的大平原的某些局部地段，会由于地形、地质（水文地质结构）或含水系统的差异，使得地下水在遵循整体东流的基础上发生变化。在地表河流或古河道裸露区，常常是大气降水补给地下水，水先向下流，然后叠加在东流的地下水流场中。近几十年来，人们用水量大增，某些地段过度开采地下水，形成若干大小不等的地下水降落漏斗，使天然的地下水流场（地下水系统）平衡被打破。为了达到并维持新的平衡，地下水系统的水头重新分布，使河北平原的某些部位的地下水径流方向发生改变，甚至变反。更有甚者会使补给区与排泄区易位。如以沧州市为中心的地下水降落漏斗，中心部位水位降低数十米，周围地下水径流便向漏斗中心运动。

关于地下水径流方向问题的思维是："水往低处流。"此处高低内涵有三（补给区-排泄区）：

① 地形的高低（高处→低处）；

② 水位（水头）的高低（高水头→低水头）；

③ 重力势的高低（高势→低势，势源→势汇）。

在降水入渗之后就自然具有了这种重力势，它随着水的运动克服介质阻力做功消耗而减小，表现为水位（水头）降低。地下水在运动中，由源向汇，近汇者先至，先者径直；远汇者后至，后者径曲。所以，研究地下水径流方向，应以地下水流网为工具，以重力势场及介质分析为基础，具体问题具体分析。

（3）地下水径流强度、径流量

地下水径流强度是指单位时间内通过单位断面的水量。

这个概念正是地下水渗透速度的定义，即 $V=Q/\omega$，所以地下水径流强度可用渗透速度来表征。由达西公式可知：$V=Q/\omega=KI=K(h/L)$。所以，地下水的径流强度（即渗透速度）与含水层的透水性（K）成正比；与补给区到排泄区的水头差或水位差（h）成正比；与流动距离（L）成反比。

显然，在含水层透水性强，地形切割强烈、高差大，降水充沛的地方，地下水径流强度大，径流量大，水的矿化度低，即水循环交替迅速，水的矿化度较低；反之，径流强度小，水的矿化度高。

因此可以说：含水层透水性能的好坏、地形高差大小及切割破碎状况、径流距离等，都影响着地下水径流强度，径流强度又控制着水质变化，因此可将它们称为地下水径流的影响因素或地下水径流条件。

对于承压水来说，若赋水构造规模小，破坏严重，补给丰富，含水层透水性强，则地下水径流强度大，水质好（矿化度低）。反之，比较完整的大型盆地，含水性较弱时，地下水径流强度较弱，水质亦较差。

下面两种断块构造盆地承压含水层的径流模式、径流强度受断层导水性控制。

① 断层带阻水，补给区与排泄区在承压区一侧为同一含水层出露区，排泄点在出露区最低处。大气降水转变为地下水后沿含水层底板向下流动一定深度（不会太大）就向上反出。所以浅部径流强度大，深部变弱；浅部水质好，深部水质差。

② 断层带透（导）水，在补给区接受水量以后，沿承压含水层流向排泄区，经断层

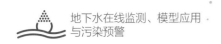

通道上升排泄于地表。其水质和水量与径流强度密切相关。

此外，还有 2 种表示径流强度的方法。

① 地下水径流模数（又叫径流率，M_e）是指每 $1km^2$ 含水层面积上的径流量，单位为 $L/(s \cdot km^2)$。

$$M_e = \frac{1000Q}{365 \times 86400F} \tag{4-13}$$

式中　Q——地下水径流量，m^3/a；
　　　F——含水层或含水系统的补给面积，km^2。

实际工作中，以 M_e 的大小来表征某个地区单位时间内以地下径流形式存在的水量多少，用以说明径流条件的好坏，与径流强度具有意义上的同一性。

径流强度（$V = Q/\omega$）主要说明地下水运动的快慢。

径流模数（M_e）主要说明有多少水量在运动（多用于水量评价中）。

② 地下径流系数（η）是指地下水径流量与同一时间内落在含水层补给面积上的降水量之比。与大气降水入渗系数相同，即：大气降水入渗补给地下水成为地下径流的水量占降水量的份额

$$\eta = \frac{0.001Q}{XF} \tag{4-14}$$

式中　Q——地下水径流量，m^3/a；
　　　X——降水量，mm；
　　　F——补给面积，km^2。

4.2.3.3　排泄

（1）地下水的排泄

地下水的排泄是含水层或含水系统失去水量的过程。主要研究内容为排泄方式、排泄去路、排泄条件、排泄量。其中排泄方式包括泉、河渠、蒸发（蒸腾）和越流。

① 泉——点状排泄；

② 河渠——线（带）状排泄；

③ 蒸发（蒸腾）——面状排泄；

④ 越流——含水层之间的排泄（得水者为补，失水者为排）。

泉是地下水的天然露头，都是由于地形面切割到含水层或地下水通道而出露地表的（人工打井地下水流出地表，不叫泉，而叫自流井）。所以在地面平坦地形单调的平原地区，少有泉水出露。泉多见于山地丘陵的沟谷与坡脚部位。

泉的类型按泉的成因可分为侵蚀泉、接触泉、溢流泉。

① 侵蚀泉——沟谷切割到潜水含水层而形成的泉。

② 接触泉——地形面切割到含水层底板水从二者之间接触处流出的泉。

③ 溢流泉——潜水流动受阻（被堵）而涌出地表所形成的泉。

按补给泉水的含水层性质可分为上升泉、下降泉。

① 上升泉——由承压水补给的泉。上升泉按成因又可分为：侵蚀（上升）泉——沟谷切割到承压含水层顶板形成的泉，断层（上升）泉——地下水通过导水断层上升而涌出地表的泉，接触带（上升）泉——地下水沿接触带上升而形成的泉。

② 下降泉——由潜水或上层滞水补给的泉。

（2）泄流

泄流是地面侵蚀到含水层，地下水沿地表水体周界分散呈带状排泄的形式，它分散排泄于地表水体。若集中排泄于地下水体，则叫水下泉——暗泉。由于泄流是地下水的一种排泄形式，所以泄流量的求算方法与地下水补给河水量的求法相同，可用断面测流法或流量过程线直线分割法。

（3）蒸发与蒸腾

蒸发与蒸腾，从概念上说，是液态水变成气态水耗散的过程。对地下水来说：蒸发是在一定条件下，地下水转变为气态水而耗散的过程。蒸腾则是发生在植物枝叶上的一种蒸发现象，具体表述为：植物根系吸收的地下水分通过叶面转化成气态水而耗散的现象。

山地中地下水主要以泉和泄流方式排泄，当然也包括人工排泄。

天然状态下，平原或地势低平的地区，尤其在干旱气候条件下的松散堆积物区，蒸发成为地下水主要的甚至唯一的排泄方式。当然，人工取水也是地下水主要的排泄方式。

潜水面以上有一个毛细水带。在地下水埋深不大，毛细水带达到地表或接近地表时，由于大气湿度或地表附近介质中空气湿度相对较低，毛细水便不断蒸发转化为水汽进入大气，潜水则源源不断地通过毛细作用提供水分。结果：地下水量不断减少，同时盐分不断滞积在毛细水带的上缘。所以，强烈的潜水蒸发，在不断消耗地下水量的同时，必将导致土壤积盐和水的不断浓缩盐化。

影响潜水蒸发的因素主要是气候、潜水埋深、包气带岩性（透水性）和植被发育情况。

① 气候干燥，潜水埋深浅，则土面蒸发强烈，反之蒸发强度小。

② 包气带岩性的影响，主要是通过毛细上升高度和上升速度来控制蒸发作用。若包气带由亚砂土、粉土构成，则有利于潜水蒸发的进行。因为亚砂土和粉土颗粒较小，孔隙细小，既有较大的毛细上升高度，又有较快的上升速度，可以将地下水源源不断地输送到地面蒸发耗散。而由砂或黏土构成的包气带，由于砂的毛细水上升高度太小，黏土的毛细水上升速度太慢，都不利于潜水的土面蒸发。

③ 水分总是从湿度大的地方向湿度小的地方运移，一般情况下毛细水带的湿度总是大于其上部孔隙中的湿度，所以蒸发作用深度可达数十米。当然这有一个蒸发强度的临界深度问题，即在临界深度以下潜水蒸发强度大大减弱。在开发潜水资源保护环境方

面，就有一个控制最佳水位的问题。如石家庄地区耕地，潜水埋深大于 2m 时，其蒸发量大大减少。为防止土壤盐碱化，就要将水位控制在 2m 左右。那么，将潜水位控制在 10m 以下是不是更能防止蒸发耗水和土地盐碱化呢？是的。但水位埋深过大，植物根系不能吸收利用潜水，又会产生土壤干化—沙化—植被退化的生态环境问题。

④ 植物的蒸腾作用对地下水量的消耗往往相当可观。一方面，植被发育的土面比裸露的土面蒸发量约大 4 倍。一棵 45 龄柳树年耗水在 90m³ 以上。而另一方面，植被茂密可以遮蔽土面，使之免受日光暴晒升温而抑制蒸发。对于农田供水来说，应尽量减少土面无效蒸发，使更大份额的水分转化为作物的有效蒸腾，变为经济产出。

（4）人工排泄

在人类经济工程活动频繁的地区，人工开采地下水（供水、排水）往往成为地下水最主要的排泄方式。水资源危机和水环境问题多与人类过度开采地下水活动有关。

4.2.4 地下水开采利用

人类活动也会影响局部甚至区域上地下水资源量、分布情况、地下水径流，地下水开采主要用于市政用水和农业用水。掌握地下水开采利用情况需要掌握以下信息。

（1）市政用水情况

根据调查和用水报告，分析城镇居民生活用水及工业生产用水的主要来源（地表水 / 地下水）及用水量（用水量的年际变化）。

（2）农业用水和回灌情况

调查农村村民使用分散式民井、农业灌溉井的情况，包括井的位置、数量、取水量、开采层位等，同时还需要考虑农业回灌量。在多水塘、水稻田的南方，如何确定它们的入渗强度是关键问题。

（3）土地利用信息

如有区域土地利用信息的解译结果，可以更为准确地评价不同土地利用情况下的用水量及回灌量，这对于混合农业种植区的水资源评价尤为重要。

4.2.5　地下水动态特征

4.2.5.1　地下水流动状态描述

（1）地下水运动的主流

如果用一句话来概括，地下水的基本运动规律就是："水往低处流。"看似简单，但水无形质，总是挑选岩土中最便捷的途径通行，所以理解地下水运动的过程往往是寻找"主流"的过程。

非饱和带中的水受重力和毛细力共同控制，重力使水分下移，而毛细力将水分导向空隙细小和含水量较低的部位。在雨季，非饱和带的水以下渗为主；雨后，非饱和带上部的水以蒸发、蒸腾的形式向上排泄，而一定深度以下的非饱和带水则继续下渗补给饱和带，两者之间的界限被称为零通量面，零通量面的位置会随入渗过程不同而发生变化。入渗的多少取决于多种因素：一般来说，入渗量占降雨总量的比率变动在 $10\% \sim 40\%$ 之间，我国南方岩溶区可达 80% 以上，西北极端干旱的山间盆地则趋近于 0。

非饱和带中的水分含量随时间和空间分布不断发生变化，而含水量的变化会相应引起岩土介质透水能力和保水能力的变化，加之浅表地层中生物活动的影响，水分在非饱和带中的运移机理较为复杂。虽然有针对这一过程建立的经验公式，但由于变量繁多，机制复杂，本领域的理论研究和实践需求衔接程度较低，而非饱和带往往被地下水工作者看作一个"黑箱"，仅从输入和输出过程来考量。

进入饱和带的地下水受含水层基底的阻隔，向下入渗的过程受到抑制，主流方向演变为近水平方向，向着河流和大海的方向前进。在地层深部虽然也有地下水的赋存和流动，但由于压力较大，空隙的数量和连通性有限，所以仅在地热利用等特殊领域有实际意义。通常意义上的"地下水流"，仅指地下数百米以内饱和地下水的近水平运动，受水头高低和岩土分层共同控制。

补给区入渗的地下水会汇集到饱和带，随后沿近水平的方向朝着排泄区运动，还有一部分地下水会通过更深层的地下水循环通道向排泄区运动。地下水流程较短的过程以天计，流程长的过程可能以千年计，甚至更长。图 4-6 中还可以看到地下水在穿过地质界面过程中发生的"折射现象"。地下水在流经地质界面时常常会发生"折射"。举例来说，受重力沉积方向的影响，地层在水平方向更容易导水，水平方向的渗透系数常常比垂向渗透系数大几倍甚至几十倍，在特殊地质条件下这一差别可能达到数千倍，所以不难理解地下水在含水层中常常沿水平方向前进。相反在隔水层中地下水因受到阻隔无法沿水平方向运动，但仍然可能在垂直方向传递上下含水层的水头差，所以隔水层中的地下水流动往往是垂向的，这就是地下水折射的一种表现。再比如说，地下水通过水平相邻的两个地质体界面时，由于二者渗透系数不同，所以会形成不同的地下水力梯度，也是一种折射。

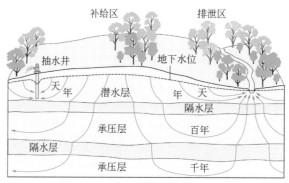

图4-6　地下水流动状态描述

（2）地下水典型运动状态

平原和盆地是我国主要的人口聚集区，这里的浅地表往往分布着松散的沉积物，岩土间孔隙比较大，是地下水赋存的理想场所。我国对平原-盆地地区地下水的利用大约占到了全部地下水用量的1/2。中华人民共和国成立以来对平原-盆地地区地下水的大量开发，已经改变了这里地下水的天然流动状态。虽然地下水的总体流动方向仍然朝向江河湖海等大型水体，但局地水流系统已大多被人类的地下水开发活动控制，地下水向着抽水形成的地下水降落漏斗中心流动。以地下水开发较为集中的华北平原为例，原来相对独立的地下水漏斗已逐渐扩大汇合，成为华北平原复合地下水降落漏斗，2005年漏斗面积已达到华北平原总面积的一半以上。在此类地区，仅凭地形起伏已无法准确推断地下水的真实流向，需长期的地下水位监测数据方能综合判断。

除平原-盆地地区孔隙地下水外，岩溶区地下水也是重要的地下水源。碳酸盐岩（石灰岩、白云岩）由于其具有可溶性，一般储水空间较大，常常是流通性好的含水层。我国碳酸盐岩分布较广，有的直接裸露于地表，有的埋藏于地下，不同气候条件下，其岩溶发育程度不同，特别是北方和南方地区差异明显。受气候原因影响，南方的岩溶现象发育多比较成熟，南方岩溶区地下水往往分布在地下暗河系统中，流通性极好，反而不易开发利用，常常造成"一场大雨遍地淹，十天无雨到处干"的情形。这与地表水的特性比较接近，而地下水的流动也几乎完全由岩溶管道的空间形态而决定。北方岩溶区的特点是地下水在入渗时较为分散，在流动过程中逐渐形成较大的汇流网络，最终集中排出，往往形成大型、特大型水源地，成为城市与大型工矿企业供水的重要水源。梁永平等将中国北方岩溶区划分为9个子区，其中最具有代表性的子区是山西的娘子关泉域（7000多平方千米）和山东的趵突泉域（上千平方千米）。

我国是多山国家，山地、高原、丘陵约占国土面积的70%，基岩山区地下水是我国分布最广的一种地下水类型。但除岩溶山区外，基岩山区的地下水资源一般较为贫乏，不适宜集中开采，但对山地丘陵区和高原地区的人、畜用水有重要作用。基岩山区的地下水流动较为直观，一般与地形坡向一致，同时受地质构造条件控制。例如构造破碎带往往比完整的岩层富水性好，从而会控制当地地下水的流动；又例如地下水在流经岩性界面时往往受阻并以泉水的形式出露。

4.2.5.2　地下水流动状态概化

（1）各向同性和各向异性

根据含水层透水能力和渗流方向的关系，可以概化为各向同性和各向异性两类。如果渗流场中某一点的渗透系数与方向无关，即不管渗流方向如何都具有相同的渗透系数，则概化为各向同性，否则概化为各向异性。

（2）层流和紊流

一般情况下，在松散含水层及发育较均匀的裂隙、岩溶含水层中的地下水运动大都是层流，符合达西定律；只有在极少数大溶洞和宽裂隙中的地下水流才不符合达西定律，呈紊流。

（3）裂隙、岩溶含水介质中的地下水流动

裂隙、岩溶含水介质的概化要视具体情况而定。在局部溶洞发育处或宽大裂隙中，岩溶水运动一般为非达西流（即非线性流和紊流）；但对于发育较均匀的裂隙、岩溶含水层中的地下水运动，可概化为达西流。在大区域尺度上，岩溶水运动有可能近似地满足达西定律，含水介质可概化为非均质、各向异性的连续介质。一般而言，我国北方岩溶水运动近似满足达西定律。

（4）二维水流和三维水流

一个实际的含水层中，地下水的流动严格来讲是三维的，但多数场合允许简化成二维流处理。如在多层含水层中，将同一层中的流动当作二维流；在供水条件下，若含水层的平面展布范围很广并且井中的最大降深与含水层的厚度相比又很小时，认为流动基本上是水平的，则可视为二维水流；降落漏斗中心附近的三维流一般很明显，但降落漏斗以外，流动基本上还是二维的。

多数情况下，为了建模和简化计算而将三维流近似概化为二维流来处理，其计算结果在一定限制条件下可以接受。然而，当存在区域漏斗或较大降深时，这种概化将使计算失真，应当按三维流问题处理。对于三维水流能否简化为二维水流的问题（即垂向水流分量是否能够忽略）需考虑以下因素：

若要将三维水流概化为平面流，则评估区需距离源、汇或者边界（如排水矿坑、非完整抽水井或浅切割溪流等）足够远。一般判断标准以距离 d 表示：

$$d = 2\sqrt{\frac{k_h}{k_v b}} \tag{4-15}$$

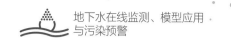

式中　k_h，k_v——水平与垂向渗透系数；

　　　　b——含水层平均厚度。

若与三维流特征物间距小于 d，则应视为三维流问题。

若评估区周边存在多个三维流特征物，这些特征物的间距必须足够远，方能假设评估区内地下水流场为平面流。一般判断标准以距离 L 表示。$L \gg \sqrt{\dfrac{k_h}{k_v b}}$ 时，评估区地下水可视为平面流。实际工作中，当 $L \gg 5\sqrt{\dfrac{k_h}{k_v b}}$ 时，可简化为平面流问题。

（5）稳定流场和瞬时流场

对于地下水系统概化为稳定流场还是瞬时流场，可使用下式进行判断：

$$t = \frac{SL^2}{4kbp} \tag{4-16}$$

式中　t——用来刻画含水层对外界施加的瞬时或周期性影响的响应时间；

　　　　S——含水层储水系数；

　　　　L——评估区距离边界条件的平均距离，m；

　　　　k——渗透系数，m/d；

　　　　b——饱和含水层平均厚度，m；

　　　　p——施加影响的周期（对于季节波动来说是 365d），d。

若含水层对于补给或边界条件周期性改变的响应非常慢（t 值 >4），则可视为稳定流；相反，若含水层响应非常快（t 值 < 0.1），则可仅为极端条件（如夏季或者冬季）考虑稳定流过程；如果含水层的响应适中，这时需要考虑瞬时流模型。若在较大区域的含水层中按上述原则进行评估，可能需要利用多个 L 值来确定整个含水层区域的响应速率。

在实践中，常根据地下水水位调查资料绘制三期水位等值线图（丰水期、平水期和枯水期），对比丰、平、枯三期地下水水位动态监测结果，观察井位地下水位的波动大小，评估区域地下水流场稳定性，随后确定将模型概化为稳定流或非稳定流。

4.2.6　模型边界条件及其概化依据

4.2.6.1　边界条件

数值模型若要求解，其前提条件是在模型所有外边界设置。本质上说，边界条件是表征外界环境对于模型区域的影响，同时完善建模者对于研究区水流或者溶质运移问题的理解。边界条件即地下水系统与周边水系统的补排关系。边界出现在模拟区域边缘，以及源汇项的位置，例如，河流、井、渗漏的蓄水池、污染物泄漏区等。常见的自然边界有地表水体边界、断层边界、抽（注）水井、岩体接触边界、分水岭等，如表 4-2 所列。有时因模型尺寸限制，所考察的地下水系统并不存在上述明显的自然边界，就需要根据具体情况划定人为边界。在概化后的系统中，这些边界会遵循各种方式向系统提供或从系统移除地下水，从而对地下水系统进行控制。

（1）自然边界

自然边界如表 4-2 所列。

表 4-2　自然边界

低渗透性地质	阻水断层	地表水分水岭	地下水分水岭
河流	湖泊	水库	湿地
沼泽	沟渠、小溪	泉	补给
潜水蒸发	抽水井/注水井	其他	

（2）人为边界

根据含水层与隔水层的分布、地质构造、边界上地下水流特征、地下水与地表水的水力联系，模拟区的边界一般可概化为给定地下水水位（水头）的一类边界、给定侧向径流量的二类边界和给定地下水侧向流量与水位关系的三类边界。这些边界中控制性最为强烈的是定水头边界，意即不论系统内地下水如何变化，边界上恒定保持某一固定的水头值，并且可以无限量地提供或移除地下水流，大江大河、湖泊海洋经常被定义为定水头边界。控制性最弱的边界是定流量边界，此边界总是通过给定的速率提供或移除地下水，抽水井、降雨入渗、分水岭等常常被定义为定流量边界。其他类型边界都是这两类边界的组合或变种。表 4-3 给出了最为常见的三类边界的数学表达式（其中 h 代表水头；n 代表边界的外法线方向；c 为常数）。

表 4-3　边界的数学表达式

边界名称	俗称	数学表达式
一类边界（定水头）	Dirichlet（狄利克雷）边界	$h(x,y,z,t)=$常数
二类边界（定流量）	Neumann（纽曼）边界	$dh(x,y,z,t)/dn=$常数
三类边界（混合边界）	Cauchy（柯西）边界	$dh/dn+ch=$常数

这三类边界的求解难度各不相同，同时其对于模拟结果的限制程度也不一样，具体描述如表 4-4 所列。

表 4-4　三类边界的求解难度

边界名称	常见应用	求解难度	对模型的限制
一类边界	湖泊、河流、泉、定水头井、渗出面	最小	最多
二类边界	隔水边界、分水岭、流线、入渗、蒸散发、源汇	适中	适中
三类边界	渗漏性河流、排水沟、渗出面	最大	最少

（3）溶质运移边界条件

地下水污染物运移模型的边界条件也有指定浓度边界、指定浓度梯度或弥散通量边界、同时指定浓度及浓度梯度或总通量边界三类。

污染物运移受水流边界和污染物边界条件共同作用，控制模型边界单元污染物质量的流入量和流出量。在实际应用中常结合水流方程的定流量边界与污染迁移方程的定浓度边界，确定适宜的污染物质量通量边界。

4.2.6.2　定水头边界

（1）定水头边界概念

定水头边界是 MODFLOW 中最为常见的边界，与地下水有紧密水力联系的地表水体的水边线（面），通常概化为第一类边界，地表水的水位就是该边界处的地下水水头。如图 4-7 所示，定水头边界是最强烈的边界，边界与地下水交换时并不损失水头。适用于大江大河，或者其他地表地下水有直接联系，经动态观测证明有统一水位，地表水对含水层有无限补给能力，降落漏斗不可能超越此边界线的情况。此外，对于模型范围较小的溶质运移模拟，在人为设定虚拟边界时也常常沿地下水等值线设定定水头边界。

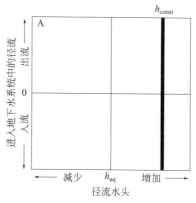

图4-7　定水头边界概念

（2）CHD 程序包

在 MODFLOW 的原始版本中，定水头边界由 IBOUND 数组和初始水头数组共同定义。由于这两个数组均为静态边界，无法模拟边界水头随时间变化的情形，新的程序包即随时间变化定水头程序包得以开发。

（3）瞬时流水头值

在 CHD 程序包中的瞬时流数据以一种独特的方式进行处理。当瞬态值被分配至其他应力程序包时，每个应力期被分配一个值作为应力期开始的值，从而生成时间序列阶梯方程，如图 4-8（a）所示。在 CHD 程序包中，每个应力期分配两个值，一个值为应力期开始时的值，另一个为应力期结束时的值，因此可以生成阶段性线性时间序列，如图 4-8（b）所示。

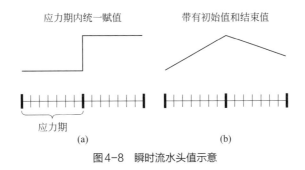

图 4-8　瞬时流水头值示意

4.2.6.3　零通量边界

（1）零通量边界

零通量边界是一类特殊的定流量边界，在 MODFLOW 中使用 HFB 程序包实现。水平隔渗墙（HFB）程序包用以模拟板桩墙、帷幕灌浆或者其他阻隔水平水流的类似隔渗墙（或部分隔渗墙）的构筑物。在 HFB 程序包中，识别隔渗墙所在处的网格边界，并且为每个网格边界赋水力参数值。网格边界标注垂向上相邻单元格的接触面，即零通量边界，如图 4-9 所示。

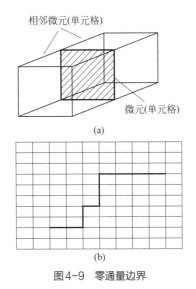

图 4-9　零通量边界

低渗透性地质体可近似为隔水边界（零通量边界）。真实世界中，绝对的隔水边界不存在，当弱透水岩层的渗透系数 K 或导水系数 T 很小，以致该边界的进出水量与边界处结点控制均衡区的其他进出水量相比可以忽略不计时，可视为隔水边界。研究地下水污染问题时需谨慎使用。

部分建模软件中，对没有定义边界属性的边界默认为零流量边界，表示模型边界两侧无水流交换。

（2）水力特征值

最初的 HFB 程序包版本要求以两种方式为隔渗墙输入水力特征值：一种为隔渗墙导水系数除以水平隔渗墙宽度（针对 BCF 层类型 0 和 2）；另一种为隔渗墙渗透系数除以水平隔渗墙宽度（针对 BCF 层类型 1 和 3）。在当前的 HFB 程序包版本中，不论水流程序包类型为 BCF 还是 LPF，水力特征值均定义为渗透系数除以水平隔渗墙宽度。

4.2.6.4 定流量边界

（1）定义

定流量边界是 MODFLOW 中一类重要边界，其使用前提是单位时间内流入或流出特定单元格的水量是已知的（图 4-10）。这类边界条件可能受到其他因素限制，例如大量的入渗会产生积水或者地表径流，潜水蒸散与地下水的埋深密切相关，蒸腾作用与植物根系的埋深有关等。

MODFLOW 中有几种设置定流量边界的办法，可以结合具体情况选用。

① 补给程序包（RCH）：适用于面状区域的赋值，使用方法较为直观。

② 井程序包（WEL）：适用于需要精准控制入渗过程的位置，在所涉及的网格中逐一添加井，并用抽 / 注水量和筛管层位控制受水单元格。

③ 河流程序包（RIV）：适用于线状区域的赋值，因为只要水头保持在 RBOT 之下，河流对地下水的补给量就会成为给定的常量值。

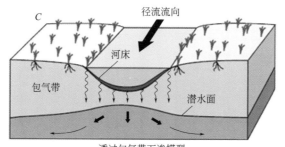

图4-10 定流量边界示意

（2）应用实例

有一类河流或湖泊，它们与地下水完全脱节，例如西北地区进入平原区后消失的内陆河。由于河水水位的涨落已基本不会影响地下水入渗量，此边界实质上演变为定流量边界。MODFLOW 中的河流程序包（RIV）在设计时考虑了此种情况，当地下水位低于河床底高时，RIV 程序包会将此边界作为事实上的定流量边界处理，河流与地下水系统间的交换量计算参见 4.2.6.6 部分。

在平原区模型中，常常有山前侧向补给的入流项，这一入流项往往可以通过历史勘察资料获取，此时也可将平原区的山前边界划为定流量边界。

4.2.6.5　垂向补给边界

（1）补给程序包概念

使用补给程序包（RCH）的目的是模拟地下水系统的面状补给。面状补给通常是由降水入渗补给地下水系统形成。单元格的补给量计算公式如下：

$$Q_{\mathrm{R}i,j} = I_{i,j} \times \mathrm{DELR}_j \times \mathrm{DELC}_i \tag{4-17}$$

式中　$Q_{\mathrm{R}i,j}$——水平面上某一计算单元（i,j）的补给率，用单位时间水流体积量表示；

$I_{i,j}$——施加在该计算单元面积上的补给通量，补给率不受含水层水头影响；

DELR_j——沿行方向上第 j 个计算单元格的长度；

DELC_i——沿列方向上第 i 个计算单元格的长度。

（2）选择接受补给层

MODFLOW 支持仅补给顶层、补给指定的垂向网格、补给最高的活动单元格三个补给选项（图 4-11）。

采用图 4-11（c）时，该选择只允许对模型最顶层补给。当潜水面低于第一层的底面标高时，含水层将无法获得应有的补给。这样做显然会低估整个潜水面所获得的补给量。

采用图 4-11（d）时，这里假定用户在模拟之前已根据预先估计的潜水面的水位而指定了接受补给的计算单元。但由于预先估计的潜水面与模拟所得的最终结果有些出入，用户指定为接受补给的计算单元中有四个已转换成无效计算单元，因而无法接受补给。

采用图 4-11（e）时，除定水头计算单元用来表示河流外，补给进入每个垂向柱体最上面的有效计算单元，从而模拟了补给条件下的潜水面形状。就典型的降水补给来说，第三种选择最为常用。用户不需判定哪一个是垂向柱体中最上面的有效计算单元。因为程序具备了在模拟过程中对此做自动判断的功能。不过，在第一层中有不透水计算单元的地方，表明补给不会穿透至下伏层位，此时也应取第一种选择，否则 MODFLOW 会将补给加至不透水层之下的含水层之中。当然，第三种选择仍然可用于这种情形，只要将不透水计算单元的补给率指定为0即可。用户应选用最方便指定输入数据的选择项。与此类似，当第一层以外的层位露出地表，同时指定层位的补给不应该穿透不透水计算单元进入下部含水层时，或许用得着第二种选择。

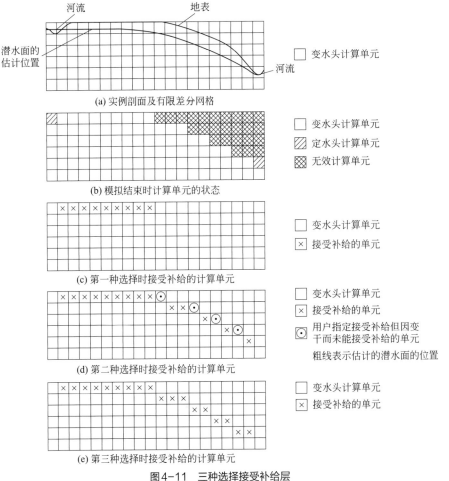

图4-11　三种选择接受补给层

4.2.6.6　河流边界

（1）河流的分段表示

河流边界（RIV）示意如图4-12所示，将一条河流分成若干河段，每段完全被包含在一个单独的计算单元之中。河流与含水层之间的水力联系由各河段与其所在的计算单元之间的渗流来模拟。其中一些小河段被忽略。

（2）河流与地下水系统间的流量计算

河流与地下水系统间的流量计算示意如图4-13所示。

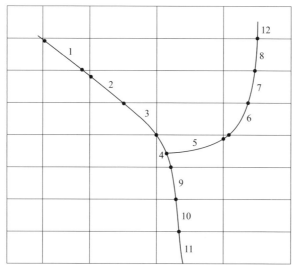

图4-12 河流边界示意

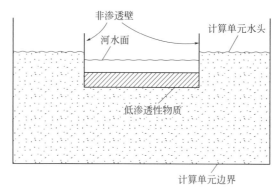

图4-13 河流与地下水系统间的流量计算示意

基本假定：a.河流与含水层间水头损失仅产生于河床底积层本身；b.河床底积层之下对应的计算单元保持完全饱和状态。在此前提下，河流与地下水系统间的流量为：

$$Q = -C(h - h_c)$$

$$Q = -C(\text{RBOT} - h_c) \tag{4-18}$$

式中　RBOT——河床基底处某点的高程；

　　　　C——外部水源与计算单元间的水力传导系数；

　　　　h_c——外部水源的水头；

　　　　h——计算单元的水头。

只要水头保持在 RBOT 之下，流量会保持由第二个公式所给定的常量值。此时地下水面完全脱离河床影响范围，成为"地上悬河"，如图4-14所示。

河流与计算单元之间的流量关系如图4-15所示。

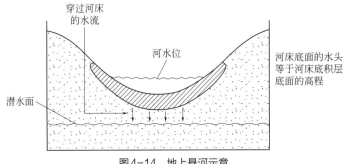

图4-14 地上悬河示意

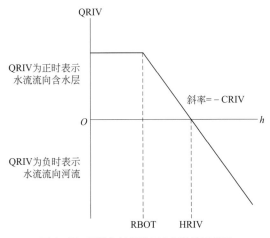

图4-15 河流与计算单元之间的流量关系

4.2.6.7 通用水头边界

（1）通用水头边界的概念

通用水头边界是用来处理许多水文地质边界问题的一种工具，是一个抽象边界。当从外部水源进入或流出计算单元的水流量与该计算单元水头和外部水源的水头之差成正比时，可以使用通用水头边界程序包（GHB）。计算单元水流量与计算单元水头间的线性关系：

$$Q = -C(h - h_c) \tag{4-19}$$

式中　Q——从外部水源进入计算单元的流量；

　　　C——外部水源与计算单元间的水力传导系数；

　　　h_c——外部水源的水头；

　　　h——计算单元的水头。

通用水头边界程序包的原理如图4-16所示。

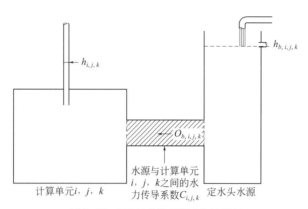

图4-16　通用水头边界程序包的原理

（2）通用水头边界的应用

从图 4-17 可以看出，当计算单元和外部水源水头之差增加时，进入或流出计算单元的水流不受限制，持续增加。因而在使用通用水头边界程序包时必须注意，以保证不让进入或流出系统的流量随模拟过程变得不切实际。

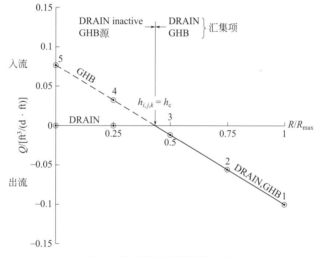

图4-17　通用水头边界的应用

通用水头边界应用的典型场景举例如下：

① 以更加可控（增加一个参数：水力传导系数）的形式代替定水头边界。当水力传导系数很大时，GHB 程序包的作用与定水头边界相同。

② 由于沿通用水头边界的水位可以随应力期变化，故可以在非稳定流计算中用来模拟地表水体水位随时间的变化。

③ 模拟地上悬河补给。在河流边界中，MODFLOW 假定地下水位低于河床一定深度后河水对地下水的补给为常数。在天然状态下这种假定成立；当地下水位发生急剧变化时，如旁河抽水试验期间，这种假定不成立。此时，可以使用通用水头边界处理，模拟越流补给。

4.2.6.8 排水沟边界

在 MODFLOW 中，排水沟边界（DRN）从模型单元格中排出地下水，排水率与单元格水头和指定水头之差成正比；当前者小于后者时，排水沟边界失效。

$$Q_{\mathrm{D}} = \begin{cases} -C_{\mathrm{D}}(h_{\eta k} - h_{\mathrm{D}}) & h_{\eta k} > h_{\mathrm{D}} \\ 0 & h_{\eta k} > h_{\mathrm{D}} \end{cases} \tag{4-20}$$

式中　Q_{D}——排水率，无量纲；

　　　C_{D}——系数；

　　　$h_{\eta k}$——单元格水头，m；

　　　h_{D}——指定水头，m。

图 4-18 是排水量 Q 对水头变量的函数曲线图。沟渠只能排水而不允许水流流向含水层。

4.2.6.9 蒸散发边界

（1）蒸散发边界的概念

蒸发蒸腾子程序包（EVT 和 ETS）用于模拟由于植物蒸腾作用以及地下水饱和带直接蒸发的水量，一般概化为由地表高程和极限蒸发埋深控制的非线性过程（图 4-19）。蒸散发边界由三段组成：

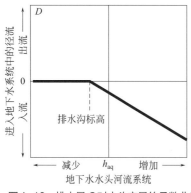

图4-18　排水量 Q 对水头变量的函数曲线

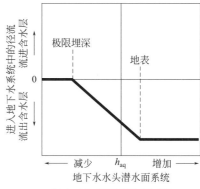

图4-19　蒸散发边界示意

① 当地下水面到达地表时，$h_{i,j,k} > h_{si,j}$，蒸散发边界上的蒸散量（R_{ET}）等于最大蒸发蒸腾量（R_{ETM}）；

$$R_{\mathrm{ET}_{i,j}} = R_{\mathrm{ETM}_{i,j}} \tag{4-21}$$

② 当地下水面位于极限埋深以下时，$h_{i,j,k} < h_{si,j} - d_{i,j}$，蒸散发边界上的蒸散量等于0；

$$R_{\mathrm{ET}_{i,j}} = 0 \qquad (4\text{-}22)$$

③ 当地下水面位于地表和极限埋深之间时，$h_{si,j} - d_{i,j} < h_{i,j,k} < h_{si,j}$，蒸散发边界上的蒸散量为：

$$R_{\mathrm{ET}_{i,j}} = R_{\mathrm{ETM}_{i,j}} \frac{h_{i,j,k} - (h_{si,j} - d_{i,j})}{d_{i,j}} \qquad (4\text{-}23)$$

（2）蒸散量的计算

$$Q_{\mathrm{ET}i,j} = R_{\mathrm{ET}i,j} \times \mathrm{DELR}_j \times \mathrm{DELC}_i \qquad (4\text{-}24)$$

式中　DELR_j——沿行方向上第 j 个计算单元格的长度；

　　　DELC_i——沿列方向上第 i 个计算单元格的长度。

（3）蒸发蒸腾作用层位选择

MODFLOW 支持两个蒸发蒸腾选项：蒸发蒸腾总是发生在模型的最上层，用户指定发生蒸发蒸腾的层位。不透水单元或定水头单元，蒸发蒸腾作用无效。

蒸发蒸腾作用层位选择如图 4-20 所示。

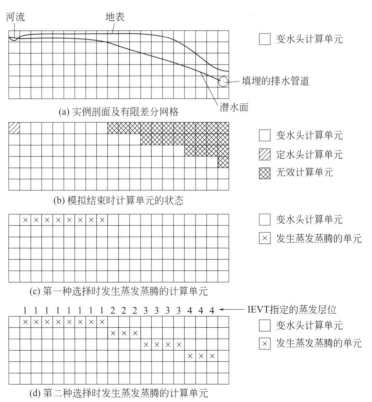

图4-20　蒸发蒸腾作用层位选择

IEVT 是 MODFLOW 自带的计算模块

第一种选择中，蒸发蒸腾仅发生于模型的最上面的一层；由于无效单元的出现，模型右半部分的蒸发作用也因此消失［图4-20（c）］。这样一来就无法模拟野外的真实情况。第二种选择中，这里假定模拟是逐个阶段进行的［图4-20（d）］。根据每一阶段模拟后的潜水面位置，用户应相应调整发生蒸发蒸腾作用的计算单元，以真实地模拟野外的情况。

4.2.6.10　井边界

（1）井边界的概念

井边界（WEL）是专门用来处理水井的程序包，在每个应力期间，井以指定流量从含水层抽水或向含水层注水（图4-21）。井流量不受井所在计算单元的大小及水头影响。负的流量值 Q 表示抽水井，而正的流量值则表示注水井。

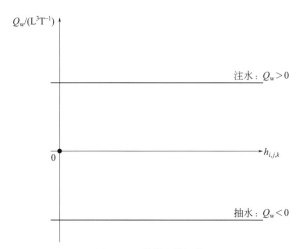

图4-21　井边界的概念

对于承压含水层，井边界所定义抽水量与所在单元格水位无关。

对于非承压含水层，当井边界与所在单元格中水位低于网格底板时，此单元格将变为干枯单元格，而其中的井边界也同时失效（图4-22）。

（2）抽水量在模型各层的分配

当在井程序包中设置的筛管位置穿透多个模型层时，MODFLOW 自动为每一层生成一个井，并将总抽水率按照导水系数分配到这些层中。

$$\frac{Q_i}{Q_{\text{ALL}}} = \frac{T_i}{\sum T} \tag{4-25}$$

MODFLOW 程序无法直接考虑非完整井问题，当井边界出现在某单元格中时，MODFLOW 认为其完全贯穿了本层。如果研究人员试图考察非完整井抽水过程中造成的垂向水流，就有必要将此含水层再人为剖分成更多层，如图 4-23 所示。

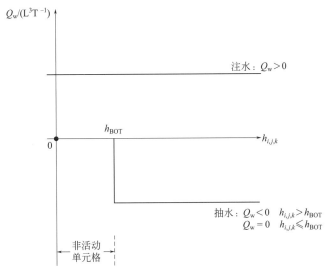

图4-22 非承压含水层井边界

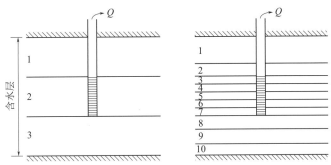

图4-23 抽水量在模型各层的分配

4.2.7 水流模拟参数概化

4.2.7.1 水流模型参数

地下水在同一含水层中的径流量是地下水科学的主要研究对象。人们习惯于使用线性关系将地下水径流量与地下水水力坡度联系起来，这一关系被称为"达西定律"，也是地下水科学中最为基础的科学定律。达西定律中引入了一个虚构的参数"渗透系数（K）"，用来描述含水层的导水性质。渗透系数是水流和溶质迁移模型最基本的参数，既反映孔隙介质又反映流体特征。它与固有渗透率即孔隙介质本身的性质有关。含水层的渗透系数大时，其导水性能好，单位水力坡度所维持的地下水流量也相应更大。虽然达西定律从定义上描述的是地下水的水平运动，但它同样适用于开采井周围的径向地下水流。事实上，渗透系数最常见的测量途径就是在开采井内维持一定的抽水速率，通过观测当地水力坡度的变化来反推含水层的渗透系数，这一过程被称为"抽水试验"。当进行足够多的抽水试验后，我们就对当地含水层的渗透系数分布情况有了宏观上的认识。这时，只要定时观测当地监测井中的地下水位，就可以获得相应的水力坡度信息，再加上对含水层渗透系数的了解，我们就可以概略地把握地下水的径流量。一般来说，地下水的流动速度很慢，常见含水层的渗透系数范围是每天几厘米到几米。特殊情况下地下水的流速可以很快，粗粒的砂质含水层流速会大一些，可以达到每天几百米；岩溶含水层最高可以达到每天数千米，甚至更高。

对于非稳定流模拟，由于水头存在变化，需要使用储水系数（承压含水层——储水率；非承压含水层——给水度）将水头变化与水量变化联系起来。如果含水层不会发生非弹性压缩和地面沉降，则可以根据水和孔隙框架的弹性求出储水系数。对于压缩性含水层，可以根据抽水引起的地面沉降数据获得估算的储水系数。

以下附录汇总了常用水文地质参数的经验值或范围：

① 常见水文地质参数确定方法的标准及指南；

② 不同岩石类型渗透系数取值范围；

③ 部分垂直和水平渗透系数的经验比例；

④ 孔隙度经验值表；

⑤ 部分弥散系数经验值；

⑥ 部分入渗系数经验值。

4.2.7.2　水流参数的空间概化

收集和获取水流参数值是任何模型的第一步工作。然而任何方法得到的参数只代表模拟区域的一小部分，如何反映非均质性是建立模型的关键问题之一。这时需要对水文地质参数的时空分布进行细分和确定，这里包含两个范畴（图 4-24）。

① 参数概化：包括参数初步选择的数值范围、水平和垂向的初步分区方案等。

② 参数校正（校准）：将野外观测数据代入模型，通过手工或自动反演来最终确定参数的分区和取值。模型参数校正的内容参见 4.4.2 部分。

参数的空间概化通常有两种方法：第一种是将实测数据的有效平均值作为统一的系数输入整个模型，但此法过于简单，一般不适合溶质模型；第二种是根据实测值导出参数的空间分布并用于模型，可以是简单分区，其中各区有统一的参数，也可以利用先进的地质统计技术得出复杂的参数分布，视具体的评估目标而定。参数分区一般依据如下信息进行：

① 评估区抽水试验资料计算所得参数，包括渗透系数、储水系数、给水度及单位涌水量；

② 含水层分布规律，即埋深、厚度和岩性组合特征；

③ 地下水天然流场、人工干扰流场、水化学场和温度场；

④ 构造条件及岩溶发育规律（限于岩溶含水层）。

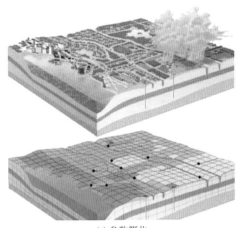

(a) 参数概化

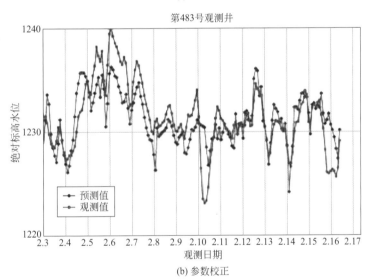

(b) 参数校正

图4-24　水流参数的空间概化

4.2.7.3　常见插值方法

（1）线性插值法

线性插值法与手工绘制等值线相近，这种方法是通过在数据点之间连线以建立起若干个三角形来工作的。所有连接得到的三角形的边都不能与另外的三角形相交，其结果构成了一张覆盖数据点范围的、由三角形拼接起来的网。每一个三角形定义了一个覆盖该三角形内数据点的面。三角形的倾斜和标高由定义这个三角形的三个原始数据点确定。给定三角形内的全部结点都要受到该三角形的表面的限制。

如果选中线性插值方案，2D 散点会首先三角化构成一个临时 TIN。TIN 将散点用三角网相连，用来将散点插值到其他特征对象，如有限差分网格或有限元网格。

利用三角形三个顶点定义平面，其所用方程如下所示：

$$Ax + By + Cz + D = 0 \tag{4-26}$$

其中 A、B、C 和 D 通过三个顶点的坐标值 (x_1, y_1, z_1)、(x_2, y_2, z_2) 和 (x_3, y_3, z_3) 计算所得：

$$A = y(z_2 - z_3) + y(z_3 - z_1) + y(z_1 - z_2)$$
$$B = z(x_2 - x_3) + z(x_3 - x_1) + z(x_1 - x_2)$$
$$C = x(y_2 - z_3) + x(y_3 - y_1) + x(y_1 - y_2)$$
$$D = -Ax_1 - By_1 - Dz_1$$

平面方程还可写成：

$$z = f(x, y) = -\frac{A}{C}x - \frac{B}{C}y - \frac{D}{C} \tag{4-27}$$

上式为计算三角形任一顶点高程的平面方程。

因为 TIN 只能覆盖散点集凸面，对凸面外部区域不能使用线性插值法进行外插值。其他散点集凸面外的点，在进行外插时被设置为默认数值，该数值可在插值时进行设定。图 4-25 为散点集凸包。

（2）反距离加权法

散点插值中常用的一种方法为反距离加权法（IDW）。反距离加权法的基本假设为插值面受距离近的点的影响大于距离远的点。插值面为散点的加权平均值，且分配到每个散点的权重随插值点与散点距离增加而减小。反距离加权法中有几个常用选项，如下所示：

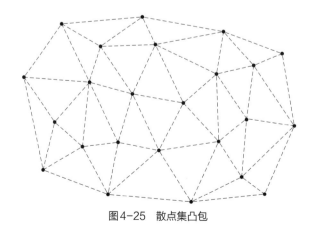

图4-25　散点集凸包

1）Shepards 法

最简单的反距离加权法是"Shepards 法"，具体所用方程如下所示：

$$F(x,y) = \sum_{i=1}^{n} w_i f_i \qquad (4-28)$$

式中　n——散点集数量；

f_i——散点指定函数值（如散点集值）；

w_i——分配到每个散点的加权函数。

加权函数的经典表达式为：

$$w_i = \frac{h_i^{-p}}{\sum\limits_{j=1}^{n} h_j^{-p}} j \qquad (4-29)$$

式中　p——加权指数，为一任意正实数，默认为 2；可在使用经典加权函数选项中对加权指数进行修改；

h_j——散点和插值点之间的距离。

$$h_i = \sqrt{(x-x_i)^2 + (y-y_i)^2} \qquad (4-30)$$

式中　x，y——插值点坐标；

x_i，y_i——散点坐标。

加权函数随距散点距离的增加，由 4（散点处）逐渐减小至 0（远离散点）。加权函数为归一化函数，因此加权和为 4。

上述加权函数是反距离加权插值的经典表达形式，在 GMS 中用到的是下述方程：

$$w_i = \frac{\left(\dfrac{R-h_i}{Rh_i}\right)^2}{\sum\limits_{j=1}^{n}\left(\dfrac{R-h_i}{Rh_i}\right)^2} \qquad (4-31)$$

式中　h_i——插值点与散点 i 之间的距离；

R——插值点与较远散点的距离；

n——散点总数量。

加权函数是一种欧几里得距离函数，每个散点的加权函数都径向对称。因此，所得插值面相对每个散点都有些对称，从而使得插值结果趋于散点的均值。Shepard 法较简单，因此应用范围较广。

Shepard 法的 3D 方程与 2D 方程大致相同，不同之处在于距离计算公式的变化，具体如下所示：

$$h_i = \sqrt{(x-x_i)^2 + (y-y_i)^2 + (z-z_i)^2}$$ （4-32）

式中　x, y, z——插值点坐标；

　　x_i, y_i, z_i——每个散点的坐标。

2）梯度面节点法

Shepard 法的缺点是插值面是散点数据的简单加权平均值，插值结果分布在数据集的最大值和最小值之间，即插值面无法推断出数据集中的隐性局部最大值和最小值。此问题可通过归纳 Shepard 法所用方程的基本形式来解决，具体方程如下所示：

$$F(x,y) = \sum_{i=1}^{n} w_i Q_i(x,y)$$ （4-33）

式中　Q_i——每个散点的节点函数或单个函数。

利用散点的节点函数加权均值来计算插值点数值。Shepard 法方程的标准形式可以被看作是一个特殊情况，即节点函数为水平面（固定值）。节点函数可以为穿过散点的倾斜面，面方程如下所示：

$$Q(x,y) = f_x(x-x_i) + f_y(y-y_i) + f_i$$ （4-34）

式（4-34）中，f_x 和 f_y 是散点的偏导数，通过周围散点的几何结构预估得到。在 GMS 中，先三角形化散点，再将形成的三角形的梯度均值计算为每个散点的梯度来进行梯度估算。

上述方程所表达的面叫作"梯度面"，取各散点的面均值而非数值均值。形成的面可推断极值，且在散点处接近梯度面，而非在散点处形成平台。

3D 等值梯度面为"梯度超平面"，其具体方程如下所示：

$$Q(x,y,z) = f_x(x-x_i) + f_y(y-y_i) + f_z(z-z_i) + f_i$$ （4-35）

式（4-35）中，f_x、f_y 和 f_z 为散点的偏导数，可通过周围散点的几何结构预估得到。梯度可通过使用回归分析得到，回归分析约束超平面到散点，且利用最小二乘法接近附近散点，因此执行此方法至少需要 5 个非共面散点。

3）二次项节点法

反距离加权法中的节点函数可以是约束穿过散点的高阶多项式，且利用最小二乘法接近附近散点。二次多项式可用在多种情况下，生成的面隐性地反映了数据集的局部变化，趋近平滑，且在散点附近接近二次项节点函数。中心点 k 对应的二次项节点函数方程为：

$$Q_k(x,y) = a_{k1} + a_{k2}(x-x_k) + a_{k3}(y-y_k) + a_{k4}(x-x_k)^2 + a_{k5}(x-x_k)(y-y_k) + a_{k6}(y-y_k)^2$$ （4-36）

为定义函数，需要计算方程中的 6 个系数 a_{k1}, ···, a_{k6}，因为函数以点 k 为中心，并

穿过 k，而 $a_{k1} = f_k$，是点 k 的函数值，因此方程变形为：

$$Q_k(x,y) = f_k + a_{k2}(x-x_k) + a_{k3}(y-y_k) + a_{k4}(x-x_k)^2 + a_{k5}(x-x_k)(y-y_k) + a_{k6}(y-y_k)^2$$

此时还有 5 个未知系数，可用加权最小二乘法来使二次项逼近最近的 NQ 散点，从而拟合这些系数。为稳定解算系数的矩阵方程，数据集中需要至少 5 个散点。

对于 3D 插值，需要在上述二次项节点函数方程中加入以下二次项：

$$a_{k5}(x-x_k)(y-y_k) + a_{k6}(x-x_k)(z-z_k) + a_{k7}(y-y_k)(z-z_k)$$

为定义函数，需要计算 10 个系数 a_{k1}，…，a_{k10}，因为函数以点 k 为中心，而 $a_{k1} = f_k$，是点 k 的函数值，方程可以简化为：

$$Q_k = f_k + a_{k2}(x-x_k) + a_{k3}(y-y_k) + a_{k4}(z-z_k) \tag{4-37}$$

此时有 9 个未知系数，可用加权最小二乘法来使二次项逼近相邻散点子集。为稳定解算系数的矩阵方程，数据集中需要至少 10 个散点。

4）子集定义

因为距离远的点对节点函数或插值权重的影响较小，使用散点子集使得插值时去掉这些距离远的点，使用子集可以通过减少散点个数提高解算速度。定义哪些散点被包含在子集中的方法有两种：一种为使用最近的 N 个点；另一种为仅使用每个象限中的最近的 N 个点（如图 4-26 所示），这种方法使得散点在趋于聚集的情况下可以得到较好的插值结果。

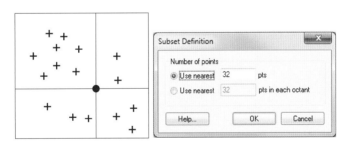

图4-26 插值示意

（3）自然邻点插值法

自然邻点插值法（图 4-27）广泛应用于一些研究领域中。其基本原理是对于一组泰森（Thiessen）多边形，当在数据集中加入一个新的数据点（目标）时，就会修改这些 Thiessen 多边形，而邻点的权重平均值将决定待插点的权重。

自然邻点插值法的基本方程与反距离加权法插值中所用方程相同：

$$F(x,y) = \sum_{i=1}^{n} w_i f_i \tag{4-38}$$

与反距离加权法插值相同，节点函数可以为固定值、梯度面或二次项函数，可以在自然邻点插值选项对话框中选择节点函数。自然邻点插值法和反距离加权法的不同之处在于权重的计算方法和选择用于插值的散点子集的方法。

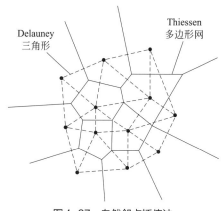

图4-27　自然邻点插值法

自然邻点插值法是基于散点集 Thiessen 多边形网的插值。可以对散点集用 Delauney 三角形化手段构建 Thiessen 多边形网。Delauney 三角形化即用 Delauney 标准构建 TIN 的过程。

每个散点在多边形网中对应一个 Thiessen 多边形，多边形内面积更接近于散点包围面积。散点集内部多边形为闭合多边形，位于凸面上的多边形为开放多边形。

对散点进行 Delauney 三角形化，形成的外接三角形就构成了 Thiessen 多边形，Thiessen 多边形顶点即为相应三角形的图心。

（4）局部坐标

自然邻点插值法中的权重基于局部坐标概念，局部坐标将"和睦性"或其他散点产生的影响定义为插值点计算数值。此和睦性完全取决于周围散点的 Thiessen 多边形影响范围。

为定义插值点的局部坐标，需要知道多边形网中的所有 Thiessen 多边形的面积。临时在 TIN 中插入 P_n 会改变 TIN 和相应的 Thiessen 网，会在 P 点附近产生新的 Thiessen 多边形区域。

局部坐标的概念如图 4-28 所示，点 1～10 为散点，P_n 为点 1～10 要插值的点，虚线表示未临时插入 P_n 点的 Thiessen 网的边线，实线表示插入 P_n 后 Thiessen 网的边线。

只有临时插入 P_n，Thiessen 多边形会发生改变的散点才会被包含在散点子 Thiessen 集中。因此图 4-28 中只有点 1、4、5、6 和 9 用于插值。这些与 P_n 相关的散点的局部坐标被定义为 P_n 点定义的 Thiessen 多边形和未插入 P_n 点前每个点定义的 Thiessen 多边形的共享区域。相同的面积越大，生成的局部坐标越大，散点对于插值点 P_n 的影响和权重越大。

如果定义 $k(n)$ 为点 P_n 相应的 Thiessen 多边形面积，定义（n）为未插入 P_n 和插入后

相邻点 P_m 相应的 Thiessen 多边形面积的差异，局部坐标 $I_m(n)$ 函数如下所示：

$$\lambda_m(n) = \frac{K_m(n)}{K(n)} \tag{4-39}$$

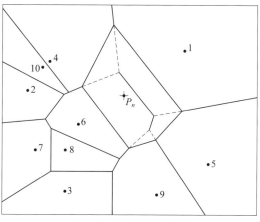

图 4-28　局部坐标的概念

插值方程中，局部坐标 $I_m(n)$ 在 0、1 和权重 $W_m(n)$ 间变化。如果正好 P_n 在 P_m 的位置，则 P_n 和 P_m 的 Thiessen 多边形面积相同，为 1。一般情况下，P_m 与 P_n 的相对距离越大，对其最终插值结果的影响越小。

（5）外插值

如图 4-28 所示，TIN 边界上的散点的 Thiessen 多边形为开放多边形。因为这些多边形有无限的面积，所以不能直接使用自然邻点插值法，因此需要一种特别的方法来实现自然邻点插值法的外插值。插值前，插值到的特征对象（有限差分网格、有限元网格等）的 X 和 Y 边界是确定的，且在特征对象外部 10%（此值可自行修改）处有显示对象范围的外边框。会在外边框的四个角创建四个临时的"假散点"，此时使用反距离加权法中的梯度面节点法来估算假散点的数值。此时在插值过程中，拥有外推值的假散点包含在了实际散点中。因此，保证了散点集凸面中所有的点都可以进行插值。当插值完成后，删除假散点。

（6）克里金插值法

克里金插值法的名称来源于南非采矿工程师 D. G. Krige，他创建这种方法用来精确地估计矿石储量。过去几十年中，克里金插值法变为地质统计学中一个基础性工具。

克里金插值法基于被插值的参数可以被当作区域化变量的假设。区域化变量是处于完全随机变量和完全确定变量中间的变量，其以连续的方式从一个位置变化到另一个位置，点之间相近但在统计学上相互独立，且点与点之间有一定的空间关联性。克里金插值法是一系列线性回归操作，用来将预设的协方差模型的估算方差最小化。

常见的克里金算法包括普通克里金、简单克里金和泛克里金 3 种。

1）普通克里金

在普通克里金算法中，第一步是从待插值的散点生成变差函数。一个变差函数由试验变差函数和模拟变差函数两部分组成。假定 f 是待插值的数据集，则试验变差函数为数据集中每一点针对所有其余点的方差（g），将方差与点距（h）作图如图 4-29 所示。

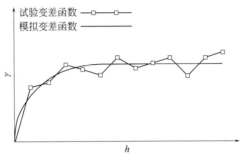

图4-29　普通克里金算法

试验变差函数计算完成后，需要定义模拟变差函数。模拟变差函数是一个用来模拟试验变差函数的简单数学方程。模拟变差函数随后被用来计算克里金算法中的权重。一般而言，克里金算法可以产生最好的局部最优线性无偏估计。所谓线性是指估计值是样本值的线性组合，即加权线性平均；无偏是指理论上估计值的平均值等于实际样本值的平均值，即估计的平均误差为 0；最优是指估计的误差方差最小。

2）简单克里金

简单克里金是普通克里金的变种，它使用全局均值，而普通克里金方法使用局部均值。简单克里金不如普通克里金方法精确，但一般而言会产生更为平滑的差值结果。

3）泛克里金

按照空间场是否存在偏移可将克里金插值分为普通克里金和泛克里金。克里金算法的前提是散点空间分布较为均匀，即空间各处的局部平均值变化不大。当这一前提不成立时（例如一个斜坡），数据集就出现了所谓偏移。对于这种情况，可以暂时引入一个偏移项来保证局部均匀得到满足。

（7）Jackknifing 法

Jackknifing 是一种特殊的插值类型，可以用来分析散点集或插值方案。当选中 Jackknifing 命令时，活动散点集使用当前插值方案插值到"自己"。即临时移除该点，使用所选插值方案和剩余的点对临时移除的点进行插值。此方法对每个点都进行一次插值，每次插值一个点，在对每个点进行插值时生成新的散点集，可以通过插值菜单中的汇总命令将其与原始散点集进行比较。

（8）Clough-Tocher 法

Clough-Tocher 插值常在有限元方法的文献中出现，因为其源于数值分析的有限元方法。在插值前，散点先三角形化形成临时 TIN。对每个三角形定义了一个二次多项式，由一系列三角 Clough-Tocher 面组成一个插值面。

Clough-Tocher 是由 12 个参数定义的三次多项式，参数如图 4-30 所示：函数值 f，每个顶点的一阶导数 f_x 和 f_y，三角形三边中点的法向导数。顶点一阶导数可以用周围三角形的斜率平均值来估算。单个基元被三角形图心和顶点的连接线分成了 3 个子基元。

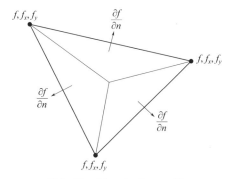

图 4-30　Clough-Tocher 法

如下所示的完整三次多项式被创建：

$$F(x, y) = \sum_{j=0}^{3-i} c_{ij} x^i y^i \qquad (4-40)$$

针对每个子三角形都会创建此三次多项式，这能保证跨越三角形连接线和边界的斜率连续性，但二阶导数的连续性不能被保证。

因为 Clough-Tocher 是一个局部插值方法，其具有速度优势，很大的散点集也可以快速插值完毕。同时，该插值方法可以准确表达数据集局部趋势，创建平滑的插值面。

因为 TIN 只能覆盖散点集凸面，所以使用 Clough-Tocher 无法进行超出凸面的外插值。其他散点集凸面外的点，在进行外插时被设置为默认数值，该数值可在插值选项对话框底部输入。

4.3　水流模型构建

在模型构建阶段，建模者使用数学方法量化概念模型，并使用计算机软件建立地下

水模型。选择恰当的建模软件平台，确定模型区及离散方式，完成初始条件的设定及模型参数的赋值。该阶段的模型构建方式直接影响到模型校准和后续的预测过程。

4.3.1 地下水流概念模型的数学表达

4.3.1.1 控制方程

达西定律定义了水头差与流量之间的线性关系，可是单凭达西定律并不能真正描述地下水的流动，除非我们可以测量空间上每一点的水头，但这正是求解的目标。所以我们必须把地下水头这一物理量有效地限制起来，通常的做法是把地下水的水头通过含水层储水率这一系数转化成水量，而水量的变化即为流量，受达西定律的约束，这样就可以写出地下水流动的控制微分方程。根据概念模型的不同，控制方程的表现形式也不尽相同，影响因素有模型的维数（一维、二维、三维）、水流状态（稳定流和非稳定流）、介质状况（均质和非均质、各向同性和各向异性、孔隙、裂隙）等。下面列出了几种常见的水流控制方程[3]，在具体工作中应依据实际情况定义控制方程。

对于非均质、各向异性、空间三维结构、稳定地下水流系统的控制方程：

$$\frac{\partial}{\partial x}\left(K_x\frac{\partial h}{\partial x}\right)+\frac{\partial}{\partial y}\left(K_y\frac{\partial h}{\partial y}\right)+\frac{\partial}{\partial z}\left(K_z\frac{\partial h}{\partial z}\right)+\omega=0 \tag{4-41}$$

对于非均质、各向异性、空间三维结构、非稳定地下水流系统的控制方程：

$$\frac{\partial}{\partial x}\left(K_x\frac{\partial h}{\partial x}\right)+\frac{\partial}{\partial y}\left(K_y\frac{\partial h}{\partial y}\right)+\frac{\partial}{\partial z}\left(K_z\frac{\partial h}{\partial z}\right)+\omega=\mu_s\frac{\partial h}{\partial t} \tag{4-42}$$

对于非均质、各向异性、空间三维结构、稳定地下水流系统的控制方程（适用于承压水）：

$$\frac{\partial}{\partial x}\left(T_x\frac{\partial h}{\partial x}\right)+\frac{\partial}{\partial y}\left(T_y\frac{\partial h}{\partial y}\right)+\frac{\partial}{\partial z}\left(T_z\frac{\partial h}{\partial z}\right)+\varepsilon=0 \tag{4-43}$$

对于非均质、各向异性、空间三维结构、稳定地下水流系统的控制方程（适用于潜水）：

$$\frac{\partial}{\partial x}\left(K_xh\frac{\partial h}{\partial x}\right)+\frac{\partial}{\partial y}\left(K_yh\frac{\partial h}{\partial y}\right)+\frac{\partial}{\partial z}\left(K_zh\frac{\partial h}{\partial z}\right)+\varepsilon=0 \tag{4-44}$$

式中　　h——水位，m；

K_x，K_y，K_z——x，y，z方向上的渗透系数，m/d；

T_x，T_y，T_z——x，y，z方向上的导水系数，m²/d；

t——时间，d；

ω——源汇项，d^{-1}；

ε——源汇项，m/d；

μ_s——贮水率，m^{-1}。

4.3.1.2 不同维度模型的应用原则

由于水位地质条件的空间各向异性，同一个模型并不能适用于所有空间尺度或维度。在选取模型的时候，需要根据不同维度、模型使用目的等进行概化。选取不同维度模型的应用原则如表 4-5 所列。

表 4-5 不同维度模型的应用原则

一维	二维	三维
（1）不确定含水层的异质性或各向异性程度； （2）潜在受体的场址直接位于污染源下游	（1）包括一个或多个地下水源汇项的问题（如抽水井或注水井、水渠、河流等）； （2）场址的地下水流方向明显为二维流； （3）场址的含水层在水力特性上有显著空间变化； （4）污染物迁移的横向弥散影响问题较重要，敏感受体位于污染羽的侧向	（1）水文地质条件明确； （2）多层含水层； （3）地下水或污染物的垂向运动较重要

4.3.1.3 控制方程的解析解

控制方程是放之四海而皆准的客观规律，方程中的水头和流量是循环指定的关系，可能的解有无数组，必须存在额外的条件（即定解条件）方能给出针对具体问题的唯一解（水头在空间上的分布情况），这也是微分方程求解的基本特征之一。定解条件包括边界条件和初始条件（对非稳定流的情况）。从某种意义上讲，定解条件中所包含的信息就是所研究的地下水系统的特征信息。在幸运的情况下，地下水工作者们能够把所研究区域的地下水系统特征概化总结成简单优美的定解条件；在更加幸运的情况下，他们可以使用这组定解条件推导出控制方程的解析解。

从实用角度看，即使在数值方法相当发展后，解析解作为一种简单而实用的粗算手段，仍不失其重要价值。一般来说，可以首先利用解析解进行区域性拟合，倘若结果已经满意，则解析解即可作为最终结果，否则也可能启发人们去发现存在非均质或者存在越流等复杂条件，为进一步进行数值计算提供设计模型的依据，为模型校准提供好的初值和可能的变化范围。

解析解需要对水文地质条件进行高度的简化，需要的参数在时空上是恒定的（如不能考虑渗透系数在水平方向和垂直方向的变化），这严重限制了解析解在实际问题中的应用，特别是以下情况：

① 水力边界形状不规则；

② 含水层的非均质性比较明显；

③ 多层含水层之间存在不均匀的越流；

④ 大降深的潜水问题。

4.3.1.4 控制方程的数值解

数值解适用于各类复杂的解析解无法解决的水文地质条件。常用的数值模型的求解方法有有限差分法和有限元法。数值解模型可以更精确地体现地下水系统行为的各个方面，它能提供更强有力的工具表征和理解污染物迁移状况。同时数值模型具有相对较高的置信度，能够模拟随时间变化的地下水水流与污染物迁移情况。数值模型的构建需要定义合适的模拟区域，构建网格，选择合适的模拟软件来体现研究区域的水流以及污染物迁移特征，对比可靠的现场数据对模型进行校准以选择和调整合适的参数值，参考历史数据对模型进行验证，以及进行敏感性分析来分辨模型输入条件的敏感性。经过可靠校准的数值模型最终可用于合理预测污染物迁移扩散的时空趋势。建立和使用数值模拟需要有较高相关教育背景的专业人员，对相应的资料、数据要求也较高。

4.3.1.5 解析解和数值解的应用原则

在解表达水文地质特性相关的方程式时，大多数时候都要去解偏微分或积分式，才能求得其正确的解。依照求解方法的不同，可以分成解析解和数值解两类。

（1）解析解

解析解（analytic solution）即为给出任意的自变量就可以求出其因变量。解析解是一种包含分式、三角函数、指数、对数甚至无限级数等基本函数的解的形式。用来求得解析解的方法称为解析法（analytic methods），解析法即是常见的微积分技巧，例如分离变量法等。解析解为封闭形式（closed-form）的函数，因此对任一独立变量，皆可将其代入解析函数求得正确的相依变量。因此，解析解也被称为闭合解（closed-form solution）。

（2）数值解

数值解（numerical solution）是采用某种计算方法，如有限元的方法、数值逼近、插值的方法得到的解。当无法由微积分技巧求得解析解时，这时便只能利用数值分析的方式来求得其数值解了。数值方法变成了求解过程重要的媒介。在数值分析的过程中，首先会将原方程式加以简化，以利后来的数值分析。例如，会先将微分符号改为差分符号等，然后再用传统的代数方法将原方程式改写成另一方便求解的形式。这时的求解步骤就是将一独立变量代入，求得相依变量的近似解。因此利用此方法所求得的相依变量为一个个分离的数值（discrete values），不似解析解为连续的分布，而且因为经过上述简化的动作，所以正确性将不如解析法准确。

数值解和解析解的应用原则如表 4-6 所列。

表 4-6　解析解和数值解的应用原则

解析解模型	数值解模型
（1）现场数据表明地下水流或迁移过程相对简单，现场条件与理想化模型的条件比较接近，可在合理简化的基础上直接用解析解求取地下水及污染物运移的时空变化趋势； （2）当对现场条件了解比较粗糙时，解析解可以提供一个简单的估算方法，用于设计野外数据收集方案或者指导进一步的勘察和野外实验工作； （3）合理简化或者忽略某些水文地质条件的情况下，对水文地质条件进行初步评估，可以作为用数值方法进行精确运算的初值； （4）对于理想化模型来说，解析解是精确解，因此可以作为独立验证手段对数值模型的模拟结果进行检验，或者比较不同的数值解法的精确性和有效性	（1）现场数据表明地下水流或溶质迁移过程相对复杂； （2）地下水水流方向、水文地质和地球化学条件以及水力和污染物的源头、迁移及变化会随空间和时间进行变化； （3）解析解模型不足以协助制订详细精确的勘察方案

4.3.1.6　各工作深度下数学模型选择

根据模型应用目的、数据体量、边界和初始条件等因素，选取不同的数学模型进行概化计算，是求解水文地质问题的必要选择。其选择原则如表 4-7 所列。

表 4-7　各工作深度下数学模型选择

项目	数据量	岩性特征	维数	地下水流态	边界与初始条件	关于水流与迁移过程假设	模拟方法
初级评估	有限	均质、各向同性	一维	稳定流	边界简单，初始条件一致	简单的水流与迁移过程	解析解模型
一般评估	中等	非均质、各向异性	一维、二维/准三维	稳定流/瞬时流	非瞬时流边界，初始条件不一致	较复杂的水流与迁移过程	半解析解模型/数值解模型
详细评估	较多	非均质、各向异性	三维/准三维	瞬时流	瞬时流边界，初始条件不一致	复杂的水流与迁移过程	数值解模型

4.3.2　模拟界面软件选择

常用的求解地下水水流和溶质运移方程的数学方法有有限差分法和有限元法两种，两者主要的差别在于离散模型区的方法不同。基于不同的数学方法，当前市场上有一些地下水模拟图形用户界面，它们在基本功能和软件包上基本相似，但是又各有特点。建模软件一般根据模拟目标和软件功能需求进行选择。饱和地下水流和溶质运移常见的模拟软件有 Visual MODFLOW、GMS 和 FEFLOW。

（1）Visual MODFLOW

Visual MODFLOW 是行业标准的用于地下水流和污染物运移模拟的三维地下

水模拟软件。该软件基于矩形网格的有限差分法，在无缝集成 MODFLOW-2000、MODFLOW-2005、MODPATH、MT3D99、MT3D、WinPEST 等软件的基础上，建立了合理的 Windows 菜单界面与可视化功能，增强了模型数值的可操作性。界面设计包括三大彼此联系但又相对独立的模块，即前处理模块、计算模块和后处理模块。现有 Visual MODFLOW4.1 和 Visual MODFLOW Flex2014.1 中文版，以及 Visual MODFLOW Flex2015.1 英文版，以满足客户的专业需求。

（2）GMS

由 Brigham Young 大学环境模拟研究实验室（Environmental Modeling Research and Laboratory）开发的基于概念模型的地下水环境模拟软件。GMS 在环境保护、水资源利用与管理、采矿、建筑等许多行业和部门得到了广泛应用，成为最为普及的地下水运移数值模拟的计算软件。GMS 基于矩形网格的有限差分法，无缝集成 MODFLOW-2000、MODFLOW-2005、MODPATH、MT3D、WinPESKPHT3D 等软件。GMS 全面包容了模拟地下水流每一个阶段所需的工具，如边界概化、建模、后处理、调参、可视化。GMS 是唯一支持 TINS、Solids、钻孔数据、2D 或者 3D 地质统计学的系统。现有的最近版本为 GMS10.0。

（3）FEFLOW

FEFLOW 是由德国 WASY 公司开发的，该软件包具有图形人机对话、地理信息系统数据接口、自动产生空间各种有限单元网、空间参数区域化及快速精确的数值算法和先进的图形视觉化技术等特点。在 FEFLOW 系统中，用户可以很方便迅速地产生空间有限三角网格单元，设置模型参数和定义边界条件，运行数值模拟以及实时图形显示结果与成图。

4.3.3 模型建立步骤

4.3.3.1 模拟区划定

参见 4.2.1 部分。

4.3.3.2 网格剖分

（1）水流模型网格剖分

网格划分类似于用渔网捕鱼，渔网的网格（模型网格）大小必须与鱼（模型的异质性和预测精细度）的大小匹配。当我们选择网格大小的时候，需要考虑以下 4 个因素：

① 水力和运移参数以及边界条件的异质性程度；

② 模型区的大小；

③ 与模拟目标相匹配的精细程度；

④ 计算机运算能力的限制。

垂向上的网格剖分也是类似的，另外还要考虑密度、补给以及浅层、深层水流和污染的源汇项对于垂向分层的影响。总体而言，网格剖分越精细，网格大小越小，模拟结果准确度越高，但是计算时间和运算能力的要求也是相应提高的。若需对源汇项和重点考察区域处的水流特征进行精细刻画，可以在局部进行网格加密。

（2）溶质模型网格剖分

对于溶质运移问题，可以通过计算佩克莱数（Peclet number，用 P 或者 Pe 表示）来设置网格大小，从而减少数值弥散。Pe 表征对流和弥散的比例，是无量纲的数值，定义式如下：

$$Pe = \frac{v_x d_x}{D_x} \qquad (4\text{-}45)$$

式中　　v_x——x 方向上的运动速率，量纲为 LT^{-1}；

　　　　d_x——网格在 x 方向上的大小，量纲为 L；

　　　　D_x——弥散系数，量纲为 L^2T^{-1}。

由于存在关系式：

$$D_x = v_x \alpha_x \qquad (4\text{-}46)$$

式中　　α_x——x 方向上的纵向弥散度，m。

因此可以把 Pe 值改写成：

$$Pe = \frac{d_x}{\alpha_x} \qquad (4\text{-}47)$$

为了确保数值模拟的稳定性，同时减少数值弥散的影响，Pe 值应当满足 $Pe \leqslant 2$，即单方向上网格大小的剖分不大于该方向上弥散度的 2 倍。由于弥散度是表征地下水系统空间异质性的特征长度，因此该设置标准具备实际的物理意义。在实际使用中，该限制条件通常针对感兴趣的区域，外部区域的模拟精确度可以适当降低。

4.3.3.3　水流模拟期选择

在模型中有应力期和时间步长两种时间分割。瞬时流应力（如抽水率、河水位等）只能在每个应力期开始时改变。如果需要，应力期可以被再分为更短的时间间隔，即时间步长。在同一个应力期下，模型的边界条件保持不变，边界条件只在两个应力期间发生改变。模型计算都是基于离散后的时间步长进行的。本节主要讨论时间步长的设定。在具体设置时，需要考虑的因素包括稳定性、溶质运移模拟中的数值弥散、边界条件随时间的变化情况，以及和时间相关的模拟目标。一般而言，时间步长越小，模拟的精确度越高。但是步长过小，模拟的计算量庞大，计算时间较长；步长过大，则需要经过大量的迭代步骤，模型才能达到质量平衡的控制要求，同时还可能产生数值弥散或者模拟不稳定等问题。

水流和溶质运移模拟中使用相同的时间步长设置标准。通常的方法为先通过弥散度确定网格的大小，再通过网格大小计算合适的时间步长。时间步长（d_t）的设置依据是使用库朗数（Courant number，用 Co 表示）。Co 表征时间步长和空间步长的相对关系，是个无量纲的数值。

$$Co = \left| v \frac{d_t}{d_x} \right| \tag{4-48}$$

为了使数值弥散最小化，数值模拟的稳定性最大化，需要保证最小的网格满足 Co 不大于 1 的条件。该标准可以解释为，地下水系统中的质子运动通过一个网格需要经过多少个时间步长。对于求解非线性问题，时间步长的选择尤为关键，因为这时求解结果的稳定性对于 d_t 的设定比在求解线性问题中更为敏感。此外，在水力和浓度边界变化的情况中，例如在抽水或者浓度源释放的初期，设置的时间步长应当较小。全模拟期中平缓变化的时间步长可以帮助模型收敛和提高模型的稳定性。

4.3.4 边界条件处理

4.3.4.1 河流

（1）河流的概化

河流是最为常见的水文地质边界，但河流在模型中的处理不应拘泥于河流（RIV）边界，应根据具体情况灵活判定。图 4-31 列出了河流与地下水间的常见关系：

①地下水补给河流；

②河流接触补给地下水；

③河流脱离补给地下水。

根据这些针对河流的不同概化成果，可使用多种类型的 MODFLOW 边界刻画河流。因此，概化地表水时需进行详细的数据分析、报告整理，厘清地表地下水的水力联系，包括补排关系、水位变化关系等。

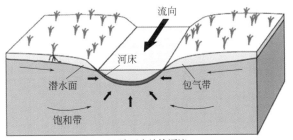

(a) 地下水补给河流

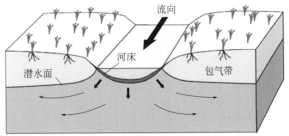

(b) 河流接触补给地下水

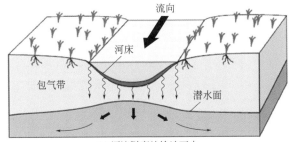

(c) 河流脱离补给地下水

图4-31　河流与地下水间的常见关系

（2）定水头边界

定水头边界是最强烈的边界，表明河流与地下水交换时并不损失水头，而且此交换并不影响河流的水位。与地下水有紧密水力联系的地表水体的水边线（面），通常概化为第一类边界，地表水的水位就是该边界处的地下水水头。适用于大江大河，或者其他地表地下水有直接联系且水位不变的情况。如果只是季节性的河流，只能在有水期间定为定水头边界；如果只有某段河水与地下水有密切水力联系，则只将这一段确定为定水头边界。

当河流作为第一类边界进行地下水开采动态预测时，对于大流量的河流，一般不会有太大的困难，直接采用预测期对应的河水位动态即可。但是，当傍河区开采地下水激发河水补给地下水的水量占河水流量的相当比例时，要对原河水位做一定的处理。当傍河取水量过大，以致河水被疏干或旱季河水断流时，这条边界就不再存在了。这类问题的处理比较复杂，要视条件和问题的性质具体分析和处理。

（3）定流量边界

定流量边界是较弱的边界，适用于与地下水脱节的河流，例如西北地区进入平原区后消失的内陆河。若对地表地下水交互过程有较深了解也可使用。

（4）河流边界

即地表地下水交换量由本网格设定水头与实际水头共同决定。补排过程可逆，是常见的河流概化手段。

（5）排水沟边界

与河流边界类似，但加入了非线性因素，即地下水只能单向排泄入河流。适用于地表径流不显著的河流源头地区。

4.3.4.2　分水岭

地下水在本质上仍然受重力场控制，所以其流域与地表水流域有许多相似之处，尤其是在地形起伏较大的山区，地下水的分水岭与地表水的分水岭常常是重合的。在这种情况下，地下水在上游接受补给，沿地形起伏向下游径流，最后在排泄区汇集排出地表，自成一个相对独立的地下水流系统。处于同一水流系统的地下水，往往具有相同的补给来源，相互之间存在密切的水力联系，形成相对统一的整体；而属于不同地下水流系统的地下水，则指向不同的排泄区，相互之间没有或只有微弱的水力联系。这时往往可以使用地表水分水岭作为地下水系统的隔水边界，在模型中进行设置。

虽然地下水分水岭常常被当作隔水边界处理，但此边界在物理上并不存在。地质条件千变万化，而地下水总是挑选最易通过的途径流动，这种"短路"现象常常会扭曲地下水的流动状态，使其变得更为复杂，所以前面提到地下水和地表水分水岭重合的情况仅仅是特例，不重合才是常态。

如图4-32所示，在天然状态下［图4-32（a）］，地下水的分水岭与地表水分水岭一致。然而当地下水系统受到应力作用时，受到外应力的一侧会对另一侧进行袭夺，此时就会造成地下水分水岭的漂移。如果这时还坚持使用地表水分水岭作为隔水边界，就会造成系统误差。就图4-32（b）而言，为准确评估抽水井对地下水系统的影响，应将模型边界从地表水分水岭外推至剖面图左侧的河流。可见，若模拟非稳态地下水流，则需审慎考虑使用隔水边界处理分水岭的可行性。

4.3.4.3　湖库与湿地

湖泊与水库一般而言与地下水系统有紧密的联系。湖库、湿地的概化与河流的概化类似，可以根据实际情况选择定水头、通用水头或非线性边界。湖库概化的一个关键问题是湖库的水位会不会随应力变化。如果水位相对稳定，则可以使用相对简单的边界，例如定水头边界和通用水头边界。如果湖库的水位变化较为频繁，则需要嵌套一些小模型，如通过进出水量控制水位的模型。有些湖库实质上是地下水在地面的表达，这时可以将湖体看作一个高渗透性地质体，入渗率由降水量减去蒸发量得出，贮水率为1.0。

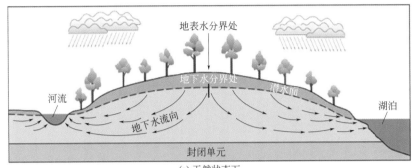

(a) 天然状态下

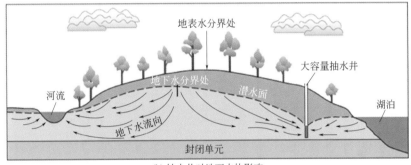

(b) 抽水井对地下水的影响

图4-32　地下水的分水岭

4.3.4.4　泉与排水沟

（1）泉

泉是地下水的天然露头。只要在地形、地质和水文地质条件适当的地点，地下水自然流出地面便形成泉，许多泉的形成是由于各种侵蚀作用使含水层暴露于地表，也有一些泉是因断层活动，地下水能沿着具导水性的断层带上升而流出地面，所以泉水多分布在山区或山前地带。有时地下水也集中排泄于河底、湖底或海底，这类水下泉与一般泉的区别是出露于水下而不是地面。

泉眼的出水面应属于自然边界，由于泉的流量和水位是可测量的，因此泉眼可以是第一类边界、第二类边界或者第三类边界。需要注意的是，若以已知的泉水位将泉眼作为第一类边界处理，则计算出来的泉流量往往大于实测的泉流量；反之，若以已知的泉流量将泉眼作为第二类边界处理，则计算出来的泉眼所在单元的水位往往高于实际的泉水位。两者的差异可能十分大。所以，实践中最为常见的处理办法是将泉设置为第三类边界。当地下水位低于泉口时，泉就会干涸。这与排水沟的理论设定极为相似，所以通常使用排水沟边界来模拟泉，控制水位和流量，通过调参确定取值，使其接近实际情况。

一些水源地或矿坑建在泉眼附近，对这些水源地做地下资源评价或矿坑涌水量预测时，应当对由于抽取地下水而引起泉流量的衰减进行预测。如果只考虑新设水源地能采出多少水量，而不预测由此引起的泉流量减少多少，是不能对该水源地做出正确评价的。同样，不考虑矿坑排水后会引起附近泉流量的减少，矿坑涌水量也是难以预测的。

（2）排水沟

水力传导系数的确定对于排水沟边界的设定至关重要，这一参数的确定应联系本边界周边的实际物理情况综合确定。以下分情况介绍本参数的估算方法。

1）水平渗井

假定水平渗井（图4-33）的渗流量由如下公式确定。

$$Q = -2\pi K_r L \frac{(h_{jik} - h_w)}{\ln\left(\dfrac{r_e}{r_w}\right)} \qquad （4-49）$$

式中　　K_r——有效渗透系数，即水平渗透系数与垂直渗透系数的几何平均值，m/d；

　　　　L——水平向井段长度，m；

　　　　r_e——井在网格内的有效半径，为 $0.198\sqrt{\Delta X \Delta Z}$，m；

　　　　ΔX——水平渗井在轴平面上的影响距离；

　　　　ΔZ——水平渗井在垂向深度上的影响距离；

　　　　r_w——井的实际半径，m；

　　　　h_{jik}——网格中水头，m；

　　　　h_w——井内实际水位，m。

结合排水沟边界中水力传导系数 C_D 的定义可知：

$$C_D = \frac{2\pi K_r L}{\ln\left(\dfrac{r_e}{r_w}\right)} \qquad （4-50）$$

2）渗沟

假定渗沟（图4-34）的渗流量由如下公式确定：

$$Q = -2K_H H L \frac{\partial h}{\partial l} \qquad （4-51）$$

$$Q = -2K_H H L \sin\alpha \qquad （4-52）$$

式中　　K_H——水平渗透系数；

H——渗流截面高度；

L——水平向渗沟长度；

$\sin\alpha$——渗沟附近水力坡度。

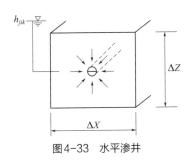

图4-33 水平渗井

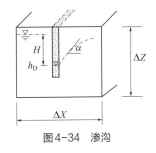

图4-34 渗沟

假定渗沟附近坡度较陡，$\sin\alpha$ 约为 1，此时结合排水沟边界中对水力传导系数的定义，可有：

$$C_{\mathrm{D}} = 2KHL \tag{4-53}$$

4.3.4.5 入渗系数的测定方法概述

使用补给子程序包（RCH）的目的是模拟地下水系统的面状补给。面状补给通常是由降水入渗补给地下水系统形成。通常将降雨从地表进入土壤，通过土壤进入地下水的过程称为降雨入渗补给。降雨从地表进入土壤的水量称为降雨入渗量。降雨时从地表渗入土壤非饱和带，又从非饱和带渗入饱和带或潜水含水层的那部分水量，称为降雨对浅层地下水的入渗补给量，简称降雨入渗补给量，其过程称为降雨入渗补给过程。

假设在某一时期内，降水量为 P，入渗补给量为 P_{r}，则降水入渗系数 a 可以表示为：

$$a = \frac{P_{\mathrm{r}}}{P} \tag{4-54}$$

其中，入渗补给量的测量和计算是入渗系数计算的难点和重点。

下面列出了确定入渗系数的常见方法。

（1）直接测量法

直接测量法的特点如表 4-8 所列。

（2）水均衡法

水均衡法的特点如表 4-9 所列。

（3）达西类方法

所有的达西类方法都是通过水力梯度和水力传导系数估计通量。因此，这些方法需要在研究尺度上精确的确定这两个参数值。

表4-8　直接测量法

方法名称	优点	缺点	精度	准确度
蒸渗仪	地下1～2m处的入渗量通过直接观测获得。蒸渗仪的结果可以用于校准其他方法	只能得到某种土壤、植被和土壤结构的单点入渗值。在干旱地区，由于单点入渗性质占主导地位，所以该方法不适用。未考虑地表径流	由于空间异质性，该方法预测区域参数的精度不高。时间变化的可靠性较高	单点尺度，高精度
中子水分仪/土壤水分速测仪	直接测量土壤水分含量。可以用于校准其他方法	产生点尺度结果。计算水均衡需要更多数据。在侧向流存在的情况下，一维出现垂向流的假设不成立，将使分析结果不准确	由于空间异质性，该方法预测区域参数的精度不高	单点尺度，高精度至中等精度

表4-9　水均衡法

方法名称	优点	缺点	精度	准确度
土壤水分均衡法	计算简单	入渗补给由降水和蒸散发的差值决定。这两个值在干旱区及未开发区的观测误差较大	精度低。至多能进行精度分析，用于补给量对比	低精度
水位变化法	当考虑水位变化的每个周期时，该方法简单直接	研究流域或含水层有可能不闭合，其进出水量未知，存储参数未知，特别是对承压含水层	抽水试验所得含水层参数为单点值，需要估计区域值。由于干旱区观测孔密度低，水位差值的精度往往不高。从抽水孔获得的水位数据不可靠	中等精度或低精度
基流分割法	对补给的综合测量	不适合于间歇性河流，难以准确确定流量曲线到达基流的时间点	如果对含水层的补给较观测河流深，含水层排泄未包含在基流中	湿润区，高精度；干旱区不适用
泉或河流退水曲线法	另一种综合法。可以利用水头观测值	必须知道流域面积，流域必须存在泉或常年有水河流，必须知道存储参数	精度不高。需要进行长期观测以获取可靠结果	湿润区，中精度或低精度；干旱区不适用
降雨-补给关系法	计算简单	为建立降水-补给关系，需要用可靠方法确定补给量。在干旱气候下，降水与补给之间的关系较线性关系更复杂	低	低精度
累积降雨偏离法	计算简单。长序列观测可以减少误差	需要长时间序列观测数据和对存储参数的良好估计。仅适用于闭合泉流域。需要抽水量数据	精度取决于存储参数的估计精度和抽水量数据准确度	中等精度或低精度

$$v = -k\nabla h \qquad (4-55)$$

式中　v——通量；

　　　k——水力传导系数；

　　　∇h——水力梯度。

（4）示踪剂法

通过分析自然过程或人类活动而进入地下水的离子的浓度和流向来进行地下水流场分析。它们可以指示出地下水的来源、年龄、运动速度等。常见的示踪剂离子主要包括

Cl^-、^{18}O-^2H、^3H、^{14}C、^{36}Cl 等，也偶见使用热水来进行示踪的研究。

4.3.4.6　低渗透性地质体

相对不透水的岩层常常被定义为零通量边界（隔水边界），但这并不绝对。理论而言，任何岩层都在一定程度上透水。尤其是在考虑地下水污染的问题时应更审慎使用零通量边界。

在相当长的一段时期内，人们把隔水层看成是绝对不透水的，一直到20世纪40年代才发现，在原先划入的隔水层中有一类是弱透水层。这些弱透水层在一般的供水工程中所提供的水量微不足道，但在垂直方向上由于过水断面巨大（等于弱透水层分布范围），因此相邻含水层通过弱透水层交换（称为越流）的水量相当大，这时再将其称为隔水层就不合适了。含水层的划分是一个概化过程，是通过对当地情况和工作目标综合分析后得出的判断，不是一成不变的定式。例如砂砾石和黏性土互层的地层，在供水意义上可能被划分为一个含水层，但在考虑地下水污染问题时可能被划成多个含水层和隔水层。

4.3.4.7　人为边界

地下水的流动具有区域性，往往补给区和排泄区相隔甚远而具有内在联系；而污染或潜在污染区域只占完整水文地质单元中的一小部分。所以在划定模型区域时既要兼顾区域性地下水流动状态，又不能无限外推，这时需要使用人为边界（虚拟边界），主要目的是限制模型的大小。

1）人为边界的设置通常遵循规范

① 选用的边界位置水位（或流量）已知或较容易获取；

② 该位置水位或流量较稳定，水力坡度较小；

③ 沿流线方向设为隔水边界，最好在离重点关注区较远的弱透水部位，如弱透水断层、地下水不发育地段等；

④ 垂直于流线方向设为补排边界（定流量边界）或定水头边界，如含水层岩性比较均一，且分布广阔，没有发现弱透水层的存在；

⑤ 模拟区内的开采井对该边界位置的水位或流量影响较少。

总之，模型应用中应尽量避免虚拟边界的使用，如必须使用，应注意处理好评估区边界上的水量交换问题，能全面反映地下水系统整体与局部、局部与局部、系统与环境的对应关系；同时应细致关注水均衡的动态，以免出现虚拟边界主导模型的现象。

2）人为边界处理方法

① 人为地在一定距离处划一处隔水边界，然后试算此隔水边界处的水头下降值，当该值超过预先规定数值时，再将此界线向外推移一定距离，如此重复计算至满足要求为

止。也可将上述隔水边界改为第一类边界，然后试算通过此边界的地下水径流量，如果该流量值处在事先依水文地质条件和问题的性质等规定的某个范围内，则采用此边界，否则重复上述计算过程，直至满足要求为止。这两种处理方法与要求可同时用于同一人为边界，以提高预测精度。

② 在离开采区足够远处人为地划一边界，分别用零通量边界和定水头边界计算，若这两种方法计算结果对研究区重要地段，例如开采井区等的水位影响差别不大（依工程要求而定），则可将边界近似地定位于此处。因为上两类边界是两种极端情况，实际结果将会介于这两种计算结果之间，至于边界最终取为一类的还是二类的视问题的性质而定。一般地说，供水问题可取零通量边界，排水问题可取定水头边界，这样的处理会比较保守。

③ 在某些条件下，数值模型的人为边界可套用解析式计算出该边界上的水头值或水力坡度值来近似处理。

4.3.4.8 井

（1）井的分类

根据井的操作模式一般有抽水率控制和水位控制两种类型。

① 抽水率控制：根据指定的抽水率从井中抽水，其状态为非开即关；

② 水位控制：抽水的目的是控制某处的水位均衡在某个指定水平。

（2）受抽水率控制的水井

这是最常见的一类水井，一般使用 MODFLOW 中的 WEL 程序包进行刻画。在使用WEL 程序包时，应注意以下 3 点：

① 可持续抽水率；

② 抽水井中的水位；

③ 抽水量在模型各层的分配。

（3）可持续抽水率

MODFLOW 程序本身并不能评判设定的抽水率是否符合实际情况。当抽水井从非承压层抽水时，如果抽水量太大会造成单元格中水位低于单元格底板，这会造成此单元格变为非活动网格，而非活动网格不再参与模型计算，所以其中的井边界也随即失效。

可持续抽水率如图 4-35 所示。

（4）抽水井中的水位

MODFLOW 程序不会计算抽水井中的水位，只计算包含井边界的单元格内的平均水位。当抽水进行时，现实世界中的井内水位将低于甚至远远低于模拟计算所得的单元格水位。井内实际水位与计算水位的差异被称为"井损"，而传统的 MODFLOW 程序并不考虑井损。所以，当使用模型进行抽水井设计时要考虑到单元格内模拟水位与真实水位的差值，并用井损的相关理论进行估算，避免出现抽水井无法达到设计抽水量的情况。

抽水井中的水位如图 4-36 所示。

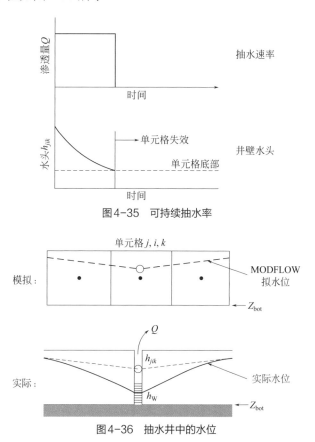

图 4-35　可持续抽水率

图 4-36　抽水井中的水位

（5）抽水量在模型各层的分配

MODFLOW 程序无法直接考虑非完整井问题，当井边界出现在某单元格中时 MODFLOW 认为其完全贯穿了本层。如果研究人员试图考察非完整井抽水过程中造成的垂向水流，就有必要将此含水层再人为剖分成更多层，如图 4-37 所示。

（6）受水位控制的水井

在矿坑排水、基坑降水、地下水污染防治过程中，常常见到这一类水井，它们的抽水量并不固定，而抽水目的是要使孔内水位保持在某个指定高程以下。此类抽水井在 MODFLOW 中应使用排水沟边界刻画。排水沟边界从模型单元格中排出地下水，排水率与单元格水头和指定水头之差成正比；当前者小于后者时排水沟边界失效。

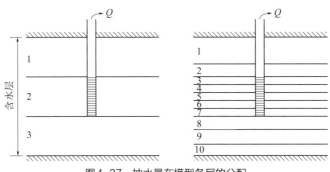

图4-37 抽水量在模型各层的分配

4.3.4.9 断层

断层两盘的水力联系与断层发育、两盘属性、后天的溶蚀及胶结作用有关，断层两盘可能具有统一水力联系，也可能隔水。MODFLOW中对断层的常见处理方法如下。

（1）已知水头边界

如果断裂带本身是导水的，评估区内为导水性较弱的含水层，而区外为强导水的含水层时（多出现在矿床疏干时），则可以定为定水头边界。

（2）隔水边界

如果断层本身不透水，或断层的另一盘是隔水层，则构成隔水边界。

（3）流量边界

若断裂带本身是导水的，评估区内为富含水层，区外为弱含水层，则形成流量边界。根据井的操作模式，一般有抽水率控制和水位控制两种类型。

4.3.5 水流模型特征参数设置

4.3.5.1 地下水模型典型输入参数及数据来源

地下水模型典型输入参数及数据来源如表4-10所列。

表4-10 地下水模型典型输入参数及数据来源

模型输入参数	可能的数据来源
渗透系数	微水试验、抽水试验、文献值
水文地质单元分布	钻孔数据、地球物理方法和地质图

模型输入参数	可能的数据来源
弹性给水度（储水系数）	微水试验、抽水试验
重力给水度	微水试验、孔隙度数据
补给／排泄	降水量、土壤特性、流速、抽水记录、高程、植被图、土地利用
非饱和带的土壤特征	土壤渗透性测定
初始水位，水力梯度	野外水位测量数据
浓度背景值	野外浓度测定数据
孔隙度	土样分析
分子扩散系数	文献值
弥散度	示踪试验、其他通过野外数据验证的模型、文献值
分配系数分布	批量试验、土柱实验、有机物的经验方程、文献值
介质的体积容度	土样分析
密度和黏度	文献值
污染源	化学物品清单、库存、渗滤试验、航拍图

4.3.5.2　渗透系数

渗透系数是表征在水力坡度作用下岩土输运地下水的能力的参数，又称水力传导系数。因此，其数值不仅取决于岩土的特性，同时也与通过岩土的地下水的物理性质有关，即

$$K = k \frac{\gamma}{\mu} \qquad (4\text{-}56)$$

式中　K——渗透系数；

　　　k——岩土的渗透率；

　　　γ——地下水的重率；

　　　μ——地下水的动力黏滞系数。

具体参见 4.2.7 部分水流模拟参数概化。

4.3.5.3　储水系数

（1）储水系数

储水系数指单位面积含水层中水位每下降 1m，含水层所能释放出来的水量。当用于潜水时，此参数变为给水度；当用于承压水层时，此参数为贮水率与承压含水层厚度的乘积。对于非稳定流模拟，由于水头存在变化，模型中需要使用贮水率（承压含水层）

或给水度（非承压含水层）将水头变化与水量变化联系起来。如果含水层不会发生非弹性压缩和地面沉降，则可以根据水和孔隙框架的弹性求出储水系数。对于压缩性含水层，可以根据抽水引起的地面沉降数据获得估算的储水系数。

参见 4.2.7 部分水流模拟参数概化。

（2）贮水率

贮水率表示当承压含水层水头变化一个单位时，从单位体积含水层中，因水体积膨胀（或压缩）以及介质骨架的压缩（或伸长）而释放（或贮存）的弹性水量、给水度的数值可以参考各类手册或通过多年观测实测得到。

（3）给水度

给水度指单位面积含水层中潜水位每下降 1m，饱水岩层所能释放出来的水量。也可理解为潜水含水层的可排泄孔隙度，小于或等于有效孔隙度。

4.3.5.4　初始条件

（1）稳定流和非稳定流模拟的初始条件

初始条件描述了在开始模拟时刻水头和浓度在全模型区的分布情况。在稳定流模拟中，初始条件主要影响模型计算收敛所需的时间，即使用户不设置初始条件，各类地下水模拟界面所设置的默认初始条件常常也能得到稳定的收敛结果。然而，在非稳定流模拟中，初始条件极大地影响了模拟结果。初始条件的设置误差会通过非稳定流模拟传递，最终导致不真实的预测结果。所以，经常选用稳定流的水流模拟结果或是非稳定流的溶质运移模拟结果作为初始条件，这些都可以保证进入非稳定流的模拟的初始条件已经通过质量平衡检验。

设置水头初始条件的一种本能选择是使用观测水位插值结果，即通过观测所有观测孔、抽水井和有关地表水体的水位，编制地下水等水位线图，再对各结点插值而得。实践中也的确有一部分模型选择该方法，但需注意的是：在非稳定流模拟的初期阶段，模型既要对应力期的变化做出反应，又要协调匹配所设置的水文地质条件和参数。由于计算区太大而观测孔数又过少，特别是山区，不可能绘制完整的等水位线图。所以更常见的办法是使用稳定流的模拟校准结果作为非稳定流的初始水头，确保初始水位和模型的水文地质条件以及参数设置相匹配，从而避免了在直接使用观测水位插值结果方法中会出现的问题。

以下是初始水头设置的常见准则：

① 初始水头的设置值高于模型顶板，保证不人为产生疏干单元；

② 当考虑潜水蒸发时，应将初始水头设置于模型底板，避免产生大量蒸发；

③ 对于非饱和带而言，可以基于稳定入渗和蒸散发速率，简单计算孔隙水压力，并将其作为初始条件。

（2）溶质运移模拟的初始条件

将特定的观测浓度分布（例如基于观测浓度的插值结果）作为非稳定流模拟的初始条件，经常会导致错误的预测结果。这种现象的产生是由于在野外勘查中很少能真正测到最高的浓度，此外不同的插值将产生多样的预测结果。因此，最好选用预估的污染源项作为溶质运移的起始点，即使源项可能无法精确定义。这些源项可以用于校准溶质运移模型，以及为下一阶段的模拟提供初始条件。如果源项无法获取，可采用的方法是使用反向模型的解析解反求观测到的污染烟羽源项。

4.4 水流模型校准

在实际模型应用中，无论做多少实际测量，或如何彻底了解场地条件特征，模型输入参数都不能完全确定，用最初制订的模型结构和输入参数进行模拟极少能满意地再现观测得到的条件。所以建立地下水模型的重要工作之一就是使用现场测得的水位、水量信息对模型进行校准和验证，在合理范围内反复调整模型结构和参数，只有当模型的可靠性得到充分验证后方可使用此模型进行更深入的工作。即使经历了充分的现场调查和模型修正，地下水预测模拟仍会存在一定的不确定性。如果预报结果对规划和设计有重要意义，必须对模型的不确定性予以分析，从而评估模型预测结果的可靠性。模型正演过程如图 4-38 所示。

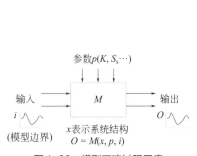

图4-38　模型正演过程示意

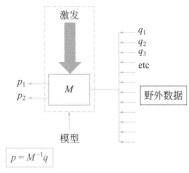

图4-39　模型反演过程示意

模型校准是以降低模型计算结果和观测数据之间残差为目的而进行的参数调整，使模型能够在校准期准确再现系统真实行为。模型校准又称为模型识别、参数估计、参数识别，是模型构建之后调整模型参数，使模型预测结果与观测数据吻合的过程。模型校准或反演模拟的实现，可以用人工试错法反复调整正演模型中指定的输入参数，或者用专门为参数识别而设计的计算程序。后一类型的计算程序通常称为反演程序。模型反演过程示意如图 4-39 所示。

大量材料说明，模型校准是一个非唯一性的过程。许多参数组合可能显著不同，但能够提供与水位观测值同等合理匹配的模拟结果。非唯一性问题是模型校准及预测的根本难题，根本的解决办法只有获取更多类型的实地数据和更准确的参数范围。因此，在条件允许的情况下，校准后的模型还需要选择水文地质参数值、汇源项、边界条件等，在一定校准的时间段（稳态流或非稳定流）对野外条件进行拟合，这一过程称为模型验证。由于用来校正模型的数据有限，模型验证与模型校准的界限常常会发生模糊，需在工作中根据实际情况实时调整。

4.4.1 校准目标

模型校准是调整模型输入参数，直到模型输出变量与野外观测值达到达标精度要求的过程。地下水水流模型的校准目标主要包括水位、流场分布和水量。

模型校准需要反映地下水系统行为的观测数据，如模型区内不同观测井的水头、通过试验得到的含水层水文地质属性、地球物理勘测结果、抽水量和灌溉量、降水入渗补给和蒸散、河道流量和地下水/地表水溶质浓度等。有些数据可以直接用于模型校准，有些则可以为模型参数的取值范围提供参考。一般来说，水流模型的校准目标包含以下几个方面。

（1）稳定流模型的校准目标（可多选）

① 观测井中的模拟水位与观测水位基本一致；
② 地下水模拟流场与实际流场形态基本一致；
③ 模型能正确反映水文地质勘察报告中计算所得的基本水均衡项；
④ 模型中计算所得的泉流量、河流排泄量、矿坑（基坑）排泄量等水量信息应能正确反映客观世界的真实情况。

（2）非稳定流模型的校准目标（可多选）

① 稳定流模型的全部校准目标；
② 关键监测井长时间序列的地下水水位观测值曲线与相应的模拟水位曲线在周期、变幅等范畴上基本一致；
③ 多期（平、丰、枯三期）的模拟地下水流场与实际地下水流场基本一致；
④ 模型中地下水均衡量的时间变化与实际情况基本相符。

（3）不能直接作为校准目标的数据（软数据）

软数据是指不能在模型中直接作为观测数据进行校正的现场信息。将软数据代入模型有巨大意义：

① 支撑参数的空间变异规律；

② 可以用更少的变量对模型进行参数化。

典型的软数据应用领域包括：

① 使用区域地质和水文地质知识来降低渗透系数分布的不确定性；

② 对数据量大、质量好的资料进行充分分析，提取其中隐含的更多信息；

③ 只有水头信息时，拟合出的 K 和垂向补给可能相差很远，这时如果有示踪试验成果可以极大约束参数范围。

（4）经验数据

经验数据指从别地、类比案例、历史资料等来源获取的与本项目场地有关的信息。经验数据可以直接在校正的目标方程中使用，其原理是对偏离经验数据较远的观测数据施加"惩罚"。

（5）将经验值加入目标方程

目标方程中使用经验数据时应注意以下几个方面：

① 开始时先不要使用经验数据，观察模型的反应；

② 对于不敏感的模型参数，无需设置经验值，因为自动校正的结果总是维持经验值本身。可直接设置为模型参数；

③ 对于敏感的模型参数，如果出现自动调参结果与经验值相差甚远的情况：不要贸然使用经验值选项来帮助调参过程；要找出为什么经过校正的模型会产生不切实际的参数的原因。

4.4.1.1 校准目标 1（单点水位）

在监测井处可以测得：

① 单次野外测量数据；

② 长期测量数据；

③ 长期高频测量数据。

前两项对于稳定流模型来说，可以使用平均后的综合水位值作为校准目标；对于非稳定流模型来说，可直接采用；

第三项高频数据有助于研究人员精细区分地下水系统应力，从而确定模型的实际模拟进程，模型将更为透明。

图 4-40 为长期水位测量数据，图 4-41 为长期高频水位测量数据。

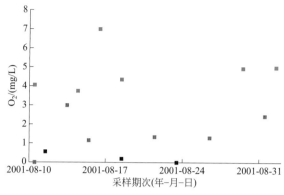

图4-40 长期水位测量数据

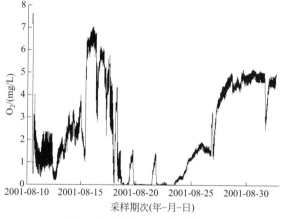

图4-41 长期高频水位测量数据

4.4.1.2 校准目标2（综合水位）

对单点水位的拟合仅能反映地下水运动的总体趋势，地下水位的分布还会受到多种因素（如地形切割、河道走向等）的控制，充分校准的模型应能反映这些信息。所以，在大多数情况下，应综合考虑模型区的各种情况，绘制等水位线图。由于地下水工作者在绘制等水位线图时会使用除单点水位信息外的大量信息，模拟所得水位图与实际水位图的比较，也通常能提供关于模型仿真性和可靠性的评估标准。图4-42是某河流中下游含水层的模拟结果，模拟得到的地下水等水位线图较好地刻画了含水层的流场情况。一方面，模型准确地再现了地下水从北部流向南部的总体趋势；另一方面，也很好地刻画了地下水位等值线形态受河道形态的控制。

4.4.1.3 校准目标3（单点水量）

水量信息对校正水流模型来说至关重要。大量材料说明，模型校准是一个非唯一性的过程。许多参数组合可能显著不同，但能够提供与水位观测值同等合理匹配的模拟结果。非唯一性问题是模型校准及预测的根本难题，根本的解决办法只有获取更多类型的实地数据和更准确的参数范围。

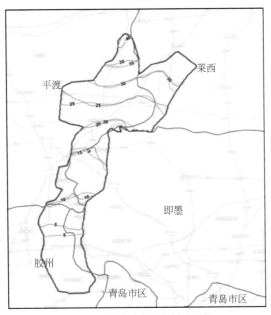

图4-42　综合水位作为校准目标

人们对地下水的诉求，归根结底会落实在地下水的流量上：供水井每年可开采的水量是多少，矿井排水需要配置多大功率的水泵，含水层每年的地下水可开采量是多少，多大量的地下水受到了污染，处理多少吨的地下水才能使其水质达到标准，等等。比较容易观测的是地下水排出地表的流量：开采井或排水井的出水量可以直接安装水表或使用堰箱进行观测；比较集中的泉水可以在出口设置堰渠，观测过水高度并通过经验公式换算为流量；有些地下水排泄地带与地表水混流而不易观测，这时可以分别观测排泄区上下游的河道流量进行差减得到地下水的排泄量，也可以观测上下游河水中化学指标（温度、电导率等）的变化进行混合计算得到排泄，可采用流速法手工测流作为补充手段。

大型河流流量数据主要依靠水文站资料，小型河流则经常需要手工测量。一般使用流速法测量河流流量，使用方程 $Q = VA$ 计算。式中，Q 是流量；V 是平均流速；A 是河道截面面积。河道截面面积根据河道水位和河道形态确定。在野外，河道截面被等分为数段（图4-43），通过测量每一河段的水深计算河段截面面积（图4-44）。具体的操作如图4-45、图4-46所示。

对常见水流，平均流速采用三点法（$0.2h$、$0.6h$、$0.8h$）进行测量、计算；对水深低于6cm的河段，平均流速采用 $0.9V_{\max}$ 方法进行计算。

沿河流进行电导率勘察是有效的测量河流排泄量的手段（图4-47）。

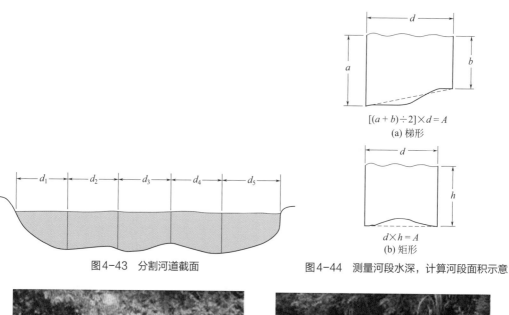

$[(a+b)\div 2]\times d = A$

(a) 梯形

$d\times h = A$

(b) 矩形

图4-43　分割河道截面　　　　　图4-44　测量河段水深，计算河段面积示意

图4-45　分割河段　　　　　　　图4-46　测量流速

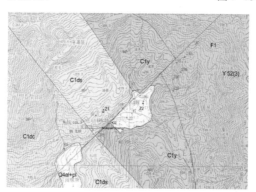

图4-47　沿河流进行电导率（图中红色数字）勘察是有效的测量河流排泄量的手段

4.4.1.4　校准目标4（综合水量）

地下水资源评价是区域地下水调查的重要组成部分，模型用户必须对当地基础地下

水勘察的结论较为了解，并在其中提取出区域的基本水均衡情况，用于指导模型。地下水均衡分析如表 4-11 所列。

表 4-11　地下水均衡分析表（示例）

项目	均衡项	目标值/(m³/d)	模拟值/(m³/d)	相对误差/%
补给项	降水补给基岩山区裂隙水	1538.74	1479.85	−3.83
	降水补给松散层地下水	615.85	625.77	1.61
	小计	2154.59	2105.62	−2.27
排泄项	基岩山区裂隙水直接排泄入河流 A 及河流 B	110.34	112.54	1.99
	基岩山区裂隙水排泄入松散层地下水	1475.71	1390.22	−5.79
	松散层潜水接受的降水补给排泄至定水头边界	724.93	729.20	0.59
	小计	2310.98	2231.96	−3.42

4.4.2　校准方法

图 4-48 中，p_1、p_2 为不同模型。图 4-48（a）～（c）分别代表模型在一次、二次、三次情况下根据野外观测值的增多，模型输出越加贴近实际，表明模型越加准确。

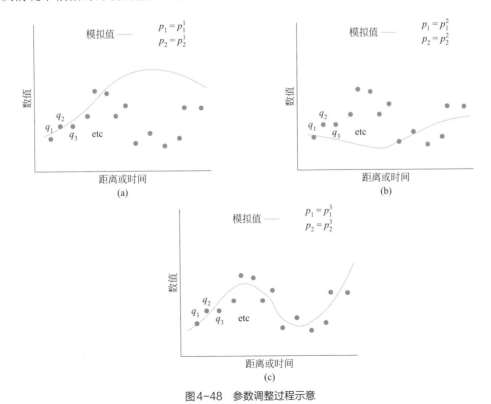

图 4-48　参数调整过程示意

图中 p_1、p_2 为模型参数，q_1、q_2、q_3 等为野外观测值，曲线为模拟值，etc 表示示例点

（1）手动校准

手动校准是反求参数方法中最简单的一种。根据研究区水文地质条件和已有的抽水试验资料初步拟定一组参数值，通过运行模型计算出各观测点位的水头值，然后将计算水头值与实测水头值拟合对比，如拟合不好，则对给出的参数初值进行调整，再按正演问题计算。重复这一过程，直到计算水头值与实测水头值之差足够小为止。由于手动校准法在参数调整过程中除用正演模型外，不需要其他计算程序，每次计算后根据曲线拟合情况决定参数调整方向和幅度，都是人工完成。这样可以充分发挥模拟人员的能动性，有利于根据他们对水文地质条件和地下水流动基本规律的认识和推断，这在某种意义上也是水文地质约束条件，使参数的选定更符合实际情况。然而，当待求参数很多时，反复调整的过程可能延续很长，这是本方法的一个不足。其次，本方法缺乏客观的收敛准则，很难求得最优参数。因此，本方法一般用于粗调，经验丰富的人可以调到较细。调参后期最好使用自动校准方法。

经验表明，稳定流模拟中影响模型的主要参数为渗透系数（K）和入渗系数，由于这些参数通常以分区赋值的形式代入模型，所以常见的手动校准方法是对这些参数的取值或分区进行调整。注意：这种调整应与客观世界中的水文地质特征、水文地质试验结果相符。参数调整的手法多样，应因地制宜，举例如下：如需降低某区域的水力梯度，可使用升高该区域渗透系数的手段。渗透系数值越高，地下水流动性越好，水位等值线越平缓；反之，渗透系数值越低，水力梯度越大。

可以通过降低入渗系数来实现水头的降低。对于计算值低于观测值的情况，与之相反。

（2）自动校准/自动调参

在双参数（p_1、p_2）自动调参过程中，需要在两个参数组成的二维空间中找到使目标方程最小的组合（图4-49）。

自动调参的前提是建立能准确反映模型优劣的目标方程，随后可以由软件代码自主对所设定的参数进行调整，以期模型能够准确再现系统真实行为。一般而言，地下水模型校准的目标方程为：

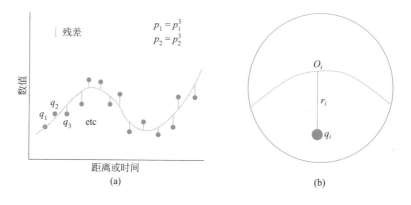

（a）　　　　　　　　　　　　（b）

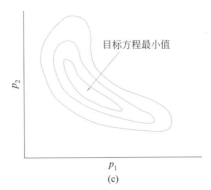

图4-49 自动调参过程示意

$$\varphi = \sum (q_i - o_i)^2 \tag{4-57}$$

而模型校准在数学上即可表达为在 n 个待调整参数所构建的 n 维空间中找到一点，使得目标方程达到最小。模型自动校准的步骤一般为：

① 分析模型对何种参数最为敏感（灵敏度分析）；

② 选定需要调整的参数，确定优先级，确定阈值范围；

③ 用自动方法多次运行模型；

④ 使用既定的算法在较少的运行次数条件下找到全局最优解。

（3）自动校准的优势和局限性

自动校准的优势有：

① 结果包含了参数的平均值和变化范围；

② 模型校准过程中的主观性被移除；

③ 充分使用了野外数据。

自动校准的局限有：

① 大量的时间和运算量；

② 建模者基于训练、经验，以及对于目标研究区的理解所产生的主观判断被忽略；

③ 如果输入数据太少或者质量参差不齐，都将会导致模拟结果的错误、不稳定和非唯一。

4.4.2.1 调参内容

常见的参数调整对象包括：

① K_x，K_z（S，S_y）；

② 河床导水系数 c；

③ 垂向补给；

④ 边界条件（定水头，定流量）；

⑤ 抽水量；

⑥（如果有溶质运移模拟）孔隙度 θ，α，分配系数 K_d。

4.4.2.2　模型校准常见问题

模型校准中常见的问题有如下几类：

① 模型自动校准常常收敛在局部最优解上，绝大多数的模型校正问题归根结底都表现为如何用最少的模拟次数找到全局最优解（图4-50）；

② 各个参数的最佳组合不唯一。各个参数可能相互关联，由此导致的结果是多个不同的参数组合可能给出完全相同的模拟结果；

③ 某些模型计算量过大，运行一次需要花费大量时间；

④ 某些模型分区过多，参数过多，校正无法收敛；

⑤ 模型对参数变化并不敏感，校正需要的次数过多；

⑥ 如果使用传统的正向调参进行穷举，一个 10 参数的模型，每个参数设定 5 个水平，那么就要进行上千万次模型运算才能找出最佳参数。逆向调参可以大幅度地减少找到最优解所需的模拟次数。

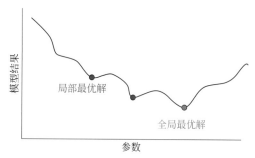

图4-50　全局最优解与局部最优解图示

4.4.2.3　模型校准原则

（1）吝啬原则

参数持续增加的情况下，模型拟合程度与预测水平的消长规律。吝啬原则如图 4-51 所示。

吝啬原则是：

① 模型中不需要体现系统的所有细节，就可以使用模型进行成功预测；

② 使用能体现系统主流动力的最简单模型，进行首次尝试；

③ 仅调整代表系统主要矛盾的很有限的几个参数；

④ 建模时从仅模拟系统最主要过程开始；

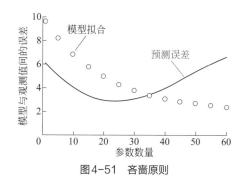

图 4-51 吝啬原则

⑤ 仅根据需要使用与当前复杂程度相一致的数学模型。

当向模型中增加复杂性时应当考察：观测值是否支持所增加的复杂性，增加的复杂性是否会影响预测结果。

吝啬原则不是：

① 使用明显与事实或当地条件不符的数据；

② 用一个常数代表全区参数。

现有工具（MODFLOW-2000、UCODE、PEST）已经提供了模型自动调参的绝大部分功能。

吝啬原则的优势：

① 模型更透明，更容易理解系统过程、参数取值范围、参数对模型的控制力；

② 容易检查出模型的错误；

③ 帮助模型工作者保持与现有数据一致的大局观；

④ 可以通过设计包含细节的模拟场景来测试这些细节的作用；

⑤ 更短的运行时间。

（2）软数据原则

软数据是指不能在模型中直接作为观测数据进行校正的现场信息。将软数据代入模型有巨大意义：

① 支撑参数的空间变异规律；

② 可以用更少的变量对模型进行参数化。

典型的软数据应用领域包括：

① 使用区域地质和水文地质知识来降低渗透系数分布的不确定性；

② 对数据量大、质量好的资料进行充分分析，提取其中隐含的更多信息；

③ 只有水头信息时，拟合出的 K 和垂向补给可能相差很远，这时如果有示踪试验成果可以极大约束参数范围。

（3）经验数据原则

经验数据指从别地、类比案例、历史资料等来源获取的与本项目场地有关的信息。

经验数据可以直接在校正的目标方程中使用，其原理是对偏离经验数据较远的观测数据施加"惩罚"。

$$S(b) = \underbrace{\sum_{i=1}^{nb}\omega_i[b_i - b_i(\underline{b})]^2}_{\text{水头}} + \underbrace{\sum_{i=1}^{nq}\omega_i[q_i - q_i(\underline{b})]^2}_{\text{流量}} + \underbrace{\sum_{i=1}^{npr}\omega_i[P_i - P_i(\underline{b})]^2}_{\text{经验值}} \tag{4-58}$$

将经验值加入目标方程。

目标方程中使用经验数据时应注意以下方面：

① 开始时先不要使用经验数据，观察模型的反应。

② 对于不敏感的模型参数，无需设置经验值，因为自动校正的结果总是维持经验值本身。可直接设置为模型参数。

③ 对于敏感的模型参数，如果出现自动调参结果与经验值相差甚远的情况：不要贸然使用经验值选项来帮助调参过程，要找出为什么经过校正的模型会产生不切实际的参数的原因。

（4）根据调参结果迭代模型

模型自动调参过程不稳定的主要来源及相应的解决方案如下。

① 模型对参数变化不敏感。对不敏感的参数（综合敏感度 CSS 比最大值小两个数量级），不要将其作为自动调参对象，直接给定观测值或经验值；要合并相关参数；重新设置自动调参对象；创造性地使用"软数据"。

② 模型对参数变化呈现非线性状态。分析调参步骤的中间过程；检查大额误差来源，检查拟合过程中被丢弃（如因模拟当量值无法计算）的观测值，检查参数是否还有实际意义；检查模型本身是否存在非线性元素，使用线性办法暂替。

③ 现有参数存在前后不一致性。仔细检查现有的观测值是否存在解释错误；比较观测值、经验值、模拟当量值之间的关系。

4.4.3 校准结果评价

4.4.3.1 统计学评价手段

一般应用统计学方法评价模型校准结果，但同时不应过度强调模型校准统计结果的重要性，而应从多方面评价模型的可靠性，如模型的收敛情况、水均衡情况、与概念模型的吻合度、校准结果残差值的空间分布情况。

图 4-52（a）为最常见的模型拟合评估手段。

　　然而，其并不能完全反映拟合的各种细节。推荐使用图 4-52（b）来衡量模型校准结果。残差值应当均匀分布在 X 轴两侧，并且不能与 X 值表现出明显的趋势。不均匀或趋势性分布代表了模型存在的系统问题。

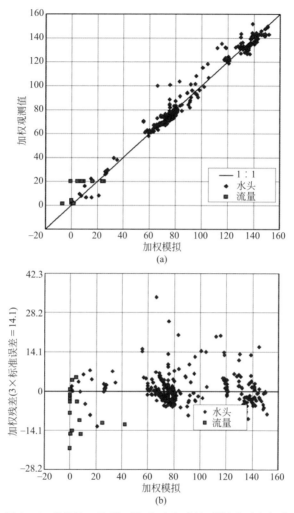

图4-52　模拟值−观测值对比（a）与残差−模拟值对比（b）

4.4.3.2　评价标准

　　一般情况下，原则上观测井地下水水位的实际观测值与模拟计算值的拟合误差应小于模型全区水位变化幅度的 10%。水位变化值较小（<5m）的情况下，水位拟合误差一般应小于 0.5m。地下水位计算曲线应与实际观测值曲线的年际、年内变化趋势一致，水位拟合均方根误差（RMSE 值）<10%。地下水模拟流场应与实测流场形态一致，地下水流向应相同。

　　一个不好的水流模型的质量平衡通常会导致一个相应较差的溶质运移的质量平衡。

模型可以接受的质量平衡误差取决于模型本身情况和模型的分析目标。一般而言，水流模拟的质量平衡误差 <1%，溶质运移模拟的质量平衡误差 <5% 是可以接受的。

4.4.4　模型检查与验证

4.4.4.1　模型检查要点

为了保证模型预测结果的一致性和可靠性，需要检查下列要点：

① 检查所有模型输入数据的一致性和准确性；

② 检查库朗数 C_o，设置合适的模拟时间步长大小；

③ 检查模型的稳定性和收敛情况，每次模型调整后，收敛性应该单调提高；

④ 检查模型水流和溶质运移的质量平衡。

4.4.4.2　模型验证

校准后的模型需要选择水文地质参数值、汇源项、边界条件等在一定校准的时间段（稳态流或非稳定流）对野外条件进行拟合，包括水均衡对比检验、流场检验和观测孔动态检验，这一过程为模型验证。但是，在模型校准中参数值的选择与边界条件的使用不是唯一的，参数值与边界条件相结合能产生类似的模型结果，因此模型的验证过程需要对模型校准工作做进一步完善。当校准的模型对历史数据的拟合可成功再现野外条件下观测值的变化时，模型即可用于模拟和预测。

模型验证步骤是证明校准后的模型可以合理表征目标地下水系统的物理特征。尤其在缺少不确定性分析的时候，执行模型验证步骤可以加强对于模型预测结果的信心。该步骤在水流模拟中较为常见，因为有长时间序列的观测数据作为支持。一方面，我们推荐使用模型验证，从而避免非唯一解问题的出现；另一方面，一个没有执行模型验证的校准后的模型，可以通过执行细致的敏感性分析，用于预测分析。

由于缺乏数据和需要更多的模拟投入，模型验证步骤只出现在有限的模型中。但是，缺少验证步骤，模型就没有经过检验，原则上只适用于完全相同的情景，用该模型去进行预测通常可信度不高。即使是一个成功校准的模型，也不能指望它可以对各种情景都做出准确的预测。以下讨论了 4 种可行的模型验证方法，其中第 4 种方法中需要的工作量最小。

（1）成功预测其他的情景

例如，用稳定流数据进行模型校准，用非稳定流数据进行模型检验。该方法的优势为，数据组之间是相互独立的，但是非稳定流中新增的参数（例如贮存系数和流量）可能会造成一个明显合理的稳定流模型无效。另外一种方法是，使用非稳定流中的部分数据校准模型；剩下的数据，可能是受到不同边界条件的影响，用于验证模型。该种模型验证方法是最常用的。

（2）成功预测现有的情景

在该方法下，模型验证中使用在校准步骤中未使用的对比数据。该方法最有用，但是由于数据有限，很少可以获得足够的数据，达到满意地刻画整个模型区的情况，因此该方法使用较少。即使是数据充足，该方法也不理想，因为用于校准和验证的数据组不是完全不相关的。

（3）比较不同模型对于相同情景的模拟预测结果

由于不同的模型使用的是相同的假设、边界条件和输入数据，因此该方法可以用于检验数值模型，但是不能检验概念模型。

（4）结合额外的野外勘查工作，对于不在现有观测范围的地点或者未来时刻的情景预测

该方法是最有效的支持现有模型可靠性和准确性的论据，同时也是最具实践性的，可用于检验溶质运移模型。需注意的是，在实行该方法时应同时进行模型分析以及野外勘查工作。

4.4.4.3 模型错误来源

一个模型包含了许多不同类型的数据和假设，可能单个的假设是合理的，但是多个假设组合后的结果就不合理了。如果模拟预测不符合期许，则需要分析模型错误的来源，在极端情况下整个模型建立基础都必须重新评估。

以下是 5 个较为常见的模型错误来源：

① 数学模型错误。这些错误包括物理过程与数学表达间的偏差。该模型使用的数学体系应该在适当的假设条件下适用于目标模拟情景；

② 概念模型错误。其中包括对于模型控制机制、边界条件、源项和模拟维度的错误理解；

③ 输入数据错误。其中包括数据输入错误、多假设组合不合理、测量错误、系统的异质性没有被确认或者其描述不能表征客观世界；

④ 数值错误。例如，由有限差分和有限元控制方程的泰勒级数展开而产生的截断误差，由于计算机存储数据精确度产生的舍入误差，以及由于离散化造成的数值弥散；

⑤ 解译错误。这多由于对模拟预测结果错误的理解，特别是在模型没有前处理，缺

乏有意义的总结、分析和图像输出时。例如使用单个观测点的观测结果与空间和时间平均下的模拟预测结果进行对比。

4.4.4.4　对模型进行简化

一个收敛性好的水流模型是一个好的溶质运移模型的前提。如果水流模拟结果出现振荡、不收敛，或者得出了不真实的预测结果，而且考虑了上述错误的来源，依然不能解决问题，则可以尝试对模型输入条件进行一系列的逐步简化，这种操作通常可以获得一个较满意的结果。通过这些简化，模拟的结果通常可以提高。模型失掉的复杂性可以被单独添加回来。事实上，模型计算值和观测值的差异在一定程度上也可以反映模型中缺失的因素。

① 移除非饱和带或者用统一的参数刻画饱和带和非饱和带的特征；
② 简化或者移除一些流量边界；
③ 简化模型分层；
④ 移除各向异性；
⑤ 移除参数的空间异质性；
⑥ 减少维度。

4.4.4.5　理解和改进模型收敛

（1）模型终止和模型收敛

模型终止指模型完成特定的迭代次数。模型收敛指解算迭代过程中水头最大变化小于用户定义的终止标准（与水头容差有关），且总体积平衡误差小于可接受值。一般来说，模型终止不代表模型收敛。即使对于最有经验的建模人员都会在 MODLFOW 模型收敛时遇到问题，使得简单的分析变复杂。下面收集了一些常见的收敛问题，对一般性技术问题提出建议和注意事项。

（2）处理模型收敛问题的原则

多年使用 MODFLOW 建模的经验告诉我们，不要害怕遇到模型不收敛的问题，很多情况下，模型不收敛表明模型中存在潜在的问题。收敛问题表明对地下水系统的概念理解错误，或在模型设置时发生问题。当 MODFLOW 出现不收敛时，表明我们构建的模型可能：

① 进展不对或创建了错误的概念模型；
② 输入文件中出现错误。
例如，MODFLOW 表明指定的补给不足以维持观测水位，或补给太多模型排泄不出；

有时，MODFLOW 表明含水层不能维持我们指定的抽水水位。有时，灌溉和供水井的量不是很清楚，在建模初期输入的这些值都是估计值，例如几小时内井的最大抽水量等。而在模型运行中出现的收敛问题会提醒我们，需要进一步了解含水层的长期属性。

MODFLOW 模型一般会与图形使用界面（GUI）相结合使用，GUI 的发展降低了 MODFLOW 输入文件中会发生的错误。如多数 GUI 会辨别负模型层厚度的问题。但还有些错误很难直接检测出来，有时需要对发生的收敛问题进行进一步研究才能发现其背后的问题。有时，如果 MODFLOW 不收敛，且表现出的问题与水位收敛不相关，则可能是模型出现的问题。调整解算器参数可能会有帮助，解决收敛问题需要耐心辨别模型的运行过程，细心找到重要的细节才能解决问题。

4.4.4.6　正确使用 LATCON 选项

（1）MODFLOWLAYCON 选项的定义

在建模前期，合适的模型层代码 LAYCON 规范与否对是否可以收敛解算结果非常重要。

1）LAYCON=0

模拟开始时指定导水系数和储水系数，且运行期间不受水位变化的影响。

2）LAYCON=1

模拟开始时指定渗透系数，且导水系数随水位变化而变化。

$$T_{jik} = K_{Hjik} \times (h_{jik} - \mathrm{bot}_{jik}) \tag{4-59}$$

式中　T_{jik}——每个单元格的导水系数；

　　　K_{Hjik}——每个单元格储水系数；

　　　h_{jik}——水头高程；

　　　bot_{jik}——每个单元格的底部高程。

其中储水系数在模拟开始时为指定值，且不受水位变化的影响。

3）LAYCON=2（承压／非承压切换选项）

模拟开始时指定导水系数，此值不随水位变化而变化。同时指定两个储水系数，且 MODFLOW 根据水位高程和单元格顶部高程关系在两者之间切换：

当 $h_{jik} \geqslant \mathrm{top}_{jik}$ 时，$S_{jik} = S_{1,jjk}$，承压水储水系数（贮水率）；

当 $h_{jik} < \mathrm{top}_{jik}$ 时，$S_{jik} = S_{2,jik}$，非承压水储水系数（给水度）。

4）LAYCON=3（承压／非承压切换选项）

模拟开始时指定渗透系数，且导水系数随水位变化：

$$T_{jik} = K_{Hjik} \times (h_{jik} - \mathrm{bot}_{jik}) \qquad (4\text{-}60)$$

同时指定两个储水系数，且 MODFLOW 根据水位高程和单元格顶部高程关系在两者之间切换：

当 $h_{jik} \geqslant \mathrm{top}_{jik}$ 时，$S_{jik}=S_{1,jik}$，承压水储水系数（贮水率）；

当 $h_{jik}<\mathrm{top}_{jik}$ 时，$S_{jik}=S_{2,jik}$，非承压水储水系数（给水度）。

（2）LATCON 选项的含义

LAYCON 的这些选项不应该与承压、非承压和可变情况严格对等起来。例如，当导水系数与其初始值只有微小的变化时，非承压含水层使用 LAYCON=0 或 1 模拟的结果相似。同样，当含水层在承压和非承压之间变化时，使用 LAYCON=2 或 3 的模拟结果相似。导水系数变化相对较小时，如果指定的储水系数适宜，则 LAYCON=0 或 2 的瞬时解算结果均适用。在 Hantush 的文章中，认为小于 10% 的导水系数变化都是无关紧要的，在数值建模中我们还可以比这个范围更宽，因为渗透系数的数量级都是估计的，甚至渗透厚度发生 50% 的变化对我们的分析影响也不会太大。当然，以上讨论不适用于含水层厚度是关键指标的情况。

LAYCON 值的选择对模型收敛影响显著。一般来说，MODFLOW 比较容易处理 LAYCON=0 或 2 的情况。首先，因为导水系数在计算过程中不发生变化，减少了计算过程；其次，系数矩阵的位置不会变化，改善了解算器的性能；最后，也可能是最重要的，避免了水位迭代产生的各种问题，包括迭代期间的过早干枯，干湿循环不收敛，或人为干枯单元格边界失效。

在建模早期，适宜的 LAYCON 选项很重要，因为在这个时期，要进行大量工作来得到解算收敛。由于最初的模型和最终模型之间一般有很大的差距，这时在模型收敛上花费很多时间是不经济的。

（3）推荐的 LAYCON 选项

水流建模的目的是得到一个有用的地下水系统近似模型，而非"精确"表达。建模过程中很重要的一条准则是相对迅速地得到大概情况。不管含水层是承压还是非承压，均推荐 LAYCON 初始设置为 0 或 2。

4.4.4.7　使用适宜的初始水头

建模的一个常见错误是在创建 MODFLOW 时选择了与最终的解算结果相差较大的初始水头。MODFLOW 会在迭代过程中不断调整水头，从模型开始时根据可用的数据合理分配初始水头会节省很多计算工作量。例如，无需对水位值一直低于模型第一层的底部高程区域的水头进行解算，这些区域可以在模型开始时直接设为非活动单元格。

另一种有效的方法是在建模过程中不断更新初始水头，使用更新的解算结果重新运行 MODFLOW 解算有利于收敛。有些时候，即便不收敛的解算结果也可以用来做初始水头。例如，在每几百次迭代解算后都定期使用水头解算结果作为初始水头，有利于模型收敛。

在使用阶段性解算结果时需要注意：一般情况下，如果水头解算结果中部分单元格变为干枯，则不适于用作初始水头进行进一步的解算。因为在 MODFLOW 中为干枯单元格的 BCF2 程序包中的 HDRY 输入参数赋予了特殊的值，HDRY 可设定极正值或极负值，使系统可以很容易地辨别出这些单元格（如 1.E30），当该值被分配为活动单元格的初始水头时，如果该单元格是干枯单元格，则在继续解算前应该变为非活动单元格；如果该单元格不是干枯单元格，则需要将 HDRY 值改为相邻单元格水头值用于重新解算。

4.4.4.8　混合井

当井跨越多个模型层时，会增加模型不收敛发生的概率。混合井如图 4-53 所示，此井抽水来源为井所跨越的 3 个含水层。

这种形式的混合井常导致两种错误：第一种，井所在模型最上层单元格会在迭代计算过程中被抽干，此时最上层单元格会变为非活动单元格，这时井的实际抽水量会降低（不会明确告诉使用者）；第二种，在最上层含水层水位降低的同时，过水断面厚度将逐渐变小，MODFLOW 将很难解算收敛到准确的水位高程。

这种概化手段没有从物理过程再现浅井的抽水模式。事实上，如果保持固定的抽水量，则随着井水位的降低，最上层含水层的抽取量会再分配到下层含水层。解决方案如图 4-54 所示。在这种方法中，只从井底部所在的含水层抽水。此外，还在井处创建了垂直联系，为井所在的垂直单元格分配了很高的垂直渗透系数。这种方法不仅有利于模型收敛，也提高了井的模拟真实度。

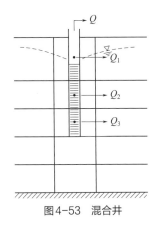

图4-53　混合井

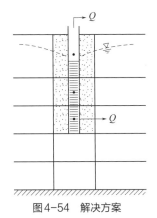

图4-54　解决方案

4.4.4.9　再湿润功能

（1）BCF2 程序包的再湿润功能

在 MODFLOW 的 BCF2 程序包中加入了单元格再湿润的功能。该功能的加入解决了在模型迭代过程中单元格地下水位降低变干的问题。多数建模者认为加入的再湿润功能可以改善模型收敛，而事实恰好相反。再湿润功能的引入产生了更多在建模过程中要解决的问题。

BCF2 程序包中加入的再湿润功能是一个专门的程序，使用该程序常会导致模型不收敛。McDonald 等提出了 BCF2 程序包中再湿润功能的局限性，如下所述。

① 在使用再湿润功能时，单元格在干湿状态下变换，使得模型变得不稳定。当水位趋于单元格底部时，模型陷于不断的迭代计算中，单元格在解算中不断的干枯湿润，但对计算结果没有任何的帮助。一部分单元格会独立于其他单元格变为干枯，由于在解算过程中除以零而使得模型解算终止。

② BCF2 程序包的第二个局限来源于单元格变干的方法。当单元格变干后，该单元格内所包含的其他应力（边界）随即失效，而这些应力事实上应当转换到其他位置。应力的移除导致变干的单元格不断在干湿间重复。当选择将补给仅作用模型顶层时（在补给程序包中 NRCHOP=1），尤其会出现明显的干湿交替。

③ 同样的问题会发生在瞬态模拟中。当一个单元格干枯，在当前时间步内的单元格储量会消失，这样会导致模型在该时间步丢失大量的水，导致模拟错误，减小 MODFLOW 的时间步长也没法解决这个问题。

④ 第四个缺点来自垂直流的处理。再湿润功能有时会造成上层滞水，即使该单元格与周围单元格之间没有低渗透介质。一旦这种虚假的上层滞水出现，将会在模拟进行中保持，这没有任何水文上的依据。此时，垂直流的缺点表现为阻止水头自然降低。

（2）再湿润功能注意事项

鉴于 BCF2 程序包中再湿润功能的缺点，建议尽量少用这个功能，尤其是在开始建模的时候。当此功能与自动调参一起使用时，很难得到好的模型结果。有些情形下，只有再湿润功能才能解决某些实际问题，如在含水层回注过程中会遇到由于水的注入生成的地下水丘，造成原本干枯的单元变湿润这个过程。如果必须使用再湿润功能，应注意如下事项：

① 在 BCF2 程序包的输入参数中，设置参数 WETORY<0，使得在 MODFLOW 中，只有在一个干枯单元格下方的单元格可以再湿润。检查单元格五个相邻单元格过于复杂，所以只检查上方的单元格。

② 只在第 5 或 10 的倍数次迭代时检查再湿润（BCF2 程序包中的 IWETIT）。这会减少在干湿状态间的变化。

③ 使用相对较大的阈值（在 BCF2 程序包的输入参数中，设置参数 WETORY<0）。如果在湿润范围为 0.1ft 时出现问题，则将 WETDRY 绝对值变为 5ft 或 10ft。

④ 当使用再湿润功能时，在 SIP 解算器中使用较小的加速参数，或在 PCG2 解算器中使用较小的衰减参数。这样会减小每次迭代间的水头变化和干湿变化的次数。

⑤ 只激活建模区域中一小部分区域的再湿润功能，即作用在真正需要的地方。可以使用 WE7DRY 参数指出使用再湿润功能的具体位置。检查标准输出文件中的阶段模型结果，确认模型中需要使用再湿润功能的位置。

⑥ 不要马上开启再湿润功能。只有在成功运行 LAYCON=1 之后才可以开始运行 LAYCON=1 或 3 的再湿润模拟。对于已非承压层或可变层，LAYCON=0 的模拟结果最适宜做再模拟的初始水头。

4.4.4.10　自动调参

自动调参程序中的解算器运行状态非常重要。自动调参时，模型常常要运行数百次，收敛问题被放大。人为变干单元格也会对调参代码产生重大的影响。以下是在自动调参程序中几条关于模型收敛的建议：

① 在模型稳定之前不要尝试自动调参；

② 不要使用严格的终止标准，适度地终止标准会节省运行时间。调参过程进行中，可以逐渐提高终止标准；

③ 每次运行后尝试更新初始水头。随着参数值的调整，初始水头可能会偏离之前设置的合理近似值。如果初始水头不能反映模型重要属性和应力变化，会增加模型运行时间。

4.4.4.11　解算器的选择与控制

（1）解算器的选择

可以通过选择适宜的模型解算器和控制参数来提高模型收敛概率，MODFLOW 中使用了多种解算器，发展更有效更强大的解算器一直是研究的重点之一。MODFLOW 的新解算器示例可以参看 Hussein 和 Detwiler 等。在选择解算器时需要注意以下几点：

① 解算器运行状态针对每一个模型都有不同；

② 没有任何一个解算器可以单独解决所有问题；

③ 解算器参数的选择对解算器的运行有很大的影响。

有两篇文献基于这些要点进行了叙述：

① USGS 的 Dr. Mary Hill 通过对几个真实世界中解算器的运用进行评估得出：尽管她致力于发展新的共轨梯度解算器（PCG2 程序包），但有些情况下，旧的 SIP 解算器的运行效果更佳。她指出，建模的不同阶段需要使用不同的解算器来达到更好的建模结果。

② Osiensky 和 Williams 的研究中表明，选择错误的解算器会产生潜在的错误。在研究中，对 SIP、SSOR 解算器于 PCG2M 算器进行了比较测试，结果表明 SIP 和 SSOR 会得到错误的结果，其模拟结果会收敛到错误的解算结果。

（2）解算器效果实例

以下对一个均质非承压含水层进行稳主流模拟，通过运行不同的解算器来证明解算器选择的重要性。

① 方案 1：SIP 解算器，HCLOSE=10^{-3}，A_{ccel}=1.0。

② 方案 2：SIP 解算器，HCLOSE=10^{-3}，A_{ccel}=0.1。

这两个方案均使用 SIP 解算器，模拟的终止标准均为 10^{-3}ft，其中方案 1 中 SIP 的加速参数设为 1.0，其解算结果如图 4-55 所示。在水位迭代过程中发生了单元格人为干枯。为了减轻这个问题，我们设置了方案 2，将加速参数减小为 0.1。尽管阻止了单元格变干，但如图 4-55 所示，解算结果依旧很差。

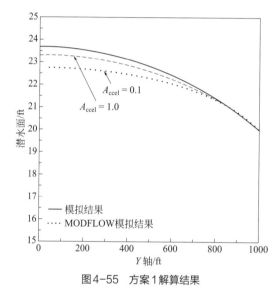

图4-55 方案1解算结果

③ 方案 3：SIP 解算器，HCLOSE=10^{-6}，A_{ccel}=0.1。

方案 3 依旧是用 SIP 解算器，加速参数为 0.1，但终止标准改为 10^{-6}ft，此时解算结果如图 4-56 所示，匹配较好。

从方案 2 和方案 3 中可以看出，SIP 终止标准需要随加速参数的降低而降低。虽然没有明确的理论研究证明为什么，但大多 MODFLOW 的建模者都应当知道这个注意事项。详细描述请参看 Barbara Ford 的研究文献。从方案 1 和方案 3 中还可以看出，SIP 的加速参数是如何在迭代中限制水头变化的。方案 1 的迭代过程如图 4-57 所示，解算过程很迅速，迭代间都有较大的水头变化，迭代开始时有相当大的水头变化（接近 0.7ft）。这些较大的水头变化会导致模型顶层水位低于其底部高程。

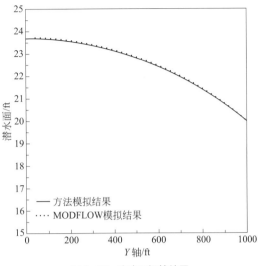

图4-56 方案3解算结果

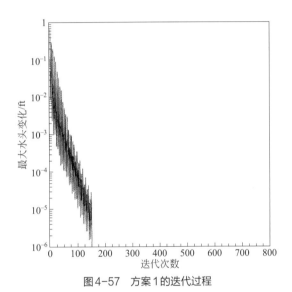

图4-57 方案1的迭代过程

方案3的迭代过程如图4-58所示，解算过程逐渐逼近终点。运行开始的水头变化降低到0.15ft，单元格人为变干的趋势减缓。但正如我们之前所述，需要更多的迭代过程来达到水头终止标准，因此在减小加速参数的同时需要减小终止标准。

④ 方案4：PCG2解算器，50次内部迭代。

PCG2解算器有2个附加运行过程。该解算器的优点在于需要两个终止标准，一个用于水头，另一个用于单元格间水流平衡。通过设定合适的水流平衡标准，确保质量平衡后才完成解算过程。PCG2解算器还有内部迭代和外部迭代，在内部迭代中，只有对水头的估计在变化；在外部迭代中，通过对水头和系数矩阵的位置的更新来反映非承压和可变模型层渗透厚度的变化。与之相反，SIP解算只在每次迭代中更新系数矩阵，即只进行外部迭代。这需要大量的计算工作。

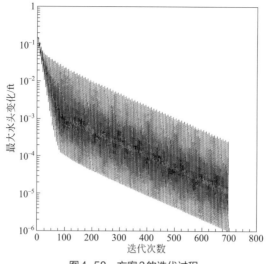

图4-58　方案3的迭代过程

内部迭代数量的选择对模型收敛影响较大。在方案 4 中，我们在每个外部迭代中设置了最大次数为 50 的内部迭代。具体的迭代过程如图 4-59 所示，迭代过程很快到达终点，使得迭代间的水头变化较大。然而，每一系列内部迭代之后的结果都不准确，与渗透厚度的改变不吻合，因此在每次进行外部迭代前还需要进行大量的调试，否定很多之前内部迭代的结果。

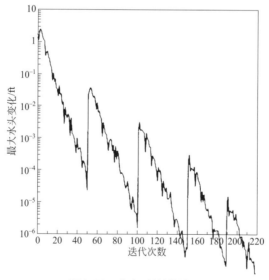

图4-59　方案4的迭代过程

⑤ 方案 5：PCG2 解算器，5 次内部迭代。

方案 5 在每个外部迭代间设置了最大次数为 5 的内部迭代，具体的解算过程如图 4-60 所示。此时的迭代过程变缓，迭代间的水头变化减小。解算器在外部迭代开始前要做的调整相对减少，所得结果变平滑。同时，减少内部迭代阻尼的作用，即单元格人为变干的趋势被抑制。PCG2 后期还增加了衰减参数，该参数可以减轻单元格变干造成的收敛问题。

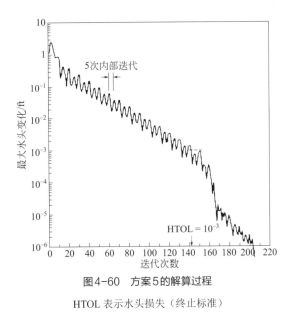

图4-60　方案5的解算过程

HTOL 表示水头损失（终止标准）

4.4.4.12　改进的 MODFLOW 版本

USGS 没有发布任何 MODFLOW 的新版本来解决出现的单元格人为变干的问题，但许多建模者使用 MODFLOW 的代码自行对其进行了改进。以下介绍两个可用的 MODFLOW 改进版本，MODFLOW-SURFACT 和 Doherty（2001）。

（1）MODFLOW-SURFACT

HydroGeoLogic，Inc. 开发的 MODFLOW-SURFACT 是 MODFLOW 中块体中心有限差分内容的替代程序。尽管 MODFLOW 的代码进行了改进，但其模块结构与 MODFLOW 相同。实际上，MODFLOW-SURFACT 与 MODFLOW 能很好地兼容，因此可以在没有对 MODFLOW 模拟修改的情况下，使用输入文件来创建 MODFLOW-SURFACT。MODFLOW-SURFACT 可以模拟包气带中的水流，可以减少水位收敛的问题。使用线性毛细管压力 - 饱和度关系表示包气带，此方法可用于直接解算水位结果。

（2）Doherty（2001）

Doherty（1991）改进了 MODFLOW，使得单元格在迭代中不会变干。Doherty 对 MODFLOW 的代码进行修改，允许单元格在干枯的状态下依然可以以极慢的速率传导水分。这种方法与 MODFLOW-SURFACT 方法殊途同归，因为 Doherty 利用运行代码得到的数值试验结果本质上与 MODFLOW-SURFACT 得到的结果相同。

Doherty 改进代码的测试结果表明，改进的代码与原始代码相比可以更好地处理单元格变干和再湿润问题。Doherty 改进的代码已被公开使用在 MODFLOW96 中。

4.4.4.13　WHI 针对模型收敛的建议

如果在模型收敛时发现问题，不知道如何解决，我们整理经验给出以下建议。在很多情况下，需要结合解算过程来完善模型。

（1）模型不收敛时检查问题

当模型不收敛时请检查以下问题。

问题 1：单元格厚度为 0（这种情况出现在旧版 Visual MODFLOW 中，新版已解决此问题）。

问题 2：活动单元格被干枯单元格环绕。

问题 3：相邻单元格渗透系数相差较大。

解决办法：降低单元格之间差异，或划分新的渗透区。

问题 4：相邻单元格尺寸相差较大。

问题 5：同一层的单元格间横向不连续。

解决办法：这种情况多数由单元格间高程变化较大引起（特别是对于较薄的模型层），此时要减小高程变化，或重新划分网格。

问题 6：模型区域出现干枯单元格，或抽水井被抽干。

（2）问题解决办法

解决办法：

① 检查模型补给值，以及是否设置为"补给到最上活动层"。

② 重新分配层高程，或合并模型顶层，增加模型顶层厚度，减少单元格变干的概率。

③ 如果认为再湿润会引起模型振荡，可减小再湿润间隔。

④ 如果井被抽干导致模型不收敛，可以尝试重新定义模型输入值，如渗透系数、层厚度、抽水量、网格离散值来保证井所在单元格不会变干。

⑤ 还可尝试使用其他 MODFLOW 版本，如 MODFLOW-SURFACT。

如果上述问题都已解决，但是模型还是不收敛，建议修改模型解算器。

（3）模型解算器修改建议

每个 MODFLOW 解算器都只解决特定的情况，请根据模型实际情况选择适合的解算器和解算器设置参数（如模型区域较大，则水头变化标准可设为 0.1，收敛准则为 0.01 或 0.001 会很难达到；相反对于小区域的模拟，可选择 0.01 或 0.001）。

残差标准基于水流单位，可从 0.01 ～ 0.1 开始。尝试增加外部迭代为 200 ～ 500 和内部迭代 50 ～ 100。如果残差或水头在解算过程中有较大的波动，可将衰减系数设为 0.25 ～ 0.5。

注意：WHI 建议在设置解算器时每次只调整一个参数来观察输出情况。改变解算器参数会得到模型收敛，但得到的结果准确性可能会降低。所以还需要经常检查质量平衡来保证解算结果的准确性，可以使用观测数据帮助校准模型。

[1] 陈崇希，李国敏 . 地下水溶质运移理论及模型 [M]. 武汉：中国地质大学出版社，1996.
[2] 陈崇希，唐仲华 . 地下水流动问题数值方法 [M]. 武汉：中国地质大学出版社，1990.
[3] 王焰新 . 地下水污染与防治 [M]. 北京：高等教育出版社，2007.

第 5 章

溶质运移模型建立

5.1 溶质运移模型概化

地下水溶质运移模型多用于地下水污染迁移趋势评估，其主要目的是基于地下水污染物的现状分布，定量表达地下水流场和污染物迁移特征，从而预测特定位置的污染物浓度变化。如果污染物释放条件已知，也可模拟污染从释放到监测时间的扩散过程，从而评估污染迁移途径。还有一些解释诊断性的溶质运移模拟，用来解释地下水污染烟羽发展到当前形态的驱动力和主控因子，这种应用在确定法律责任过程中较为常见。模型工作者应明确了解与模拟结果相关的不确定性和局限性，并在评估结果中予以阐述。

5.1.1 工作流程

地下水污染模型概化包括地下水补给、径流及排泄条件概化，污染物迁移转化过程分析，污染源解析，污染受体分析四个步骤[1]。其工作流程如图 5-1 所示。

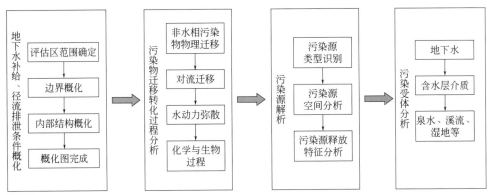

图5-1 地下水污染模型概化工作流程

5.1.2 污染源识别

5.1.2.1 污染源描述

（1）地下水污染

水是绝好的溶剂，可以溶解很多种类的化合物，因此天然地下水会在与地下介质的接触中溶解很多种类的无机化合物，还有很少量的天然有机物，这些化合物的浓度数量级一般在 μg/L ～ mg/L 之间。当地下水的天然化学组成被人类活动所改变时（无论是事故泄漏导致的地下水直接污染，还是改变了地下水运行途中的地下介质导致的间接污染），地下水污染就发生了，其结果有时是增加了原有化学组分的含量，有时则是引入了原本不存在的新污染物。

在很长一段时间里，人们认为含水层之上的土壤和沉积物可以作为自然的"过滤器"来阻止污染物随水流迁移至地下水。但到 20 世纪 70 年代左右，人们逐渐形成共识，认识到这些过滤层往往不能有效阻止污染物向地下含水层的迁移。尽管如此，当时已经有相当大数量的污染物进入到土壤和地下水中。在对这些污染场地研究的过程中，科学家们开始意识到一旦地下含水层受到污染，其危害可能会持续几十年甚至更长时间，而且很难找到经济有效的处理办法。

人类活动造成的地下水污染主要分点源污染和非点源污染两类。点源污染指化学品储运设施、污染处置场地、工业场地、事故排放、垃圾填埋场等点状污染源造成的地下水污染。非点源污染包括农业生产中使用的化肥、农药等污染物质进入地下水后形成的大面积地下水质量恶化现象。

当雨水浸润地表并且接触到填埋的废物或者其他形式的污染物时，这些污染物会进入水相，并且随雨水进入地下水，这是地下水的典型污染通道。有时洒落或者渗漏的污染物本身的数量很大，这些化学物质可以无需雨水入渗的帮助，自身即可靠重力作用到达含水层。地下水的流动一般来说非常缓慢，而且很少受到湍流、稀释、混溶等作用的影响，所以污染物到达地下水后不容易扩散，常常形成相对稳定的污染"烟羽"（也称为"污染羽"或"污染羽流"），随地下水流缓慢运动。虽然污染烟羽在地下水中的运动速度不快，但因为地下水污染常常数年甚至数十年不为人所知，所以地下水污染烟羽有可能影响大范围面积，有时其长度可以达到几千米。

（2）地下水污染源

地下水污染的来源有点源和非点源（也叫面源）两类。大多数所谓的点源都与废物的处理或处置过程相关，它们的面积可以很大，但之所以称之为点源是因为它们有明确的空间边界和较高的污染物浓度。非点源污染则恰恰相反，具有浓度低、面积大的特点，比如大范围施用的农药和化肥就有可能造成非点源农业污染。

1）生产消费过程

化学物品的储运和使用是常见的地下水污染来源。无论是类似汽油的消费品、工业用消耗品，还是工艺中间产物、工业废物，在存储和转运过程中都存在倾泻和滴漏的风险。更有甚者，有些无良企业主还会通过渗坑、渗井、落水洞等设施，直接将废水排入地下。如果说出现事故排放和跑冒滴漏在所难免，那么出现此类恶意犯罪行为时，就应该引起环境监管工作者的深思了。一些化学品的储运设施被埋在地下，一旦出现破损可以默默污染多年而不被发现。较为典型的是加油站储油罐泄漏造成的地下水污染，这类污染由于出现较为频繁，科学界已经做了深入研究，条件成熟的国家已经实现了有效的监管。

2）农业污染源

现代农民已经无法想象没有化肥和农药的年代。这些化学物质被大范围播撒，导致其中相当大一部分随雨水和灌溉进入地下水。动物饲养也会产生大量的废物，有时这些废物也会被当作肥料施用到土地中，产生地下水的致病菌污染。农业活动造成范围最大、影响最深的地下水污染是氮元素的污染；农药在某些地区也会造成严重污染，但其广泛性远不如前者。根据中国地质调查局对中国东部平原区地下水污染普查的结果，我国主要农业区"三氮"（硝酸盐氮、亚硝酸盐氮、氨态氮）污染已相当普遍，呈现出面状污染特征。

3）固体废物处置

当雨水淋滤到堆放或填埋的固体废物时，废物中的有害物质就可能被溶解而随水进入地下水。淋滤液的化学成分反映了固体废物的组成，同时也可以指示处置场的年龄。老式的垃圾填埋场是常见的地下水污染点源，因为当时的社会环境对废物的种类和淋滤液的产生并没有过多的关注或监管。

4）采矿

几乎所有的采矿活动都会影响地下水，要么是物理挖掘引起的地下水流动状态变化，要么是岩石暴露引起的地下水质恶化，或者二者兼有。酸矿水是其中较为严重的地下水污染问题，原本封存在地层中的硫元素在采矿活动引入的空气和水的作用下被氧化，生成腐蚀性较强的硫酸，这些酸性废水本身就是污染物，同时也会溶解出一些原本较为稳定的重金属污染物，在排水时常常会引起较为严重的生态环境污染问题。另外，在采矿过程中，品质较差的矿石被分选出来，一般堆放在矿山附近的尾矿库中，也可能造成严重的地下水污染问题。

常见的地下水污染源如图5-2所示。

（3）污染源解析

污染源解析是指综合考虑评估区地下水补径排条件、主要污染物空间分布特征、污染物水文地球化学特征、识别污染源位置与污染源属性。野外工作中，污染源解析的重要原则是使用尽可能简易的方法采集尽可能多的现场数据。可以使用一些野外设备（如土壤气体监测仪等）对潜在污染源地区进行初步筛查，随后加以有针对性的正规采样。但当现有信息无法定位潜在污染源位置时，可以通过均匀网格采样的方法识别高污染浓度地区。一般情况下，尤其对于漫流式污染源，可在地表汇流区和明显排水设施附近加密监测，因为此类地区受污染的可能性更大。污染源的空间分析应从平面和剖面同时着手，用以识别污染范围和背景浓度。

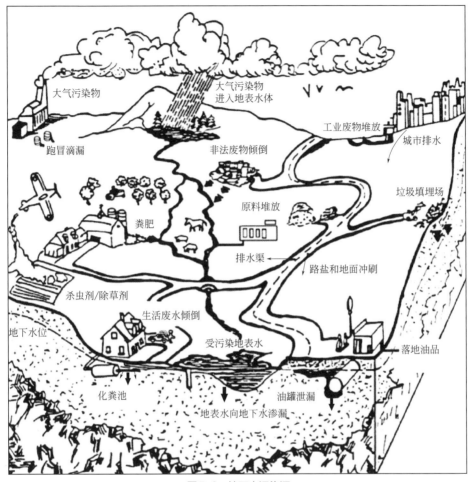

图5-2 地下水污染源

模型概化阶段数据分析时污染源解析优先使用空间叠图法，若评估区内仅存在唯一的潜在污染源，则不需要进行进一步评估；若评估区中存在两个或以上潜在污染源，则除了应用空间叠图法外，可在补充调查的基础上采用捕获区法、稳定同位素法、化学指纹法、化学质量平衡法、多元统计方法分析并确定地下水污染源，评估各地下水污染源对污染现状的贡献程度。

各类源解析方法[2]详见表5-1。

表5-1 各类源解析方法

源解析技术	原理	优点	缺点/局限
空间叠图法	分析主要污染物浓度现状分布图，确定地下水污染高浓度区； 根据识别的污染高浓度区，在其附近核查潜在污染源具体位置，并在图件中标出； 采用 GIS 手段将主要污染物浓度现状分布图、潜在污染源位置分布图与地下水流场图叠加，推断污染物扩散途径，定位污染源空间分布	适用范围广，可准确分析各地下水污染源对污染现状的贡献程度； 可在短时间内得出较为精确的溯源结果	在水文地质条件较复杂或地下水流场不明确的条件下，无法精确溯源

源解析技术	原理	优点	缺点/局限
捕获区法	利用溶质迁移软件模拟示踪粒子在指定的位置和时间内随地下水流运移的路径，将其与评估区污染物现状空间分布相比较，以判断和验证地下水中污染物来源	在水文地质条件复杂的条件下亦能刻画污染物的空间分布，模拟结果直观、可反映污染物的三维空间运移情况	要求水文地质资料完备，可支持模型创建工作，若资料不全，需补充野外勘测工作获取，成本较高
稳定同位素法	利用稳定同位素（如 ^{13}C、Hg、Pb、S、N 等）推测地下水中污染物的来源，并分析污染物随时间的迁移变化	稳定同位素在特定污染源中组成特定，在迁移与反应过程中组成稳定，分析结果精确稳定	同位素对生物的放射性风险尚未明确，因此该方法环境风险较高
化学指纹法	通过特定离子或化合物的比值或分子标志物特征识别地下水污染源	适用范围较广，具有特征性，识别结果准确快速	化学组成易因挥发、淋滤和生物降解等环境过程而改变，仅适用于突发性或短时间事件
化学质量平衡法	设采样分析测得受体中物质 i 的浓度为 d_i，该区域排放物质 i 的源有 p 种，若已知某排放源 j 所排放污染物中物质的含量为 x_{ij}，则 j 对受体的贡献 g_j 应满足：$$d_i = \sum_{j=1}^{p} x_{ij} g_j$$ 测定 n 物质可建立 n 个方程，只要测定项目数量大于或等于排放源数目，就可解出一组 g_j，即各排放源的贡献率	该方法原理清楚，易理解； 从一个受体样品的分析项目出发就可以得到结果，可以避免大量的样品采集所带来的资金等方面的压力； 能够检测出是否遗漏了某重要源，可以检验其他方法的适用性	要求对污染源和受体地下水长期采样监测，列出排放清单，不断更新本地区排放成分谱，工作量大，技术难度高；从排放源到受体之间排放的物质组成没有发生变化的假设条件难以满足； 排放源的选择上存在主观性和经验性；排放物质成分很难独立得到；未区分同一类排放源排放的成分差别和同一排放源在不同的时间排放物质的差别
多元统计法	多元统计方法是利用观测信息中物质间的相互关系来产生源成分谱或产生暗示重要排放源类型的指标，主要包括指标分析（FA）、主成分分析（PCA）等。指标分析能将具有复杂关系的变量归结为数量较少的几个综合指标。 在污染物来源研究中，通常采集大量（设为 N 个）样品，从每一个样品中分析出若干种（设为 M）化学成分的浓度，这样就构成了一个包含 $N×M$ 数据的集合。由于同一环境样品成分并不相互独立，来自同一类源的那些成分存在较强的相关性，因此，可以用 P 个指标（$P<M$）来描述原来的样品集合	应用简单且不需要事先对研究区域污染源进行监测，只需对排放源组成有大致的了解，并不需要准确的源成分谱数据； 利用一般的统计软件便可计算； 不用事先假设排放源的数目和类型，排放源的判定比较客观； 能够解决次生或易变化物质的来源，能利用除浓度以外的一些参数	本方法不是对具体数值进行分析而是对偏差进行处理，如果某重要排放源比较恒定，而其他非重要源具有较大的排放强度变异，可能会忽略排放强度较大的排放源，在实际中一般鉴出 5~8 个因子，如果重要排放源类型 >10，则这种方法不能提供较好的结果

（4）定义污染源项

定义污染源项需要考虑以下因素：污染源类型，污染源地形，污染物的相态、浓度，污染负荷，从其他介质进出的污染物，污染历史与污染物释放时间，污染源三维展布尺寸，随时间变化对污染源有影响的过程。现就 3 个因素做简单分析。

1）污染源类型

进行污染源类型概化时需考查污染源的属性是恒量还是时间变量，即污染源地污染物释放量是否随时间变化，污染源当前污染浓度是否可以代表历史或将来的情况。当污染源地土地利用状况发生改变或者原来的场地布局或机构发生改变时，要深入了解历史资料查清污染源的实际类型和变化情况。

2）污染历史与污染物释放时间

了解评估区污染历史和污染物释放时长对于定义污染源项非常重要，但是当出现信息缺失时可以依据现有的信息做出必要的假设，且通常来说，假设将是"最差情形"下的假设。释放进入地下水的污染物量的估算与以下因素有关：

① 当前污染物总量。需要包括吸附状态、溶解状态或自由相的污染物（注意考虑现场可能的降解或迁移机制）。在污染区调查过程中，这个总量的估计可以从土壤或地下水样品中不同相的浓度得到；

② 污染区内相关设施所使用到的污染物总量。这一估算量的获得可以从现存的历史采购使用记录中得到。通过对表明化学污染物使用和输出产品的量进行质量平衡计算得出；

③ 污染物性质。污染物性质主要从其存在的相态与物理性质两方面考虑。这一资料可以从评估区资料收集和前期调查阶段的土壤和水样分析结果得到。实验室分析和污染物属性分析可以得出如表 5-2 所列污染物相态。

表 5-2　污染物相态

相态	形态
固相	颗粒状污染物
吸附相	污染物吸附早土壤颗粒
自由相	土壤或 / 与孔隙中出现的非水相液体污染物（NAPL）（可同时存在于非饱和区和饱和区）
气相	土壤中污染物以气相存在
溶解相	地下水中溶解的污染物。很可能与以上各相都有关系

特定污染物（包括特定混合物）的识别以及污染物在评估区地下水介质中的存在状态是污染物迁移转化特征模拟的核心信息。污染物在地下水系统中的行为变化特征主要由污染物的属性及其在含水介质中的存在形态决定。主要关注的污染物物理性质有可溶性、密度、黏度、挥发性、可渗透性。

在一些情况下，当特定化合物的化学属性和相关数据不可获得时，可以使用相似化合物的相关属性和数据资料。同时，需要注意由此带来的模拟不确定性问题。概念模型的构建还必须考虑到污染物的原始形态及其降解之后的产物。比如有些有机物的降解途径上既有原始状态的污染物又有具备不同属性，甚至更高毒性的降解产物，从而使得模拟过程更为复杂。

3）污染源三维展布尺度

污染源的三维展布尺度（面积、深度），以及强度的动态变化也需要在概念模型中得到体现。大部分的模拟工作可以将污染源概化为某个特定位置，即点源，但如农业污染因为污染物的大面积分布，污染源需要概化为一个扩散的源，即面源。点源的概化需要同时考虑污染物在水平和垂直方向的分布。不同相态的污染物浓度分布也需要同时考虑水平和垂直方向的变换，需要综合考虑污染物特征、岩性特征以及污染物运移的主导过程。

5.1.2.2 污染因子

（1）地下水污染物

我们关注地下水污染，很大程度上是因为这些污染物能在地下介质中扩散，所以常见的地下水污染物都是液体或者可溶性的固体。另一方面，人类已知的液态或可溶性固态物质成千上万，也只有那些生产生活中经常用到的物质更有可能在生产、储运和消费过程中出现问题，变成地下水污染物。

表 5-3 列出了一些常见的地下水污染物。

表 5-3　常见的地下水污染物

序号	污染物	序号	污染物	序号	污染物	序号	污染物
1	酸	7	药品	13	防冻剂	19	清洁剂
2	碱	8	油	14	涂料	20	杀虫剂
3	冷却水	9	洗涤用水	15	除油剂	21	盐
4	除尘设备用水	10	生活废水	16	肥料	22	生活/工业污泥
5	汽油	11	溶剂	17	杀菌剂		
6	除草剂	12	含重金属液体	18	工业废水		

（2）主要污染因子识别

识别地下水主要污染因子是规划地下水污染模拟工作的重要步骤。主要污染因子是所有识别污染物中毒性最强、最难降解或迁移性最强的物质，它们是评估区地下水污染危害性的主因。有时需要选择某种特定物质来代表某一类污染物，例如使用总溶解固体代表无机盐类污染物；用三氯乙烯代表所有挥发性有机物；用石油坏含量代表所有石油类污染物；等等。识别主要污染因子可以帮助概化评估区污染的主要特征，但在污染防治工作深入进行时应进行最终确认，以确保污染防治措施的有效性。地下水主要污染物的识别应综合考虑如下因素：

① 地下水污染现状评估结果中确定的水质污染指标以及水质质量指标；

② 研究区污染源行业类别相对应的特征水质参数指标；

③ 难降解、易生物蓄积、长期接触对人体和生物产生危害作用的污染物，以及持久性有机污染物等地下水监测指标；

④ 国家或地方重点关注的地下水污染指标。

（3）现有污染因子

若模型区地下水已经遭受污染，主要污染因子识别过程如图 5-3 所示。其中，污染因子初步筛选阶段去除完全没有检出的指标以及非水体污染指示指标，如感官指标和常规检出指标；水质评估阶段依据《地下水质量标准》（GB/T 14848—2017）和《生活饮用水卫生标准》（GB 5749—2006）；"优先控制污染物"综合考虑 1989 年国家环保局提出的"优先控制污染物"名单，结合生态环境部等三部委发布的《优先控制化学品名录》第一批（2017 年）和第二批（2020 年）。在评估区历史资料具备的情况下，参考该区地下水水质的历史变化趋势验证所识别出的主要污染因子。

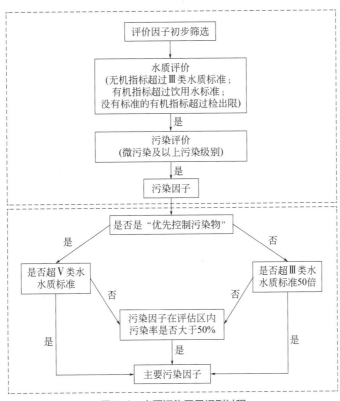

图5-3 主要污染因子识别过程

（4）潜在污染因子

当评价潜在的地下水环境风险时，由于污染尚未发生，此时应将地下水污染责任人、环境保护主管部门、公众等利益相关方认为应当进行评估的污染指标考虑为主要污染因子。

5.1.3 迁移途径识别

5.1.3.1 污染源释放特征

地下水污染源常为各种材质的桶、罐、池、堆、填埋场中存在的有毒害物质。在实际工作中，被严重污染的介质本身（如受污染土壤）也可被认定为污染源，尤其是当原始污染源已被移除或清理后。污染源释放特征分析是在确定污染源位置和查明地下水补径排的基础上，分析污染源进入地下水的污染途径、污染途径类型及被污染含水层，为后续地下水污染物模拟预测提供参考。

从水力学角度看，地下水污染途径主要包括间歇入渗型、连续入渗型、越流入渗型及径流入渗型[3]。

污染源释放特征分析需要下列资料的支持：

① 污染设施的工艺分析，以帮助识别污染位置、潜在排放、工程特征；

② 污染特征分析，例如储运和泄漏污染物的种类和数量；

③ 污染物的理化特征分析。化学分析不是地下水污染源识别和检验的唯一方法。

在不同的适用条件下，多种地球物理方法均有可能对污染源空间分布范围解析提供支持，如探地雷达、电法、磁法、地震法等。遥感图片和红外数据可以帮助界定污染源对周边生态的影响。这些方法可作为辅助方法对采样分析数据提供支持。

地下水污染途径与其对应的常见污染源、被污染含水层如表5-4所列。其对应的示意如图5-4～图5-7所示。

表5-4　地下水污染途径与其对应的常见污染源、被污染含水层

类型		污染途径	污染来源	被污染含水层	示意图
I	间歇入渗型	降雨对固体废物的淋滤	工业和生活固体废物	潜水	图5-4
		矿区疏干地带的淋滤和溶解	疏干地带的易溶矿物	潜水	
		灌溉水及降水对农田的淋滤	主要农田表层土壤残留的农药、化肥及易溶盐类	潜水	
II	连续入渗型	渠、坑等污水的渗漏	各种污水及化学液体	潜水	图5-5
		受污染地表水的渗漏	受污染的地表污水体	潜水	
		地下排污管道的渗漏	各种污水	潜水	
III	越流入渗型	地下水开采引起的层间越流	受污染的含水层或天然咸水等	潜水或承压水	图5-6
		水文地质天窗的越流	受污染的含水层或天然咸水等	潜水或承压水	
		经井管的越流	受污染的含水层或天然咸水等	潜水或承压水	
IV	径流入渗型	通过岩溶发育通道的径流	各种污水或被污染的地表水	主要是潜水	图5-7
		通过废水处理井的径流	各种污水	潜水或承压水	
		盐水入侵	海水或地下咸水	潜水或承压水	

5.1.3.2　地下水污染概念模型

地下水污染状况概化是在水文地质概念模型的基础上，明确污染源—污染物迁移途径—目标受体特征及相互关系的过程。示例如下所述。

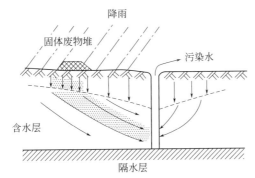

图5-4　间歇入渗型地下水污染途径

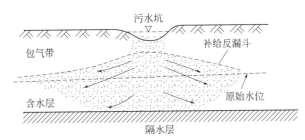

图5-5　连续入渗型地下水污染途径

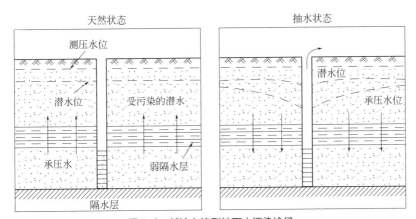

图5-6　越流入渗型地下水污染途径

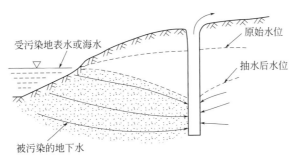

图5-7　径流入渗型地下水污染途径

（1）地下水污染概念模型——污染源

地下水污染调查是地下水污染研究的基础和出发点。其主要目的是：

① 探测与识别地下污染物；

② 测定污染物的浓度；

③ 查明污染物在地下水系统中的运移特性；

④ 确定地下水的流向和速度，查明主径流向及控制污染物运移的因素，定量描述控制地下水流动和污染物运移的水文地质参数。场地调查获得的水文地质信息对水文地球化学调查、数值模拟和治理技术至关重要。其中，对于污染源的确定尤为重要。

目前主要采用如表5-5所列方法建立污染源概念模型。

表5-5　地下水污染概念模型——污染源

数据源（示例）	剖面图	平面图
（1）向现场人员了解； （2）历史记录； （3）现场调查：探井、钻孔、土壤及地下水样品分析； （4）数据缺口（实例）：漏油数据、漏油量等		

不确定性分析	问题描述	概念模型转化为数学模型
（1）漏油时间与漏油量； （2）轻质油与溶解性油染羽范围，轻质油污染羽是否迁移； （3）挥发与降解量	根据历史记录分析燃油泄漏量，现场调查发现土壤被污染、潜水面上出现轻质油、地下水中含溶解性污染物。 　概念模型 （1）确定的3个潜在污染源（土壤、地下水、轻质油）； （2）场址记录漏油污染发生的时间及漏油量； （3）化学分析确定主要关注的污染物成分；通过钻孔确定轻质油浓度及下游地下水中溶解性污染物浓度； （4）初步计算表明溶液中自由相是污染物迁移主要过程； （5）现场测定提供了一些挥发与降解证据，但非定量	（1）污染源作为恒定源，污染物浓度由溶液自由相和溶解相计算而得（根据Raolts定理）； （2）源项的估算采用保守估计方法，但是对污染负荷的计算分析应当具有主要合理性

（2）地下水污染概念模型——污染途径与污染受体

根据场地的复杂程度和已有资料的情况，初步建立起一个场地水文地质概念模型。该模型应包括以下要素。

① 现场邻近地区的地质条件概念模型。应根据水力学性质来划分不同的地层，并指出不同地层对地下水流动系统的重要性及它们对地下水环境中污染物运移的潜在控制能力。

② 区域及局部的地下水流动系统与地表水之间的水力联系。概念模型将确定现场周边地区的地下水系统与地表水系统的相互补给、排泄关系及区域地下水流动系统与局部地下水流动系统之间的相互关系。画出地下水流动系统示意图，即使这样一个初步的模型可能随着调查工作的深入会有很大的修改，在踏勘后建立这样的概念模型有助于从一开始就带着系统的观点整体把握场地的水文地质特征。

③ 确定人类活动对地下水流动及污染物运移的影响。例如，埋藏管道、地下设施、下水道及与它们相关的粗粒回填土都会为非水相液体及地下水的流动创造条件。现场周围的抽水井也会改变水力梯度及地下水流场。

④ 确定污染物运移途径及优势流的通道。这些通道包括水力梯度很高的地层及岩石与土壤中的裂隙。

⑤ 确定污染物的性质。在概念模型中加入污染物的性质是非常重要的，这样可以确保污染物的产生与迁移成为现场监测与调查过程的中心。

⑥ 确定污染物的可能受体，以评价环境影响程度。受体可能包括人、植物、动物及水生生物。上述①～⑥部分的工作重点在于梳理污染途径和污染受体，其主要工作要点参考表 5-6。

表 5-6　地下水污染概念模型——污染途径与污染受体

数据源（示例）	剖面图	平面图
附近场址地质调查结果 （1）场址调查：钻孔； （2）日常监测：水位、水质； （3）实验室分析； （4）野外试验：计算导水系数的水头降深测试等		
不确定性分析	**概念模型描述**	**概念模型转化为数学模型**
（1）砾石透镜体侧像连续性； （2）含水介质各向异性范围； （3）污染羽几何尺寸	（1）在包气带运移视为垂直迁移到地下水水位，轻质油在潜水面上，分析表明人为污染途径（如抽水）可忽略； （2）地下水径流、排泄至地表。场址之下为砂土和砾石含水层，含水层透镜体的存在将产生更多的可渗透途径； （3）场址下游的地下水和河道视为污染受体，在观测范围内确定没有风险的抽水孔需要继续观测	使用砾石透镜体的导水系数值进行的初步评估结果与观测结果对比显示，地下水水流和溶质运移速率被过度评估，需做进一步调整

（3）地下水污染概念模型——污染过程

任何现场的水文地质条件都对地下水和污染物在地下的运移起着极其重要的作用。在实地调查中，应以搜集与总结有关地质情况的资料为出发点。污染物的排泄区、地下水位、地下水大致流向及地表排水方式均应了解。其污染过程概念模型建立的工作要点如表 5-7 所列。

表 5-7　地下水污染概念模型——污染过程

数据源（示例）	剖面图	关系图
（1）不同时间的水质监测结果。指标包括有机物污染指标 NO_3^-、SO_4^{2-}、Fe、碱度、氯化物等； （2）实验室分析 f_{oc}； （3）土壤气体监测； （4）野外监测：pH 值、E_h、DO、温度等	 土壤中气体的挥发 河道稀释 有机物的吸附 非水相液体在地下水中溶解	样品分析表明，钻孔中溶解性有机物的突破，随时间延长而增加，但是，包括最近一次监测结果在内，数据不足以确定长期的变化趋势 水质分析表明存在降解，但是没有足够数据定量描述其过程
不确定性分析	**概念模型描述**	**概念模型转化为数学模型**
（1）污染物的计算范围与观测范围是否存在显著差异； （2）计算中使用的衰减方程或导水系数值	（1）影响污染物迁移的过程：非水相液体在地下水中溶解，对流与弥散；污染物的吸附，污染物的生物降解。 （2）初步计算时仅假设对流、弥散、吸附过程，保守估计污染与迁移可达范围比实际观测的污染物分布要远	有机物吸附通过线性等温线表征，其阻滞因子计算如下：$R = 1 + \dfrac{f_{oc} \times k_{oc} \times \rho}{n}$ 参数来源： 有机物部分（f_{oc}）来自土壤样品分析；密度（ρ）来自土壤分析；孔隙度（n）来自参考文献值，需要与土壤水分含量比较；分配系数（K_{oc}）来自文献参考值。 基于样品算数平均值所得的值需要进行灵敏度分析，以确认关键参数。因为尚无足够信息证实生物降解存在，当前评估为保守型计算，即忽略污染物降解的过程

5.1.4　污染物迁移转化过程

5.1.4.1　非水相液体污染物的物理迁移

（1）非水相液体污染物的物理迁移概述

非水相液体污染物（nonaqueous phase liquids, NAPLs）是指与水不相混溶的液体有机污染物。根据 NAPLs 密度与水的差别可分为轻非水相液体（LNAPL）和重非水相液体（DNAPL）。轻非水相液体（LNAPL），如石油、煤油、对二甲苯（*p*-xylene）等；重非水相液体（DNAPL），如杂酚油、柏油、氯化桂等。

地下 NAPLs 在迁移过程中存在的相态包括液态相、残留相、蒸气相及溶解相。其中，液态相中的 LNAPLs 通过非饱和土层后，以自由态漂浮在地下水的表面游移，DNAPLs 则能穿透含水层而滞留在含水层底部；残留相是指 NAPLs 在迁移路径上必然存有残留物，一旦形成不再移动；溶解相的 NAPLs 随地下水流场运移；蒸气相的 NAPLs 在不饱和带具有挥发过程。混合的有机化合物的溶解浓度可以用下式估算，即拉乌尔定律（Raoul's law）：

$$C_d = SX \tag{5-1}$$

式中　C_d——地下水中的溶解相污染物浓度，mg/L；

　　　S——有机化合物在纯液体中的溶解度，mg/L；

　　　X——有机污染物在自由体中的质量分配比例。

（2）非水相液体污染物在地下介质中的分布

油类污染物进入地下后形成水 - 土 - 气 - 油四相的复杂系统，大大提高了污染调查的难度。图 5-8 为非水相液体污染物在地下介质中的分布，由高到低分别为可流动油相、残留油相、吸附态油相、可流动水溶相、非流动水溶相。人们在下游监测井中检测到的污染物通常属于可流动水溶相，但其通常只占地下总污染质量的一小部分，仅关注此部分污染极易造成舍本逐末，事倍功半的后果。非水相油类（NAPL）污染也常常可以充当"缓释"污染源。有些油比水轻（如 LNAPL），会向下穿过土壤层"漂浮"在潜水面之上，被周边经过的地下水缓慢溶解；有些比水重（如 DNAPL），就直接穿过含水层滞留在其底板附近，而且沿途会遗留油团，此类污染行踪更加诡秘，常常令人头疼。

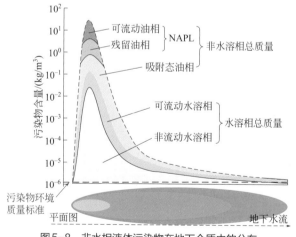

图5-8　非水相液体污染物在地下介质中的分布

非水相液体污染物本身具有流动性，在地下的迁移过程更为复杂。比水密度小的油相污染物简称为 LNAPL，比如常见的石油炬类污染物（图 5-9），到达地下水饱和带后会"漂浮"在潜水面之上而形成长期影响地下水质的二次污染源,地下水会不断溶出有机物并向下游携带,尽管浓度一般较小,但足以长期产生令人不快的气味。比水重的油相污染物简称为DNAPL,例如氯代烃类污染物(图5-10),会在含水层底板附近聚集,长期缓慢向地下水中释放污染物,由于这类污染物毒性高而环境标准值低,会造成地下水长期超标,成为监管难题。

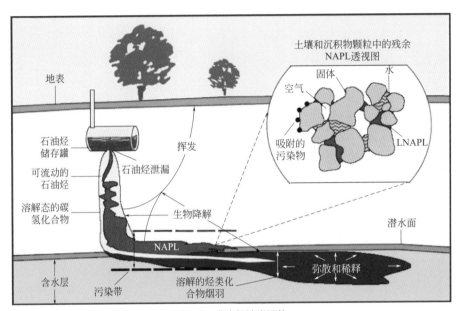

图5-9　非水相油类污染

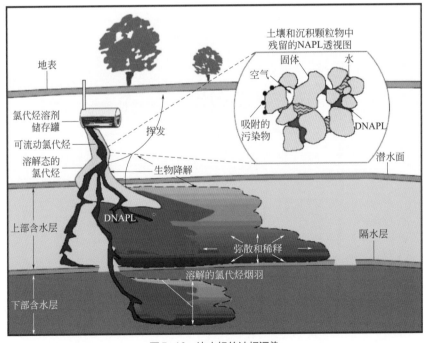

图5-10　比水轻的油相污染

（3）非水相液体污染物在模型中的设置

从微观进程刻画 NAPL 在地下介质中的运移极为困难，在模型实践中，常见的处理方法是将 NAPL 相的空间所处位置在模型中设置为定浓度边界，则等于此物质在水中的溶解度。这种处理方式忽略了 NAPL 本身的运动，重点放在溶解相的运移和衰减上。

5.1.4.2　对流迁移

（1）对流迁移

对流迁移是指溶解态污染物质在含水层中以地下水平均实际流速（即平均流速）迁移的现象。污染物的对流迁移过程取决于含水层性质，主要是渗透系数、有效孔隙度及水力梯度，与污染物本身属性无关。

污染物在地下水中的对流迁移可用达西定律刻画：

$$v = \frac{Ki}{n} \tag{5-2}$$

式中　v——平均水流流速，m/d；

　　　K——渗透系数，m/d；

　　　i——水力梯度，m；

　　　n——孔隙度，m/s。

对流迁移平面形式如图 5-11 所示。

在对流迁移中，污染物浓度在运移过程中不发生损失，一般而言对流是溶质运移过程中的主控因素，渗透系数 K 是本过程的主要参数。

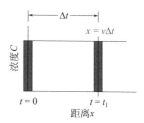

图 5-11　对流迁移

（2）拉格朗日体系和欧拉体系

拉格朗日描述与欧拉描述乃描述流体运动的两种体系。拉格朗日描述取初始时刻（如时间 $t=0$）流体质点的三维位置矢量 $R=(a,b,c)$ 作为空间变量，并标记该流体质点。随着流体的运动，t 时刻的质点运动至新的三维空间位置 $r=(x,y,z)$。显然，r 与 R 具有函数关系：$r=r(R,t)$，或用笛卡尔坐标分量表示为：

$$
\begin{aligned}
x &= x(a,b,c,t)\\
y &= y(a,b,c,t)\\
z &= z(a,b,c,t)
\end{aligned}
\tag{5-3}
$$

该关系其实给出了流体质点在空间的运动轨迹。由此可求出质点运动的速度——流速 v：

$$v = \frac{\mathrm{d}r}{\mathrm{d}t} = \left(\frac{\mathrm{d}x}{\mathrm{d}t}, \frac{\mathrm{d}y}{\mathrm{d}t}, \frac{\mathrm{d}z}{\mathrm{d}t} \right) = v(R,t), \begin{cases} \dfrac{\mathrm{d}x}{\mathrm{d}t} = \dfrac{\partial}{\partial t} x(a,b,c,t) \\ \dfrac{\mathrm{d}y}{\mathrm{d}t} = \dfrac{\partial}{\partial t} y(a,b,c,t) \\ \dfrac{\mathrm{d}z}{\mathrm{d}t} = \dfrac{\partial}{\partial t} z(a,b,c,t) \end{cases} \qquad (5\text{-}4)$$

故流体的任何物理量不仅是时间 t 的函数，也是初始坐标矢量 R 的函数，此种以流体质点初始位置 R 和时间 t 描述流体运动的方法，即所谓的拉格朗日描述，其中 $R=(a,b,c)$ 是拉格朗日坐标。其实，拉格朗日坐标相当于质点的"标签"。所以，拉格朗日描述记录了质点的时间演化，既可追溯质点的既往也可预测质点的未来。

与拉格朗日描述不同，欧拉描述乃现实主义的描述手法。它仅关注"现在"——t 时刻处于空间 $r=(x,y,z)$ 位置的质点。在此描述下，所有物理量皆表示为空间位置坐标 r（欧拉坐标）和时间 t 的函数。所以，欧拉描述所描绘的是流场在不同时刻的瞬时空间分布，其空间坐标 $r=(x,y,z)$ 是纯数学的独立变量。

（3）欧拉体系中的数值弥散

欧拉体系在固定的坐标系考察浓度场的运行。在此过程中，由于网格剖分不可能做到无限小，常常产生"数值弥散"，即在对流过程中产生的虚拟弥散，如图 5-12 所示。

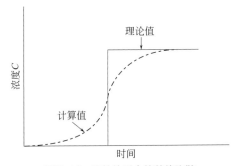

图5-12　欧拉体系中的数值弥散

在数值弥散的作用下，即使不在地下水模型中考虑弥散，污染烟羽在运行中也会自发出现类似弥散的效果。通用的 MT3DMS 代码中包含了下述 5 种算法来解算对流 - 弥散方程。

1）显式差分

此方法使用了泰勒级数展开来近似求导数，其计算过程会产生数值弥散。Zheng 和 Bennett 的文章指出，数值弥散度的大小与网格大小的 1/2 相当。

2）特性曲线法（MOC）

此算法中的数值弥散程度非常低，但计算量较大。

3）特性曲线修正法（MMOC）

此算法降低了一些计算量，但浓度梯度较高的模型区域会产生明显的数值弥散。

4）混合特征法（HMOC）

此算法采用自动手段实了 MOC 和 MMOC 的耦合。

5）Thircl-orcler 总变差减少法（TVD）

此算法使用高阶导数限制了数值弥散，但计算量远大于显式差分法。

应当指出的是，虽然数值弥散是被动出现的弥散，但其表观特征与真实在模型中指定的弥散度没有任何区别。在合适的情况下，如果模型工作人员对数值弥散的大小有把握，可以使用显式差分中的数值弥散代替场地中的实际弥散。

（4）拉格朗日体系中的质点追踪

MODPATH 是一个用来计算质点追踪的程序，它与 MODFLOW 耦合使用。运行 MODFLOW 模拟之后，用户可以指定一系列质点的位置。使用计算所得的流场，模型可以追踪受对流作用影响的这些质点的迁移过程。这些质点可以在时间上向前追踪，也可以向后追踪。质点追踪方法在划定水源井补给区的过程中尤其适用。一旦获取 MODFLOW 流场后，要运行质点追踪只需要：a. 创建质点的位置；b. 指定模型网格的孔隙度信息。

拉格朗日体系中的质点追踪如图 5-13 所示。

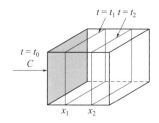

图5-13 拉格朗日体系中的质点追踪

5.1.4.3 弥散

（1）水动力弥散

在研究地下水溶质运移问题中，水动力弥散系数是一个很重要的参数。水动力弥散系数是表征在一定流速下多孔介质对某种污染物弥散能力的参数，它在宏观上反映了多孔介质中地下水流动过程和空隙结构特征对溶质运移过程的影响。

弥散系数测定装置如图 5-14 所示，弥散试验典型结果如图 5-15 所示。

水动力弥散过程包括机械弥散与分子扩散。

① 机械弥散是指由于含水层非均质引起的实际流速与平均流速的差异，导致实际污染羽范围大于仅仅依靠对流计算得到的结果。机械弥散取决于含水层非均质特征与观测尺度，与污染物本身属性无关。

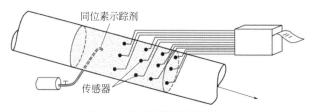

同位素示踪剂

传感器

图5-14 弥散系数测定装置示意

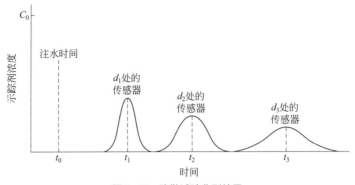

图5-15　弥散试验典型结果

② 分子扩散是指由分子运动引起的溶质在溶液中的随机分散而趋于局部均化的过程。分子扩散取决于污染物性质与浓度梯度，其过程可以用菲克定律描述。分子扩散一般对弥散的贡献非常有限，除非在长时间尺度（如千年）的溶质模拟中。

（2）机械弥散的来源

机械弥散是流速方向和大小不均匀导致的。在土壤孔隙尺度和微观尺度中，弥散的主要来源是孔隙大小不均一、渗流路径长度不均一和流体摩擦。孔隙尺度弥散与微观尺度弥散分别如图 5-16、图 5-17 所示。大尺度机械弥散的来源主要是含水介质的非均质

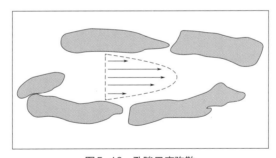

图5-16　孔隙尺度弥散

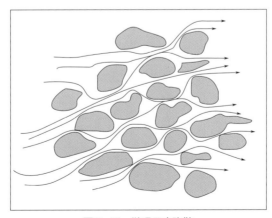

图5-17　微观尺度弥散

性。从某种意义上说，宏观弥散度在很大程度上代表了模型区的非均质性，如果可以通过更精细的勘察将这种非均质性相对流的形式表示出来，那么富裕模型中的表现弥散度也要相应降低。

局地尺度弥散与区域尺度弥散分别如图 5-18、图 5-19 所示。

弥散度的经验取值参见附录 2 中附表 4。

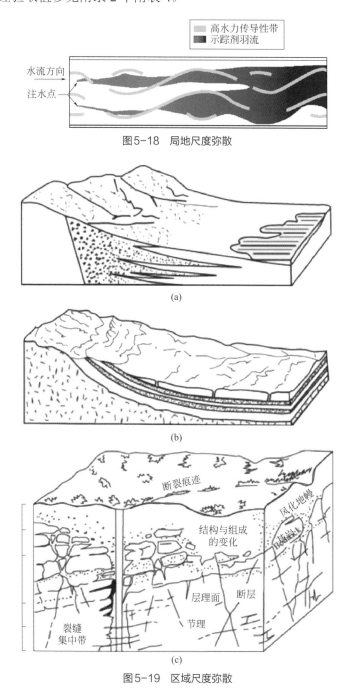

图5-18　局地尺度弥散

图5-19　区域尺度弥散

5.1.4.4 化学与生物过程

（1）吸附作用

吸附作用是指溶解相被多孔介质的固体骨架所吸附的过程。影响吸附作用的因素包括溶解相性质、多孔介质性质及溶液性质等。污染物在地下水迁移过程中发生的吸附/解吸过程可用吸附方程描述，包括线性吸附等温式（适用于溶解相浓度较低）、Freundlich 等温式（适用于溶解相浓度中等）及 Langmuir 等温式（适用于气相物质吸附）。

线性吸附等温式：

$$K_{d} = \frac{C_{s}}{C} \tag{5-5}$$

Freundlich 等温式：

$$K_{d} = \frac{C_{s}}{C^{1/N}} \tag{5-6}$$

Langmuir 等温式：

$$K_{d} = \frac{C_{s}}{C(b - C_{s})} \tag{5-7}$$

式中　K_{d}——分配系数，L/kg；

C——液相中污染物浓度，mg/L；

C_{s}——固相中污染物浓度，mg/kg；

b——污染物最大吸附量，mg/kg；

N——特定化学系数（$4/N$ 范围为 0.7～1.1）。

发生吸附作用的污染物在地下水中迁移速率采用阻滞因子 R 刻画。在吸附条件下，污染物在地下水中迁移速率：

$$V = \frac{u}{R_{f}} \tag{5-8}$$

$$R_{f} = 1 + \frac{\rho K_{d}}{n} \tag{5-9}$$

式中　u——地下水流速，m/s；

R_{f}——阻滞因子；

K_{d}——分布系数，L/kg；

ρ——容重，kg/L；

n——有效孔隙度。

（2）降解与衰变

当研究放射性污染物和有机物在地下水中迁移时，放射性物质的物理衰变和有机物的生物降解会导致其在地下水中的浓度不断降低。污染物的物理衰变和生物降解在数学模型上可用一级反应式刻画。

$$C = C_0 e^{-\lambda} t \tag{5-10}$$

式中　C ——t 时刻后污染物浓度，mg/L ；

　　　C_0 ——污染物初始浓度，mg/L ；

　　　λ ——衰减速率，d^{-1}。

5.1.5　运移模型特征参数资料汇总

参见 5.2.3 部分运移模型特征参数设置。

5.1.6　受体分析

地下水污染一般通过出露地表对人类造成影响，地下水污染出露时所通过的媒介被称为污染受体。污染受体分析是利用污染源地理位置、污染物等值线图及地下水补径排条件综合分析污染物迁移扩散范围，并评估污染物迁移至敏感污染受体的可能性及方式，为地下水污染防治工作提供保护目标。常见污染受体包括取水井、地表水、底泥等，各受体分析包括的要素与内容如下。

（1）水文地质钻孔 / 居民井

地下水污染最直接的危害是对下游取水井水质的负面影响。应结合水文地质单元和地下水流场特征详细调查污染范围下游的集中式或分布式取水井。需要收集的资料包括取水井与污染源间距、取水层位、取水量、取水用途等。取水井水质的变化趋势参见第6 章介绍的方法评估。

（2）地表水

包括泉水、湿地及溪流等。地下水中的污染物可能造成地表水污染。由于地表水采样相对容易，所以应尽量使用简易方法进行大量采样以筛查污染物进入地表水体的主要通道，随后辅以正规的实验室分析。地表水污染有时由事故泄漏或受污染的地表漫流引起，在此种情况下常规时间间隔的水质监测将无法反映污染过程，应在降水过程期间或之后进行采样分析确定污染途径。

（3）底泥

与地表水污染相比，底泥污染更为常见，其危害也更大。与地表水不同，进入底泥中的污染物不易受到稀释或发生降解，从而更为稳定。如果地表水确认受到污染，则需要对底泥的污染状况进行排查。对底泥进行排查的原则与地表水类似，但由于底泥中的污染物常常为无机物或挥发性有机物，简易野外检测装置可能并不适用，所以了解主要污染物的理化性质至关重要。

5.1.7　预测情景概化

5.1.7.1　预测目标

地下水溶质运移模型多用于地下水污染迁移趋势评估，其主要目的是基于地下水污染物的现状分布，定量表达地下水流场和污染物迁移特征，从而预测特定位置的污染物浓度变化。如果污染物释放条件已知，也可模拟污染从释放到监测时间的扩散过程，从而评估污染迁移途径。还有一些解释诊断性的溶质运移模拟，用来解释地下水污染烟羽发展到当前形态的驱动力和主控因子，这种应用在法律责任确定过程中较为常见。模型工作者应明确了解与模拟结果相关的不确定性和局限性，并在评估结果中予以阐述。

5.1.7.2　预测情景

校准和验证完善的模型可用于预测研究区地下水污染在时间和空间上的变化趋势和分布特征，特别是估算特定位置的污染程度以及推测可能的污染途径。

设计合理的模型模拟场景是预测模型应用的核心，因此需要多方协作，明确评估目标，确认评估所关注的关键问题，例如污染扩散的范围、污染扩散的速率、受体受影响程度等。最基本的，对预测模型输入参数的选择可设置成以下两种模拟场景。

（1）最佳估算

将模型参数做最大可能的精确估计，参数取值最大限度反映特定评估区的场地数据。这个模拟场景的运算结果尽可能地接近污染状况，但是没有反映模拟结果的不可确定性。

（2）最差情形

模型参数取最保守的值，反映最差状态下的污染状况。最佳估算和最差情形两个场景之间的不同就反映了模型结果不确定性的大致范围。

5.1.7.3 模型预测情景设计原则

预测模型的边界和参数尽可能与之前校准后的模型一致。一般地说，已经肯定了的条件、参数等在预测中不再变动。但是在有些情况下（如人为边界条件、等效参数等）可能发生变化，需要修改。

提出的环境约束条件要充分可行，要以不破坏或不继续破坏或能够恢复或修复计算区良好生态环境与地下水良性循环为前提。

地下水开采动态预测中的一个重要任务是计算开采井中的水位，这是地下水资源评价和管理中不可缺少的内容。预测水源地的允许开采量和地下水开采动态时，如果有人为的定水头边界，切忌在此边界上布置设计开采井，也不允许在紧邻此边界的单元（即该单元的一边为人为定水头边界）内布置开采井，其道理是显而易见的。

根据国民经济发展规划预测不同行业需水量，作为预报模型的开采条件。需水量应按工业用水、农业灌溉用水、城镇生活用水、农村人畜用水及其他行业用水五类进行预测。地下水预报的外部条件，包括预报期间边界条件、垂向交换的水量等，应根据预测分时段给出。必要时，可建立相应的统计模型或计算区外围的区域大模型。

大气降水和河川径流的预测要尽量接近实际，不易进行短期预测时，要掌握丰、平、枯的周期性。要进行多种方案的对比，使用水文分析方法，形成未来各个年份的大气降水和河川径流的丰、平、枯系列，用作各预测方案的水文气象条件。必要时，用水文气象事件历史重现的方法做对比，选择历史时期出现的大气降水和河川径流的丰、平、枯系列，直接作为各预测方案的水文气象条件。

对于建设项目的地下水环境风险，要综合考虑多种工况下的事故风险，最佳估算和最差情形间要有足够弹性，应能囊括现实条件下绝大多数污染场景。

5.2 溶质运移模型构建

5.2.1 溶质运移概念模型的数学表达

5.2.1.1 控制方程

从概念模型到可进行一定机制判断和趋势预测的数学模型，需要依据概化的水文地质条件和污染物迁移转化特征，加入控制方程、边界条件、初始条件、含水层和隔水层的空间分布、外部应力（汇 / 源）以及孔隙介质和其中流体与污染物的物理化学特征，即将概念模型进行数学表达。进而，根据模型需要将场地的具体数据编制为输入文件，提供给计算程序进行计算，于是计算程序和输入文件一起构成具体场地的模型。概念模型的数学表达可以概括为以下几个方面：确定 / 选择控制方程，定义边界条件，定义初始条件，定义源/汇，选择参数（包括水文地质参数、溶质迁移参数以及化学反应参数）。溶质迁移控制方程与水流控制方程可以通过达西定律建立联系。

考虑对流 - 弥散过程的单一化学组分的三维溶质迁移控制方程：

$$\frac{\partial C}{\partial t} = -\left[\frac{\partial(u_x C)}{\partial x} + \frac{\partial(u_y C)}{\partial y} + \frac{\partial(u_z C)}{\partial z}\right]$$
$$+ \frac{\partial}{\partial x}\left(D_{xx}\frac{\partial C}{\partial y} + D_{xy}\frac{\partial C}{\partial y} + D_{xz}\frac{\partial C}{\partial z}\right)$$
$$+ \frac{\partial}{\partial y}\left(D_{yx}\frac{\partial C}{\partial y} + D_{yy}\frac{\partial C}{\partial y} + D_{yz}\frac{\partial C}{\partial z}\right)$$
$$+ \frac{\partial}{\partial z}\left(D_{zx}\frac{\partial C}{\partial y} + D_{zy}\frac{\partial C}{\partial y} + D_{zz}\frac{\partial C}{\partial z}\right)$$

（5-11）

上式可以简写为：

$$\frac{\partial C}{\partial t} = \frac{\partial}{\partial x_i}\left(D_{ij}\frac{\partial C}{\partial x_j}\right) - \frac{\partial}{\partial x_i}(u_i C)$$

（5-12）

如果考虑汇源项、孔隙介质对溶质的吸附解吸作用和放射性衰变作用，则上式可写成一般形式：

$$R\frac{\partial C}{\partial t} = \frac{\partial}{\partial x_i}\left(D_{ij}\frac{\partial C}{\partial x_j}\right) - \frac{\partial}{\partial x_i}(u_i C) + \frac{q_k}{n}C_k - \lambda\left(C + \frac{\delta}{n}\times\frac{\partial s}{\partial t}\right)$$

（5-13）

式中　　R ——阻滞因子，其值通常大于 1；

　　　　n ——介质孔隙度；

　　　　C ——溶质的浓度；

　　　　t ——时间；

　　　　x ——在直角坐标系下沿 x 方向上的距离；

　　　　D ——水动力弥散张量；

　　　　u ——孔隙水流实际速度；

　　　　q_k ——单位体积含水层给出或接受流体的数量，代表源汇项，正值代表源，负值代表汇；

　　　　C_k ——源汇项中溶质的浓度；

　　　　δ ——含水层的干容重；

　　　　s ——固体颗粒吸附的溶质浓度；

　　　　λ ——放射性元素蜕变（或生物降解）常数。

5.2.1.2　控制方程的解析解

控制方程是放之四海而皆准的客观规律，利用数学方法对地下水运动方程和溶质运移方程进行直接求解的计算方法叫作解析法。控制方程可能的解有无数组，必须存在额外的条件（即定解条件）方能给出针对具体问题的唯一解，这也是微分方程求解的基本特征之一。定解条件包括边界条件和初始条件（对非稳定流的情况）。从实用角度看，即使在数值方法相当发展后，解析解作为一种简单而实用的粗算手段仍不失其重要价值。一般来说，可以首先利用解析解进行区域性拟合，倘若结果已经满意，则解析解即可作为最终结果，否则也可能启发人们去发现存在非均质或者存在越流等复杂条件，为进一步进行数值计算提供设计模型的依据，为模型校准提供好的初值和可能的变化范围。

5.2.1.3　控制方程的数值解

用离散化方法求解数学模型微分方程近似解的方法叫作数值法，数值解适用于各类复杂的解析解无法解决的水文地质条件。常用的数值模型的求解方法有有限差分法和有限元法。数值解模型可以更精确地体现地下水系统行为的各个方面，它能提供更强有力的工具表征和理解污染物迁移状况。同时数值模型具有相对较高的置信度，能够模拟随时间变化的地下水水流与污染物迁移情况。数值模型的构建需要定义合适的模拟区域，构建网格，选择合适的模拟软件来体现研究区域的水流以及污染物迁移特征，对比可靠的现场数据对模型进行校准以选择和调整合适的参数值，参考历史数据对模型进行验证，以及进行敏感性分析来分辨模型输入条件的敏感性。经过可靠校准的数值模型最终可用于合理预测污染物迁移扩散的时空趋势。建立和使用数值模拟需要有较高相关教育背景的专业人员，对相应的资料、数据要求也较高。

5.2.1.4　边界条件

溶质迁移模型的边界条件也有三类，即定浓度边界（Dirichlet 条件）、定浓度梯度或弥散通量（Neumann 条件），以及定浓度和浓度梯度（Cauchy 条件）。溶质运移不但受边界条件的影响，还受支配它的水流和迁移边界条件共同作用，边界条件控制模型边界溶质的流入和流出。在实际应用中要注意结合水流方程的定流量边界，迁移方程的定浓度或定浓度梯度边界，综合考虑之后确定合适的迁移模型边界。

溶质迁移模型边界条件的数学表达如下。

（1）给定浓度边界（Dirichlet 界条件）

在边界上的浓度是已知的。若在边界 B_1 上 (x, y, z) 点处 t 时刻的浓度值为 $f_1(x, y, z)$，则第一类边界条件可表示为：

$$C(x,y,z,t)\big|_{B_1} = f_1(x,y,z,t) \quad (x,y,z) \in B_1 \tag{5-14}$$

式中　　B_1——评估区 D 的第一类边界；

$f_1(x,y,z,t)$——B_1 上的已知函数。

（2）给定弥散通量边界（Neumann 边界条件）

在边界上的弥散通量是已知的，即：

$$-D\frac{\partial C}{\partial x_j}n_i\big|_{B_2} = f_2(x,y,z,t) \quad (x,y,z) \in B_2 \tag{5-15}$$

式中　　$f_2(x,y,z,t)$——已知函数；

n_i——x，y，z 方向上的外法线方向余弦。

（3）给定溶质通量边界（Cauchy 界条件）

在边界上的溶质通量是已知的，即：

$$\left(Cv_i - D\frac{\partial C}{\partial x_j}\right)n_i\big|_{B_3} = f_3(x,y,z,t) \tag{5-16}$$

式中　　$f_3(x,y,z,t)$——已知函数；

v_i——x，y，z 方向上的流速分量。

5.2.1.5　源/汇

源/汇表示水流或污染物进入或离开体系的机制。在溶质迁移控制方程中，源/汇项表示溶于水的溶质通过源进入或通过汇离开流场，因此源/汇的描述可以用边界条件的表达式。源和汇大致分为内部和外部两类。外部源/汇实际上代表的是边界条件，如模拟中沿边界的指定水头、指定流量以及水头变化的水流单元。内部源/汇指位于有效水流模拟区域内部的源和汇项，例如井、掩埋式排水沟、补给作用、蒸腾作用，以及河、湖、池塘等地表水体。在三维或剖面模拟中，仅仅发生在地下水体系的上表面过程的源汇，例如补给、蒸腾以及地表水体的渗漏，实际被看作边界条件。此外，其区别仅在于名称而不在于在模型中的表达。大多数计算程序中模拟编辑边界条件与内部源/汇的方法没差别。但是，有时某些过程作为溶质源处理，但它们并不是水流和迁移方程中所表示的水力源。例如进入含水层的 NAPL 缓慢溶解于研究区域的地下水中，此时存在溶质源，但没有水流加入系统。此时，可用加入一个或多个定浓度单元来表示，或者用一个溶解反应项来处理。

模拟前要指定内部源和潜在源点的浓度，这和处理边界单元是相同的。需要注意的是不同的源浓度处理方式不同，首先需要确定区域内所发生的物理、生物和化学过程的特征。对于浓度随时间变化的源，注意区别不同浓度加载的函数。常见的浓度加载函数包括以下 4 种：

① 脉冲载入（短期）；

② 连续源载入，浓度为常数（长期）；

③ 连续源载入，浓度随时间变化（长期）；

④ 连续源载入，浓度衰减。

5.2.1.6　MODFLOW 与 MT3DMS 耦合

MODFLOW 是世界上使用最广泛的三维地下水水流模型。专门用于孔隙介质中地下水流动的三维有限差分数值模拟，由于其程序结构的模块化、离散方法的简单化及求解方法的多样化等优点，已被广泛用来模拟井流、溪流、河流、排泄、蒸发和补给对非均质和复杂边界条件的水流系统的影响。

MT3DMS 是一套基于有限差分方法的污染物运移模拟软件，用于模拟地下水中单项溶解组分对流、弥散和化学反应的三维溶质运移模型，近年来在国外水文地质和水环境模拟等领域的研究中已经得到较为广泛的认可。MT3DMS 不仅比较全面地考虑了污染物在地下水中的对流、弥散和化学反应等过程，而且可以灵活处理各种复杂的源汇项和边界条件，能够准确模拟承压、无压和越流含水层中的污染物运移过程。MT3DMS 具有模块化的程序结构，允许独立或者联合进行运移组分模拟。

模拟计算时，MT3DMS 需和 MODFLOW 一起使用。目前 MT3DMS 与地下水流模型 MODFLOW 已实现无缝连接，支持 MODFLOW 所有的水文和离散特性（包括 1988 版、1996 版、2000 版和 2005 版），已经广泛用于研究项目和野外模拟实例中。MT3DMS 具有求解物质运移问题的独特套装选择，包括全隐式有限差分法（FDM）、基于特征值质点追踪（MOC）及其变异方法，以及遵循质量守恒并能使数值弥散和人工振荡最小化的三阶总变量衰减法（7VD）。MT3DMS 用于求解三维对流、水力弥散、分子扩散、控制平衡或限制比率的吸附以及一阶或零阶动力学反应。MT3DMS 也可以采用双重介质质量运移公式求解受优先流影响的溶质运移。MT3DMS 最近新增内容包括运移物观测（TOB）程序包，支持 MODFLOW 多结点井（MNW）和有回流的排水沟软件包，以及通过零阶动力学模拟地下水年龄的新功能。

5.2.2　基于水流模型的结构更改

5.2.2.1　模型区域更改

溶质运移模型的搭建建立在校准后的水流模型基础上。地下水的流动具有区域性，

往往补给区和排泄区相隔甚远，但具有内在联系；而污染或潜在污染区域只占完整水文地质单元中的一小部分。所以，存在一种模型嵌套的技巧，为了迁就地下水的实际边界，水流模型覆盖的面积较大。水流模型校准之后，在其中选取能够涵盖污染全部生命周期的局部范围，建立精细的溶质运移模型。为了实现缩小模型范围的目的，常常需要设置虚拟边界，而这些边界的设置则主要依靠从水流模型中所获取的知识和信息。

5.2.2.2　剖分细化

在溶质运移模拟中，溶质在地下水中的运移特征与含水层的岩性、孔隙率、滞留系数等参数密切相关。例如，孔隙率越小，迁移速率越大；滞留系数越大，迁移速率越小。因此，在从水流模型向溶质运移模型转换时，结合已有的钻孔信息、剖面资料、水文试验成果，常需要进一步细化模型的垂向分层和水平分区，精确刻画溶质运移过程。

5.2.3　运移模型特征参数设置

5.2.3.1　孔隙度

孔隙度决定渗流速度，进而控制对流迁移过程，是溶质运移模型的必选参数。另外，孔隙度还决定模型单元中储存溶质的孔隙体积。一些沉积物地层的孔隙度代表值参见附表 3。

5.2.3.2　水动力弥散系数

弥散度受实验或观测尺度的影响。通常观测到的横向弥散度比纵向弥散度小，而且也受观测尺度影响。垂直方向上的横向弥散度比水平方向上的横向弥散度小。根据经验，当缺乏场地的实测数据时，水平横向弥散度的取值应该比纵向弥散度约小一个数量级。垂直横向弥散度取值应该比纵向弥散度约小两个数量级。现阶段，考虑到在野外获得弥散度的难度和成本，大多数实际模拟研究中依靠参考资料中的经验数值。关于弥散度的更多讨论参见 5.1.4.3 部分弥散相关内容。

5.2.3.3　其他参数

（1）吸附常数

描述平衡可逆吸附关系最常用的有线性等温线，Freundlich 以及 Langmuir 等温线。

当前线性等温线在应用上比其他两种关系广泛。线性等温线使用一个分配系数 K_d 来定义溶解相浓度与多孔介质中被吸附的物质的浓度之间的关系。一些代表性的 K_d 值可参考附录 2。

（2）动力学反应速率

常见的动力化学反应是一级不可逆速率反应，如放射性元素的衰变，以及某种有机物污染物由于水解、微生物作用发生的降解。速率常数常用半衰期表示。一般来说，溶解相与吸附相以相同的反应速率衰变与降解，因此两相只需要一个速率常数。但有些反应需要两个不同的速率常数，一个对应于溶解相，一个对应于固相。溶质运移模拟中所关注的多种放射性核素的半衰期以及多种类型的非水相有机化合物半衰期的范围可参考常用水文手册。

5.2.4 源项设置

不同的源项处理方式不同，首先需要确定区域内所发生的物理、生物和化学过程的特征。常见的浓度加载方式包括以下几种。

（1）定浓度污染源

一般用于渗漏结构的模拟，例如存在渗漏的垃圾填埋场、池塘、残留的 NAPL、矿山废料、排水沟、渗滤床等。这些污染源会持续产生污染的沥出物 / 液，而污染源的总质量可以看作无限大，地下水流经它们从而被污染。该假设一般来说是合理的，因为污染源的质量通常是远远大于可溶解的质量。因此这类污染物可看作是被动的污染源，可概化为定浓度边界。该类型污染物浓度存在上限，为该污染物最大可溶解的质量（溶解度，可以用拉乌尔定律计算）。需注意的是，当溶质的溶解度一定时，从定浓度边界进入模型的溶质质量完全由水流模型决定，所以这是一类被动的浓度边界，无需核对释放到模型中的物质的总质量。

（2）补给浓度污染源

上述定浓度边界可以和水流模型中的水力边界耦合，从而模拟具有确定流入量的污染源。所需参数为补给速率、补给浓度以及持续时间，如果速率或浓度不恒定，则需给出每个应力期下的变化情况。例如注水井可以用补给浓度边界描述，需要知道补给量和注水中物质的定浓度。如果选择补给浓度边界来描述污染物的沥出过程，则需要评估目标污染物的溶解速率。溶解速率通常通过模型校准确定，因为一般而言建模人员对于物质在地下水间的质量传递系数、源项与水体的接触面积以及地下水水流速度对于溶解速率的影响等因素的理解有限。通常，地表水体可以概化为定水头和定浓度边界。但是，

对于地表滞水，则概化为定流量或者第三类混合边界更为恰当。另外，沟渠等地表水体也可以接受地下水的排泄。

（3）初始浓度

脉冲载入类的污染源由于是瞬时源，可以直接使用特定单元格的初始浓度来模拟污染事故的后果，这时需要使用模型单元格的物理特征（长宽高、孔隙度、容重等）仔细核算瞬态载入模型的溶质总量，尽量贴合实际中可能发生的情况。需要注意的是，如果模型中规定了吸附常数 K_d，用户在模型中规定液相初始浓度时，也同时会根据 K_d 值为固相指定相应的浓度值，此时核算真正载入模型溶质总量时，要将液相值和固相值统一计算，不可疏漏。另一类适合使用初始浓度载入溶质的情形是已经对污染源进行清理的污染场地，还残存以吸附态赋存在土壤和地下水中的污染物，这时可以使用初始浓度和 K_d 值联合对模型中的初始溶质质量进行设置。污染物在地下水和土壤介质中的质量计算公式如下：

$$M_w = C_w n V \tag{5-17}$$

$$M_s - C_s(1-n) = \rho_b V \tag{5-18}$$

式中　　M_w——地下水中的污染物质量；

M_s——土壤中的污染物质量；

C_w——地下水中的污染物浓度；

C_s——土壤中污染物的浓度；

n——孔隙度；

V——地下水的体积；

ρ_b——介质的体积密度。

模型中关于污染源的设定一般争议较多，且不确定性较高。大多数情况下，已知或者可观测的是污染源的影响，而非污染源本身。监测项目很大可能没有监测到污染羽中的最大浓度，例如如果存在 NAPL 污染羽，土壤中污染物的质量并不确定。这种情况下，将污染源（有效污染源）假想为黑箱，通过定质量通量或者下游的浓度描述源项。该方法的不足之处在于，污染源的影响没有被充分评估和理解，因而造成源项定义的偏差。

5.2.5　溶质运移模拟期划定

应根据模拟目标和地下水系统的特征设定预测模型模拟时段和时间步长。预测长期稳定的应力或边界条件下的地下水系统响应时，预测模型可以是稳定流模型。如果使用模型模拟建设项目对水资源的影响，有时需要非稳定流模型对项目建设和运行期的地下水动态进行模拟。如果地下水系统的动态会影响地下水水位，如潮汐、季节性补给等，则非稳定流模型的时间步长应与地下水水位的波动相符。

[1] 易立新，徐鹤.地下水数值模拟：GMS应用基础与实例[M].北京：化学工业出版社，2009.

[2] C.W.Fetter，孙晋玉.应用水文地质学（第四版）[M].北京：高等教育出版社，2011.

[3] 郑西来，王秉忱，佘连宗.土壤-地下水系统石油污染原理与应用研究[M].北京：地质出版社，2004.

第

6

章

预警体系建立

6.1 地下水污染预警概述

地下水污染源点多面广、种类繁多，不同类别污染源对地下水产生影响的途径和程度也不同，对于能够充分反映地下水环境污染的指示性因子急需开展精准识别与科学诊断；另一方面，由于地下水污染状况不清、地下水污染过程及主控因子不明，亟待有针对性的地下水污染预警指标体系和地下水污染预测预报技术作指导，为地下水生态环境安全精细化管理提供重要抓手。

结合不同区域尺度实际情况，要实现成功的地下水污染预警取决于以下 4 个方面[1]：

① 特征污染物的识别；

② 预警体系的指标选取；

③ 预测分析与预警判断；

④ 自动化的预警管理系统。

本章节主要讨论开展不同空间尺度的地下水污染指示性因子筛选方法研究。在分析水文地质条件和地下水污染特征的基础上，从地下水污染预警和地下水污染防控角度提出了地下水污染指示性因子指标体系构建原则和方法，并构建了区域尺度和场地尺度地下水污染指示性因子指标体系；基于污染源因素、地质因素、地下水水质及动态因素和地下水价值因素，构建了区域尺度和场地尺度地下水污染预警模型。这些成果最后都需要通过"地下水自动化监测预警管理系统"和"地下水污染快速应急预警决策系统"实现自动化运行。

6.2 地下水污染指示性因子筛选方法

随着人类活动对环境的影响，进入地下水的污染物种类越来越多，如石油烃类、化肥和农药等有机污染物在地下水中的检出率越来越高。地下水科学工作者对地下水中的污染物进行分类和筛选研究。在污染物分类方面，不同行业学者针对污染物提出各类概念，如污染物、主要污染物、典型污染物、优先控制污染物、潜在污染物、特征污染物、污染因子、特征污染因子，也建立了各类指标体系，如地下水环境指标体系、地下水污染评价指标体系、地下水污染现状指标体系、地下水脆弱性评价指标体系、地下水功能评价指标体系、地下水健康风险评价指标体系、地下水污染预警指标体系、地下水源地评价指标体系、地下水污染防控指标体系、地下水资源承载力评价指标体系和地下水资源可持续利用评价指标体系 11 个方面。针对指标体系，开展了大量地下水污染物筛选和指标筛选方法研究，集中于数学和统计方法，主要的有德尔菲法、主成分分析法、层次分析法、广义方差极小法、灰色关联度分析法[2]。

什么是地下水污染指示性因子，如何定义？地下水污染指示性因子与其他污染物及指标的关系？研究地下水污染指示性因子有什么科学价值和实用价值？地下水污染指示性因子如何筛选？这些都是研究的主要内容。本章的目标是提出地下水污染指示性因子概念、指标体系的建立、指示性因子筛选和确定原则及方法，也为地下水污染预警、监测和防控提供科学支撑。

6.2.1 地下水污染指示性因子概念厘定

6.2.1.1 与地下水污染指示性有关的相关概念辨析

（1）地下水污染物与特征污染物

污染物是指进入环境后能够直接或者间接危害人类的物质。污染物可以定义为：进入环境后使环境的正常组成发生变化，直接或者间接有害于生物生长、发育和繁殖的物质。污染物有多种分类方法，按污染物的来源可分为自然来源污染物和人为来源污染物；按污染物的性质可分为化学污染物、物理污染物和生物污染物；按污染物在环境中物理、化学性状的变化可分为一次污染物和二次污染物；按污染物对人体的危害，还可分为致畸物、致突变物和致癌物、可吸入的颗粒物以及恶臭物质等[3]。

特征污染物是指项目排放的污染物中除常规污染物以外的特有污染物，主要指项目实施后可能导致潜在污染或对周边环境保护目标产生影响的特有污染物，特征污染物能够反映某种行业所排放污染物中有代表的部分。

（2）污染因子与特征污染因子

污染因子是对人类生存环境造成有害影响的污染物的泛称，涵盖涉及环境污染的所有范畴。特征污染因子是引发污染事故、造成重大污染危害的关键因素。污染因子和特征污染因子都具有鲜明的行业特点，部分行业废水的污染因子见表6-1。

表6-1　部分行业废水的污染因子

序号	建设项目类别		污染因子
1	城市生活污水及生活污水处理场		pH值、BOD$_5$、COD、悬浮物、TP、NH$_4^+$-N、表面活性剂、磷酸盐、水温、细菌总数、大肠埃希菌、动植物油、色度、DO
2	黑色冶金（包括选矿、烧结、炼焦、炼钢、轧钢等）		pH值、COD、悬浮物、硫化物、氟化物、挥发酚、石油类、Cu、Pb、Zn、Cd、Ni、Cr、Mn、As、Hg、Cr^{6+}
3	火力发电（热电）		pH值、COD、悬浮物、硫化物、石油类、水温、氟化物等
4	煤矿（包括洗煤）		pH值、COD、悬浮物、硫化物、石油类、As
5	焦化及煤气制气		pH值、COD、BOD$_5$、悬浮物、硫化物、氰化物、挥发酚、石油类、NH$_4^+$-N、苯系物、多环芳烃、As、苯并[a]芘、DO
6	石油炼制		pH值、COD、悬浮物、石油类、硫化物、挥发酚、氰化物、苯系物、多环芳烃、苯并[a]芘
7	制药		pH值、COD、悬浮物、石油类、挥发酚、苯胺类、硝基苯类
8	染料		pH值、COD、悬浮物、挥发酚、色度、硫化物、苯胺类、硝基苯类、TOC
9	合成洗涤剂		pH值、COD、悬浮物、阴离子合成洗涤剂、石油类、苯系物、动植物油、磷酸盐
10	化肥	磷肥	pH值、COD、悬浮物、磷酸盐、氟化物、P、As
11		氮肥	pH值、COD、悬浮物、NH$_4^+$-N、挥发酚、氰化物、As、Cu
12	农药	有机磷	pH值、COD、悬浮物、挥发酚、硫化物、有机磷、P
		有机氮	pH值、COD、悬浮物、挥发酚、硫化物、有机氯
13	皮革		pH值、COD、BOD$_5$、悬浮物、硫化物、氯化物、色度、动植物油、总铬、Cr^{6+}
14	玻璃、玻璃纤维		pH值、COD、悬浮物、挥发酚、氰化物、Pb、氟化物
15	食品加工、发酵、酿造、味精		pH值、COD、BOD$_5$、悬浮物、NH$_4^+$-N、NO$_3^-$-N、动植物油、大肠埃希菌、含盐量

（3）地下水优控污染物与潜在危害物

优控污染物（priority control pollutants，PCPs）是指从众多有毒有害的污染物中筛选出在环境中出现概率高、对周围环境和人体健康危害较大，并具有潜在环境威胁的化学物质，以达到优先控制的目的。地下水中的优控污染物筛选有其特殊性，既要考虑污染物的危害性、含量等参数，也要考虑研究区经济发展水平、水文地质条件以及区域性差异的影响，筛选的对象常以有机物或毒性大的无机物为主。潜在危害物是与优先控制污染物相似的概念。在科学研究和应用中，用到的其他与污染有关的概念还有环境污染物、主要污染物等，与污染有关的概念辨析见表6-2。

污染物和污染因子是对人类生存环境造成有害影响的物质的泛称，一般以水质标准为依据。特征污染物和特征因子是一类有行业特色的对环境危害较大的污染物，根据其出现可以识别污染源。主要污染物是在污染评价或风险评价中占比大的污染物。优控污染物和潜在危害物根据人体健康和环境危害性来筛选需要优先控制的污染物。

表6-2　地下水污染物相关概念

名称	定义	特征
污染物	进入环境后使环境的正常组成发生变化，直接或者间接有害于生物生长、发育和繁殖的物质	按污染物的来源可分为自然来源污染物和人为来源污染物；按污染物性质可分为化学污染物、物理污染物和生物污染物。按水质标准，超过标准即定义为污染物
主要污染物	对环境影响占比大的污染物	针对污染评价、风险评价，监测等不同目的，采用一定程序、应用数学方法进行筛选获得
特征污染物	项目排放的污染物中除常规污染物以外的特有污染物	与污染源密切相关，代表不同类型污染源特征
污染因子	对人类生存环境造成有害影响的污染物的泛称	与污染物相似的概念
特征污染因子	引发污染事故、造成重大污染危害的关键因素	与特征污染物相似的概念
优控污染物	在环境中出现概率高、对周围环境和人体健康危害较大，并具有潜在环境威胁的化学物质	基于污染防控提出的，根据污染物名单、污染源、对环境和人类健康危害，以污染防控为目的，综合评价筛选获得
地下水潜在危害物	还没有相应的参考标准，对人类健康和环境危害较大的物质	与优控污染物相似的概念，根据评估对环境和人类健康危害，通过筛选获得

6.2.1.2　地下水污染指示性因子概念

（1）指示性的含义及应用

指示性是广泛应用于各学科和社会生活中的一个术语，如指示性语言、指示性标志、指示性价格、指示性文摘等。如指示性标志（indicative mark）是根据商品的特性提出应注意的事项，在商品的外包装上用醒目的图形或文字表示的标志。如在易碎商品的外包装上标以"小心轻放"，在受潮后易变质的商品外包装上标以"防止受潮"，并配以图形指示。在环境科学研究中，常常用一些元素、微生物、细菌等的出现，来指示环境污染或环境演化。生态学研究中筛选出了很多不同的指示生态可持续性的因子，目前已被认定的几个十分有用的指示生态可持续性的因子有流域养分预算、土壤侵蚀与沉积速率、土地利用（非作物植被所占比例）、累积作物产量、动物种群的相对丰富度、分布状况及其数量统计。

在地球化学领域，指示性元素指天然介质中能够作为地球化学特征指标的元素。根据指示性元素对象的不同，可以分为成矿指示元素、伴生指示元素、近程指示元素、远程指示元素、成矿地球化学环境指示元素、岩体指示元素、不同地层和火山岩指示元素、构造指示元素等。如找矿的指示元素可分为通用指示元素、直接指示元素、间接指示元素。

指示性因子或指示性指标在各行业广泛应用，指示性因子的筛选和研究本身就成为一个热点内容。其主要原因是指示性因子（指标）本身具有深刻的内涵，指示性指标能直接或间接指示一个事件的发生和发展。

（2）地下水污染指示性因子概念

目前从公开发表的文献上，尚未查询到地下水污染指示性因子的定义，但是与地下水有关的指示性研究在 20 世纪 80 年代已经开始，研究涉及两个方面：一是其他因素指示地下水的存在或性状，如研究植物指示地下水的存在；另一方面是地下水中的某一种元素（组分、微生物、化合物、有机物）指示地下水环境变化、地下水污染或污染来源等。例如：地下水化学指标的指示性，水文地球化学信息对岩溶地下水流动系统特征的指示意义[4]，福建马坑矿区水化学微量组分的指示作用[5]；同位素的指示性，地下水中同位素与元素组成受其接受补给时气候条件的影响，中国北方第四系地下水同位素分层及其指示意义[6]较高的同位素值指示了较高的年均气温，而低同位素值指示年均气温较低。这些研究表明：地下水的化学宏量组分、微量组分、同位素、惰性气体、离子的比例系数等可以指示地下水污染变化。指示水质变化信息，对实现地下水变化的预警、污染控制具有重要的意义。这是地下水污染指示性因子和筛选方法研究的价值和意义。

笔者及其团队从京津冀地区地下水污染特征以及地下水污染防控的角度出发，给地下水污染指示性因子一个初步定义：在相应的尺度、特定的水文地质条件下，能直观指示地下水污染的类型、污染物的来源、水文地球化学环境、污染变化趋势及环境效应的因子。指示性因子的表示方法有元素、化合物、同位素、比例系数、趋势指示性因子。

6.2.2 地下水污染指示性因子指标体系构建

（1）地下水污染指示性因子指标体系构建原则

地下水污染由于水文地质条件不同、污染物类型不同、污染方式不同具有不同的特征，构建地下水污染指示性因子指标体系时，根据地下水污染指示性因子构建目标和水文地质特征、地下水污染特征，需要考虑的原则包括空间尺度原则、科学性原则、独立性原则和可操作性原则等。

① 空间尺度原则　不同的地区，水文地质条件不同、地下水污染来源和污染特征不同。因此，指标体系应该突出地域特征，因地域不同而不同。根据京津冀地区水文地质条件、地下水污染特征分析，地下水污染特征具有明显尺度效应，因此在地下水污染指示性因子指标体系构建和筛选中首先要考虑尺度效应、分区域尺度和场地尺度，建立地下水污染指示性因子指标体系。

② 科学性原则　指标体系的建立一定要有科学的依据，指标的选取应该能够客观和

真实地反映地下水污染状态及其影响环境，揭示地下水运行规律、污染特征及地下水污染趋势。指标体系结构合理，层次鲜明，简单易懂，符合实际。指标的内涵明确，指标间相对独立和稳定。

③ 独立性原则　选取指标必须明确含义，资料易得，各指标含义不重叠。在较多备选指标的初选及其后的复选中，相关性考察和独立性分析都是进行指标筛选的重要手段。根据地下水环境数据，计算各指标之间的相关系数，以各指标间的总体平均相关系数为标准，将相关性低的指标作为独立性指标，高的作为相关性指标。

④ 可操作性原则　指标体系要充分考虑到指标的量化及数据取得的难易程度和可靠性，尽量利用现有统计资料，选择有代表性的综合性指标和主要指标。指标经过加工和处理，必须简单、明了、明确，容易被人所理解，具有较强的可比性、可测性，并可量化，具有较强的操作。

（2）地下水污染指示性因子指标体系构建

指标体系，是由若干个相互联系、相互补充的指标组成的系列。根据对京津冀地区水文地质条件和地下水污染特征分析，区域地下水污染和场地地下水污染具有明显不同的机制和污染特征，因此在构建地下水污染指示性因子指标体系时，地下水污染场地的尺度效应，分步建立区域尺度和场地尺度的地下水污染指示性因子指标体系。按水文地质单元和典型场地分布划分区域尺度、城市尺度和场地尺度。

① 区域尺度：区域尺度主要指完整的冲洪积平原区、山间河谷盆地、冲洪积扇等，包含以基岩和沉积边界划分一级单元，可进一步根据沉积物成因、时代、岩性特征及富水性特征等进一步划分。

② 城市尺度：城市尺度以城市行政区域为界划分，可以位于不同的水文地质单元位置，且可包括典型场地尺度。

③ 场地尺度：以典型场地地下水污染影响范围划分，典型场地类型根据《场地环境评价导则》，参考《环境影响评价技术导则—地下水环境》（HJ 610—2016）中"附录A 地下水环境影响评价行业分类表"，可分为城镇基础设施及房地产（如养殖场污染场地、水源地、垃圾填埋场）、金属制品（如电镀污染场地、铬渣污染场地）、石化、化工（基本化学原料制造、加油站、石油化工行业、油墨行业）、社会事业及服务业（汽车修理养护行业）等类型。

区域性类型包含典型场地类型。区域性类型区和典型场地类型区之间相互重叠时，根据监测资料，抠除典型区来评价区域地下水污染情况。

不同尺度地下水污染指示性因子指标体系构建框架如图6-1所示。

从地下水地球化学环境变化、地下水污染来源、污染风险和危害等方面选取指标构建不同尺度下地下水污染指示性因子指标体系。构建以目标层、准则层和指标层为框架的地下水污染指示性因子指标体系。以地下水污染指示性因子为目标层；以地下水水文地球化学环境变化、地下水水质演化方向、地下水污染来源、污染类型为第一指标层（相当于准则层），并根据这些因素选取相应的可统计、可量化的指标因子构成指标层。

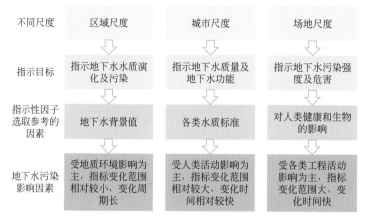

图6-1　不同尺度地下水污染指示性因子指标体系构建框架

因区域尺度和城市尺度地下水污染源具有一定相似性，在构建地下水污染指示性因子指标体系时，将区域尺度和城市尺度合并，因此本书只讨论区域尺度地下水污染指示性因子指标体系构建和场地地下水污染指示性因子指标体系构建。

（3）区域（城市）尺度地下水污染指示性因子指标体系构建

根据指示性因子指标体系的构建原则，指示性因子指示性目标为指示区域地下水环境和污染状况、地下水水质演化方向、地下水污染来源。

根据区域尺度，地下水污染源类型主要为化肥农药、被污染的地表河流及城市污染物和工业场地污染。然后结合各类型污染源的特征污染物建立区域尺度地下水污染指示性因子指标体系，见表6-3。

表6-3　区域尺度地下水污染指示性因子指标体系

指示目标	第一指标层	第二指标层
水文地球化学环境	氧化还原、酸碱性指示因子	Eh、O_2、SO_4^{2-}、Fe^{3+}、S、CO_2、溶解氧、有机物、H_2S、Fe^{2+}、CH_4、NO_3^-、NO_2^-、Cr^{3+}、Tl^{3+}、CO_3^{2-}、As、Hg、Hg_2Cl_2、$Hg(OH)_2$
区域地下水水质演化方向	水-岩作用指示因子	Ca^{2+}、Mg^{2+}、HCO_3^-、SO_4^{2-}、TDS、$\gamma Na^+/\gamma Cl^-$、$\gamma(Ca^{2+}+Mg^{2+})/\gamma(HCO_3^-+SO_4^{2-})$
污染物来源	农业污染指示因子	"三氮"、Cd、COD、BOD、NH_4^+-N、TP、TN、六六六、γ-六六六（林丹）、滴滴涕、六氯苯、七氯、2,4-二氯苯氧乙酸、克百威、涕灭威、敌敌畏、甲基对硫磷、马拉硫磷、乐果、毒死蜱、百菌清、莠去津、草甘膦、邻二氯苯、对二氯苯、三氯苯
	工业污染指示因子	总硬度、总碱度、挥发酚、Cd、Pb、Cu、As、Ni、Hg、Cr、Zn、Tl、Mn、Al、Ag、SO_4^{2-}、游离氧、碱、酸、亚硫酸盐、氨、氰化物、酚、醛、硝基化合物、硫化物、氰化物
	生活污染指示因子	"三氮"、COD、BOD、悬浮物、阴离子合成洗涤剂

（4）场地尺度地下水污染指示性因子指标体系构建

加油站、垃圾填埋场、危险废物处置场等对地下水污染发生在一个水文地质单元中的局部范围，水文地质条件变化相对较小，污染源和污染物具有典型的行业特征，污染物浓度相对较高，污染迁移速度快。

由于场地尺度下的污染源和污染物具有典型的行业特征，污染源具有明显差异，污染物对地下水环境造成污染的表现形式可概括为对环境的污染能力、污染范围、污染持续时间3个方面。以特征污染物的毒性（T）表征其对环境的污染能力，毒性越强，破坏力越大，环境自我修复能力越弱；以迁移性（M）表征其对环境的污染范围，迁移性越强，污染范围越大；以降解性（D）表征其在环境中污染持续时间，降解性越差，污染持续时间越长。不考虑污染物在地下环境迁移过程中所产生的衰减情况，首先构建典型场地污染源危害性评价指标体系（表6-4）。

表6-4　典型场地污染源危害性评价指标体系

目标	一级指标	二级指标
典型场地污染源评价	特征污染物属性	毒性
		迁移性
		降解性

在指标体系构建原则的基础上，以不同场地特征污染源的毒性、迁移性、降解性为准则层，构建典型场地地下水污染指示性因子指标体系（表6-5）。

表6-5　典型场地地下水污染指示性因子指标体系

尺度层	指示目标	准则层	第一指标层	第二指标层
场地尺度	工业区地下水污染指示性因子	地下水环境状况	综合指标	COD、TDS
			无机指标	Cl^-、NO_3^-、NH_4^+、Cr^{6+}、Mn、Fe、氰化物、耗氧量、总硬度
			有机指标	苯、二甲苯、四氯化碳、苯并[a]芘、石油类、挥发酚、硝基苯类、苯胺类、阴离子合成洗涤剂、二氯甲烷、单环芳香烃、氯代烃、邻二甲苯、二甲酸酯类
	农业区地下水污染指示性因子	地下水环境状况	综合指标	COD、TDS
			无机指标	NH_4^+、Cr^{6+}、Mn、硝酸盐
			有机指标	阴离子合成洗涤剂、四氯化碳、苯并[a]芘、石油类、苯、乙苯、七氯、硝基苯类、氰化物、三氯乙烯、甲醛和挥发酚
	垃圾场地下水污染指示性因子	地下水环境状况	综合指标	COD、TDS、BOD_5
			无机指标	Cl^-、NH_4^+、Cr^{6+}、SO_4^{2-}、Mn、Fe、总硬度、NO_3^-、NO_2^-
			有机指标	TOC、苯、氯代烃、酚、粪大肠埃希菌、细菌总数
	加油站地下水污染指示性因子	地下水环境状况	综合指标	COD、BOD
			无机指标	—
			有机指标	芳烃类（苯、甲苯、苯并[a]芘）、甲基叔丁基醚、石油烃、丙酮、石油、阴离子表面活性剂

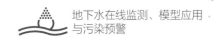

（5）地下水污染指示性因子的指示意义

部分具有地下水污染指示意义的指标见表6-6。

表6-6　部分具有地下水污染指示意义的指标

指示目标	第一指标层	第一指标层指标意义	
水文地球化学环境	指示原生环境	Eh 指示氧化还原环境：$Eh < 0$，还原环境；$Eh > 0$，氧化环境	
		Fe^{2+} 指示地下水处于还原环境，Fe^{3+} 指示地下水处于氧化环境	
		H_2S 指示地下水处于还原环境；富含 H_2S 和 CH_4 的地下水，指示封闭的还原环境	
		氟离子的富集并趋于稳定指示偏碱性的地下水化学环境	
		地下水 As 高指示强还原环境	
		SO_4^{2-} 趋势性增加指示环境向氧化方向变化	
		Cr^{3+} 指示还原条件	
		溶解氧含量大量降低，指示水中的污染物超过了一定的限度	
区域地下水水质演化方向	指示水岩作用	HCO_3^-、Ca^{2+} 和 Mg^{2+} 为水 - 岩作用指示性指标	
		$\gamma Ca^{2+}/\gamma HCO_3^-$ 的比值减小，指示地下水深部溶滤作用小	
		$\gamma Na^+/\gamma Cl^-$ 指示地下水的变质程度	
		$\gamma(Ca^{2+} + Mg^{2+})/\gamma(HCO_3^- + SO_4^{2-})$ 指示离子的来源	
		$\gamma NO_3^-/\gamma Cl^-$ 指示地下水浓缩或稀释效应，辅助判别地下水是否遭受硝酸盐污染的标准	
		地下水中 HCO_3^-、Ca^{2+}、Mg^{2+} 减少，指示矿化度（TDS）降低	
污染物来源	指示农业污染	"三氮"含量异常指示过量施肥	
		五氯酚（PCP）、六六六、γ- 六六六（林丹）、滴滴涕、六氯苯、七氯、2,4- 二氯苯氧乙酸、克百威、涕灭威、敌敌畏、甲基对硫磷、马拉硫磷、乐果、毒死蜱、百菌清、莠去津、草甘膦指示农药污染	
		COD、BOD、NH_4^+-N、TP、TN 指示畜禽粪便污染	
	指示工业污染	造纸厂	游离氧、碱度、亚硫酸盐、2,4,6- 三氯苯酚、挥发性酚
		化工厂	游离氧、氨、氟化物、酚、醛、硝基化合物、酸、Hg、碱度
		指示重金属污染	汞主要来自化工、仪表厂、冶金、机械等工业所排出的废水
			Cr 对水体的污染主要来自电镀、制革、染料、制药、皮毛加工、机械工业等排放的废水
		指示有机污染	苯、氯代烃、酚、粪大肠埃希菌指示生活垃圾污染源
			二氯甲烷指示油漆、涂料污染
			二甲苯指示染料、医药、农药、化工污染
	指示生活污染	"三氮"指示生活污水	
		总硬度指示生活污水	
		化学需氧量（COD）超标指示生活污水	
		生化需氧量（BOD）超标指示生活污水	
		悬浮物超标指示生活污水	
		阳离子合成洗涤剂指示生活废水（洗碗水、洗衣水等）	

续表

指示目标	第一指标层	第一指标层指标意义
污染类型	物理污染（颜色、气味等）	水体变红指示甲藻过多
		水体变绿指示水质过度营养化、硝化系统衰退
		悬浮物质指示生活污水，垃圾和采矿、采石、建筑、食品加工、造纸等产生的废物泄入水中
		水体发臭指示生物繁殖和腐烂，有机物质的腐败、分解，二氧化硫、硫化氢、氮氢化合物气体的溶解
		黑臭指示过量纳污导致的水体供氧和耗氧失衡
	生物污染（病毒、细菌）	短波单胞菌指示地下水硝酸盐污染
		变形菌门指示地下水硫酸根污染
		假单胞菌属和产碱杆菌属指示土壤硝酸盐浓度较高
		大肠埃希菌指示污水排放，其数量可指示水质是否受到病原微生物污染
		粪大肠埃希菌（FC）、脊髓灰质炎病毒、产气荚膜梭菌、ECHO病毒指示地下水粪便污染
		鼠伤寒沙门氏球菌指示糠醛厂污水排放

6.2.3　地下水污染指示性因子筛选思路

地下水污染指示性因子指标体系是根据场地类型的水文地质条件和污染源特征构建的具有指示意义的指标体系，不是针对某个地区或区域提出的，其包含的指标种类多、数目大，指标间信息可能重叠，如果不加选择，把所有指标都作为一个地区的指示性因子是不合理的。因此，不同地区不同尺度地下水指标体系的建立，还要根据不同地区的水文地质条件、地下水污染状况和特征、地下水生态环境状况和地质环境状况，采用一定的方法筛选。在地下水科学领域，在地下水优先控制污染物筛选、地下水中主要污染物筛选方面提出了多种筛选方法，见表 6-7。

表 6-7　地下水污染指标筛选方法

筛选方法	方法特征	优缺点	代表性文献
综合评分法	综合评分法是运用给待选化合物逐一打分的方式，通过其综合得分的先后排序来达到筛选的目的。筛选之前需要设定评分参数及其权重，将各污染物的数据分级赋予不同的分值，最后设定有一定间隔的分数线筛选出相应数量的指标	综合评分法使用起来简单易行，且纳入指标相对全面。但是不同污染物在不同指标上的数值存在矛盾的情况无法反映在总分值上。另外某些参数的分级赋值较困难，不同的赋值范围及权重的确定通常都带有一定的主观因素。该法多用于污染物种类较少、选取区域范围较小的情况。范围较大且污染物种类较多时此方法就具有一定的局限性	综合评分指标体系在环境优先控制污染物筛选中的应用；运用改进综合评分法筛选典型污染物的研究——以大武水源地地下水典型污染物筛选为例；应用综合评分法筛选下辽河平原区域地下水典型污染物；综合评分法筛选水污染物排放控制因子

筛选方法	方法特征	优缺点	代表性文献
潜在污染指数法	该方法将化学物质对人和生物的毒效应作为主要参数，利用各种毒性数据通过统一模式来估算化学物质潜在危害大小，通过排序，达到指标筛选的目的	快捷简便、可比性强，可以筛选缺少环境标准的复杂化学物质，综合考虑了污染物的一般毒性、特殊毒性以及累积效应和慢性效应等。不足之处是缺乏对环境暴露和污染物在环境中转归作用的考虑，因此当该法与其他方法综合应用时会更为客观	下辽河平原区域地下水典型污染物的筛选；松花江吉林市江段水体特征污染物筛选研究；南方部分地区饮用水优先控制污染物筛选研究
层次分析法	层次分析法是将与决策总是有关的元素分解成目标、准则、方案等层次，在此基础上进行定性和定量分析的决策方法	相比于其他方法，层次分析法不仅理论简单，能够做出定量和定性的分析，且具有良好的系统性，是对系统的各组成部分及各因素的关系和系统环境的研究，可用于对复杂问题的决策	我国地下水环境优先控制有机污染物的筛选；基于蒙特卡罗法和层次分析法的污染场地地下水修复技术筛选方法研究
分级评分法	该方法是对所选因子进行分级赋值，然后结合层次分析法对各因子赋予权重，最后将各个因子的赋值与该因子的权重进行乘积然后相加，对计算数值进行排序，达到指标筛选的目的	分级评分法可以有效解决由于单个因子内部参数的悬殊性对结果造成的影响，但在权重设置时存在人为影响	基于地下水污染评价的主要污染物筛选识别方法——以兰州市为例；地苏地下河系地下水污染风险评价及典型污染物识别探究
密切值法	该方法以单指标的最大或最小值的极端情况构造"最优点"和"最劣点"，求出各样本与"最优点"和"最劣点"的距离，最后将这些距离转化为具有代表性的综合指标	密切值法概念清晰，每一参数意义明确，每一步骤意图明了，计算方法较为灵活，具有较强的可行性、合理性和实用性。此外，计算简单，计算量小，可处理的数据量大。但是密切值法要考虑的因素很多，各指标间的关系错综复杂，很难对其做精确化和定量化的处理	用密切值法进行海域有机污染物优先排序和风险分类研究；小清河沿岸地下水中有机污染物优先排序的研究
模糊综合评判法	由于信息素养评价指标各要素没有明确的外延边界，很难对各要素量化处理，因此选用模糊综合评判法进行信息素养评价是适宜的	该方法简单、易行、直观、有效，是一种较常用的方法。它实现了定量和定性两个层面的评判，适用于筛选受多方面影响的污染物。但采取该方法的筛选结果，在精度和可接受程度上常常受到专家的学识水平和实践经验的限制	海域有机污染物优先排序和风险分类模糊评判系统；北京地区地表水环境激素污染现状与环境风险性评价

　　地下水污染指示性因子的筛选在分析各类方法的基础上，根据区域尺度水文地质条件、地下水污染特征、场地尺度水文地质条件和污染特征，提出区域尺度地下水污染指示性因子和场地尺度地下水污染指示性因子筛选方法。采用数理统计、主成分分析、趋势分析、分级评分法等方法筛选地下水污染指示性因子。

　　区域尺度地下水污染指示性因子筛选考虑的因素：指示污染趋势，指示污染程度，指示污染组分离散程度。

　　场地尺度地下水污染指示性因子筛选考虑的因素：指示污染的危害程度（污染组分的毒性），指示污染物迁移特性，指示污染组分的降解性。

6.2.4　区域尺度地下水污染指示性因子筛选方法

　　区域尺度地下水污染指示性因子筛选（图 6-2）以地下水背景值和各类水质标准为

参考基准，考虑污染源特征污染物、人类活动对污染的影响。区域尺度地下水污染指示性因子筛选流程：

① 资料分类；

② 背景值计算确定；

③ 主要污染物筛选排序；

④ 趋势上升指标筛选；

⑤ 污染组分变化频度分析；

⑥ 结合水文地质、地球化学环境确定地下水污染指示性因子；

⑦ 构建地下水污染指示性因子指标体系。

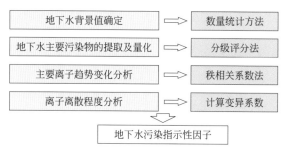

图6-2　区域尺度地下水污染指示性因子筛选方法流程

6.2.4.1　地下水背景值确定

地下水化学背景值的确定，是通过采集大量样本，经整理、分析、数据处理等步骤完成的。其中，对异常数值的判定与处理是很重要的一步，以少剔除为原则，慎重处理数据。检验的方法多种多样，对于大样本（样本容量 >100）的异常值判断，通常采用拉依达准则；对于小样本（样本容量 <100）的异常值判断，一般使用狄克松法（Dixon）、格鲁布斯法（Grubbs）或 t 检验法。

统计规律表明，环境背景值的特征受环境中各组分浓度概率分布类型的影响，不同的分布类型对应不同背景值计算方法。因此，确定背景值的前提是确定出各组分所服从的分布类型。地下水中有关组分的含量，或符合正态分布，或符合对数正态分布，否则，均做偏态分布处理，不再考虑其他分布类型。当不能确定总体分布类型时，一般有两种处理方法：

① 做适当的数据变换使数据正态化；

② 改用其他对数据分布没有严格要求的方法，如非参数检验方法。但是，由于非参数检验方法没能充分利用样本信息，检验功效不如参数方法好，因此在有可能的条件下应尽量采用前一种方法。

（1）剔除异常值

① 样本容量＞ 100 时　用拉依达准则判断和剔除含有粗大误差的异常值时，先算出

等精度独立测量列 $x_i(i=1, 2, \cdots, n)$ 的平均值 $\overline{x}$ 及残余误差 $\xi_i = x_i - \overline{x}$，并按贝塞尔公式算出该测量列的标准偏差 S，如果某测量值 x_d 的残余误差 $\xi_d = x_d - \overline{x}$（$1 \leqslant d \leqslant n$）满足下式：

$$|\xi_d| > 3S \qquad (6\text{-}1)$$

则认为 x_d 是含有粗大误差的异常值，剔除。该判别式即为拉依达准则。

其中，$S = \sqrt{\dfrac{\sum\limits_{i=1}^{n}(x_i - \overline{x})^2}{n-1}}$。

② 样本容量 < 100 时　采用 Grubbs 检验法，对统计数据进行检验，对那些异常数据予以剔除。

一组数据 $x_1, x_2, \cdots, x_n$，它遵从均值为 μ、方差为 σ^2 的正态分布 $N(\mu, \sigma^2)$，在不存在异常值的情况下，用 n 个值计算的方差

$$S_n^2 = \frac{1}{n-1}\sum_{i=1}^{n}(x_i - \overline{x}_n)^2 \qquad (6\text{-}2)$$

与用 $n-1$ 个值计算的方差

$$S_{n-1}^2 = \frac{1}{n-2}\sum_{i=1}^{n-1}(x_i - \overline{x}_{n-1})^2 \qquad (6\text{-}3)$$

都可以用来估计 σ^2（式中 x 为均值），两者都是针对 σ^2 的一致而有效的估计值。因此，其比值 S_n^2/S_{n-1}^2 应该在 1 附近。反之，若有异常值，由于标准差对异常值反应灵敏，舍弃异常值后，由其余 $n-1$ 个值计算的方差 S_{n-1}^2 会减少很多，因此，两方差的比值比 1 大很多。如记

$$G = \frac{|x_d - \overline{x}_n|}{S_n^2} \qquad (6\text{-}4)$$

式中　x_d——待检验的可疑的值；

$\overline{x}_n$, S_n^2——包括可疑值在内的全部 n 个值计算的均值与方差。则

$$\frac{S_n^2}{S_{n-1}^2} = \frac{\dfrac{n-2}{n-1}}{1 - \dfrac{n}{(n-1)^2}G^2} \qquad (6\text{-}5)$$

由上式可见，S_n^2/S_{n-1}^2 大于某个数，就等于 G 大于另一个数，而计算 G 比计算 S_n^2/S_{n-1}^2 要容易得多。因此，用 G 作统计量进行检验，若计算的统计量 G 大于 Grubbs 检验法的临界值表中显著水平 α 下的临界值 $G_{a,n}$，则判定 x_d 为异常值，剔除。

（2）判断各组分含量的分布类型

利用 SPSS20.0 进行夏皮罗 - 威尔克检验（Shapiro-Wilk）即 W 检验，适用于小样本

资料（SPSS 规定样本量 ≤ 5000）。取显著性水平 α=0.05。

对于在 α=0.05 的检验水准下，$P <$ 0.05，拒绝原假设，即该组分不符合正态分布。此时，对初步判别为非正态的组分，进行对数变换，再次进行 W 检验。地下水中有关组分的含量，或符合正态分布，或符合对数正态分布，否则，均做偏态分布处理，不再考虑其他分布类型。

（3）计算背景值

① 算术平均值法：此法适用于服从正态分布类型的因子，统计的算术平均值即为所求的背景值。

$$\overline{x} = \frac{1}{n}\sum_{i=1}^{n}x_i \qquad (6\text{-}6)$$

② 几何平均值法：此法适用于服从对数正态分布类型的统计。其计算式为：

$$\overline{x} = \left(\prod_{i=1}^{n}x_i\right)^{1/n} \qquad (6\text{-}7)$$

③ 累计频率法：此法适用于偏态分布类型。把可靠的浓度区间分成若干组，统计各组内检测因子的频数和频率，然后求累计频率，累计频率为 50% 所对应的浓度值即为背景值。利用 SPSS20.0，可直接得到累计频率为 50% 所对应的浓度值。

6.2.4.2　主要污染物筛选

选择分级评分法对区域主要污染物进行筛选。在分级评分法的计算过程中，首先对所选取因子进行分级赋值，然后根据 1 ～ 9 标度法给各因子赋予权重，最后按照相乘相加的原则将各个因子的赋值与该因子的权重进行乘积然后相加，计算所得的数值则是污染物对地下水环境污染的量化结果，数值越大，则污染程度越大。按照计算结果从大到小排序，得出地下水环境中主要污染物顺序。

主要污染物筛选步骤见图 6-3。

水质指标污染程度分级见表 6-8。

本次使用分级评分法（缺数据或在水质标准中未规定限值的指标去除），参考《地下水水质标准》（DZ/T 0290—2015）；《地下水水质标准》中没有规定限值的，参考《区域地下水污染调查评价规范》（DZ/T 0288—2015）。

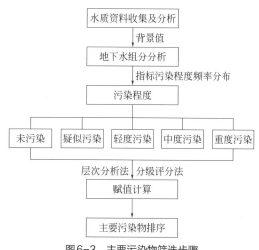

图6-3　主要污染物筛选步骤

表6-8　污染程度分级表

污染级别分类	污染级别	级别描述
$c^{①}$ ≤ $NBL^{②}$	1	未污染
NBL < c ≤ 0.5(NBL+$GQS^{③}_{Ⅲ}$)	2	疑似污染
0.5(NBL+$GQS_{Ⅲ}$) < c ≤ $GQS_{Ⅲ}$	3	轻度污染
$GQS_{Ⅲ}$ < c ≤ $GQS_{Ⅳ}$	4	中度污染
$GQS_{Ⅳ}$ < c	5	重度污染

① c 表示污染物实测浓度。
② NBL 表示背景值。
③ GQS 表示《地下水水质标准》（DZ/T 0290—2015）限值。

在本次筛选中，依据统计学原理，用各个指标的污染程度频率分布来表征该指标的污染程度大小，能最大限度地利用所有水样测试数据。由于同一指标在不同采样点的污染级别不尽相同，因此在污染评价结果的基础上，统计每项指标在各个污染级别的采样点数目，并计算其相应频率，将所有指标在相同污染级别的频率由小到大排序，并从1至 n 赋值。

运用特征向量法对污染级别未污染、疑似污染、轻度污染、中度污染、重度污染进行赋权，主要步骤如下所述。

1）构造判断矩阵

根据表6-9的标度意义对 n 个属性的相对重要性进行两两比较，构造判断矩阵：

$$A = \begin{bmatrix} a_{11} & a_{12} & \dots & a_{1n} \\ a_{21} & a_{22} & \dots & a_{2n} \\ \vdots & \vdots & & \vdots \\ a_{n1} & a_{n2} & \dots & a_{nn} \end{bmatrix} \approx \begin{bmatrix} \omega_1/\omega_1 & \omega_1/\omega_2 & \dots & \omega_1/\omega_n \\ \omega_2/\omega_1 & \omega_2/\omega_2 & \dots & \omega_2/\omega_n \\ \vdots & \vdots & & \vdots \\ \omega_n/\omega_1 & \omega_n/\omega_2 & \dots & \omega_n/\omega_n \end{bmatrix}$$

其中 a_{ij} 为第 i 个目标与第 j 个目标的相对重要程度；$a_{ij} \approx \omega_i/\omega_j$，$\omega_i$ 为属性 X_i 的权重。

表6-9　1～9标度法标度值及意义

标度	标度意义
1	两指标相比，具有同等重要程度
3	两指标相比，一个指标比另一个指标稍微重要
5	两指标相比，一个指标比另一个指标明显重要
7	两指标相比，一个指标比另一个指标非常重要
9	两指标相比，一个指标比另一个指标极其重要
2，4，6，8	上述两相邻判断中的中间值

2）一致性检验

λ_{max} 为判断矩阵 A 对应的最大特征值，一致性检验即检验判断矩阵 A 求出的权系数是否合理。当判断矩阵的随机一致性指标 CR=CI/RI<0.10 时，认为判断矩阵具有令人

满意的一致性。其中 $CI = (\lambda_{max} - n)/(n-1)$，为一致性指标；RI 为平均随机一致性指标，取值见表 6-10。若一致性检验不通过，则要调整判断矩阵，直到一致性检验通过。

表 6-10　平均随机一致性指标

阶数	1	2	3	4	5	6	7	8	9
RI	0	0	0.58	0.9	1.12	1.24	1.32	1.41	1.45

依据 1～9 标度法的比较原则，将污染级别未污染、疑似污染、轻度污染、中度污染、重度污染进行两两比较，构造判断矩阵 A：

$$A = \begin{bmatrix} 1 & 1/3 & 1/5 & 1/7 & 1/9 \\ 3 & 1 & 1/3 & 1/5 & 1/7 \\ 5 & 3 & 1 & 1/3 & 1/5 \\ 7 & 5 & 3 & 1 & 1/3 \\ 9 & 7 & 5 & 3 & 1 \end{bmatrix}$$

经检验，CR=0.0529<0.10，通过一致性检验，未污染、疑似污染、轻度污染、中度污染、重度污染的权重依次为 0.032、0.064、0.130、0.264、0.510。

利用分级评分法，根据式（6-8）叠加得到各个指标的综合污染指数 P_i，按照各个指标的综合污染指数大小排序，实现主要污染物的筛选。

$$P_i = \text{SUM}(V_{ij}W_j) \tag{6-8}$$

式中　P_i——指标 i 的综合污染指数；

V_{ij}——污染指标 i 在 j 类污染级别中的评分值；

W_j——j 类污染级别的权重。

6.2.4.3　离子趋势性变化特征

地下水组分的趋势性变化可以指示预测地下水污染的发生，根据已有的地下水监测资料进行趋势分析，筛选出长期上升趋势的组分，作为指示性地下水污染变化的指标。各组分长期变化趋势一般可用秩相关系数法来确定，秩相关系数法是描述两要素之间相关程度的一种统计指标。本报告根据平谷地区的基本情况，参照《环境质量综合分析技术导则》（中国环境监测总站编写），对平谷区地表水水质、地下水水质、环境空气质量、酸雨频率、近岸海域海水水质等的多时段变化趋势和变化程度分析，确定使用 Spearman 秩相关系数法研究离子长期变化特征，选择统计分析软件 SPSS 作为基本操作平台。时间周期为 2010 年第 4 季度～ 2018 年第 4 季度，采用季均值进行分析。

计算步骤如下所述。

① Spearman 秩相关系数法是给出时间周期 $Y_1, \cdots, Y_N$ 和其相应数值 C（即月均值、季均值或年均值 $C_1, \cdots, C_N$），将 C 从大到小排列好，计算公式如下：

$$r_s = 1 - \frac{6\sum_{i=1}^{n} d_i^2}{N^3 - N}$$

$$d_i = X_i - Y_i$$

(6-9)

式中　d_i——变量 X_i 和变量 Y_i 的差值；

　　　N——总周期数；

　　　X_i——周期 1 到周期 N 按浓度值从小到大排列的序号；

　　　Y_i——按时间序列排列的序号。

② 将秩相关系数 r_s 的绝对值与 Spearman 秩相关系数统计表（表 6-11）中的临界值 W_p 进行比较。

当 Sig<0.05 时，说明两个变量存在相关关系，此时再根据 $|r_s|$ 与 W_p 的关系做进一步判断。

Ⅰ. 当 $|r_s| > W_p$ 时，表明变化趋势有显著意义：如果 r_s 是负值，则表明在评价时段内有关统计量指标变化呈下降趋势或好转趋势；如果 r_s 为正值，则表明在评价时段内有关统计量指标变化呈上升趋势或加重趋势。

Ⅱ. 当 $|r_s| \leqslant W_p$ 时，表明变化趋势没有显著意义：说明在评价时段内水质变化不显著。

表 6-11　Spearman 秩相关系数临界值表

n	$r_s0.05$	$r_s0.01$	n	$r_s0.05$	$r_s0.01$
6	0.886	1.000	29	0.368	0.475
7	0.786	0.929	30	0.362	0.467
8	0.738	0.881	31	0.356	0.459
9	0.700	0.833	32	0.350	0.452
10	0.648	0.794	33	0.345	0.446
11	0.618	0.755	34	0.340	0.439
12	0.587	0.727	35	0.335	0.433
13	0.560	0.703	36	0.330	0.427
14	0.538	0.679	37	0.325	0.421
15	0.521	0.654	38	0.321	0.415
16	0.503	0.635	39	0.317	0.410
17	0.485	0.615	40	0.313	0.405
18	0.472	0.600	41	0.309	0.400
19	0.460	0.584	42	0.305	0.395
20	0.447	0.570	43	0.301	0.391
21	0.435	0.556	44	0.298	0.386
22	0.425	0.544	45	0.294	0.382
23	0.415	0.532	46	0.291	0.378
24	0.406	0.521	47	0.288	0.374
25	0.398	0.511	48	0.285	0.370
26	0.390	0.501	49	0.282	0.366
27	0.382	0.491	50	0.297	0.363
28	0.375	0.483			

6.2.4.4　变异系数的计算

地下水中组分的离散程度，可以反映地下水组分受人类活动影响产生的变化，人为输入物质在空间上具有离散程度高、波动性大的特征。通常用变异系数来表示，计算地下水中组分的变异系数，并进行排序，以选出离散程度大的指标，参与地下水污染指示性因子的最终确定。

假设一共 i 组数据，其对应实测浓度值为 x_i。变异系数计算的公式如下：

$$v_i = \frac{\sigma_i}{\overline{x}_i} \quad i = 1, 2, \cdots, n$$

$$\sigma_i = \frac{\sum\limits_{i=1}^{n}(x_i - \overline{x})^2}{n} \qquad (6\text{-}10)$$

式中　v_i——第 i 项评价指标的变异系数；

σ_i——第 i 项评价指标特征值的均方差；

$\overline{x}$——第 i 项评价指标的平均值。

将变异系数分为 3 个层次：CV ≤ 0.1 为弱变异性，0.1 < CV < 1 为中等变异性，CV ≥ 1 为强变异性。变异系数值越大，说明指标在空间分布上存在的离散性和波动性越大。

6.2.4.5　地下水污染指示性因子指标筛选

使用层次分析法构建地下水污染指示性因子指标筛选的层次结构模型，对地下水水质标准、地下水背景值、主要污染物筛选结果、离子变化趋势、离子变异程度赋权，结合加权评分法对各参数进行分级和赋值，确定出区域尺度、城市尺度的地下水污染指示性因子。区域地下水污染指示性因子筛选流程如图 6-4 所示。

（1）层次分析法赋权

层次分析法（analytical hierarchy process，AHP）是美国运筹学家匹兹堡大学 Saaty 教授提出的一种定性定量相结合的多属性决策分析方法。

第一步需要建立层次结构模型。将问题所含的要素分为 3 个层次：最高层（目标层），中间层（准则层），最底层（措施层）。建立地下水污染指示性因子指标筛选的层次结构模型，如图 6-5 所示。

第二步构造判断矩阵，并进行一致性检验。

利用 1 ～ 9 标度法比较本层次各要素之间的相对重要程度，构建层次 A 与层次 B、层次 B_1 与层次 C、层次 B_2 与层次 C 的判断矩阵。

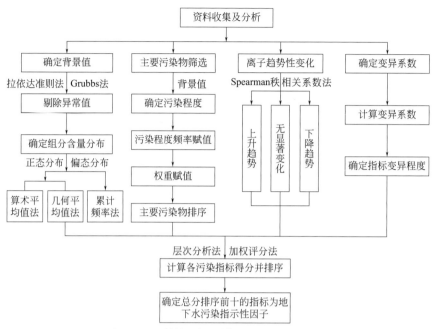

图6-4 区域地下水污染指示性因子筛选流程

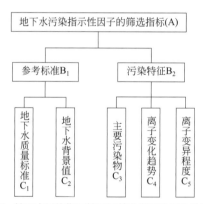

图6-5 地下水污染指示性因子筛选指标的层次结构模型

层次 A 与层次 B 构成的判断矩阵：

A	A_1	A_2	ω
A_1	1	1/3	0.25
A_2	3	1	0.75

$\lambda_{max}=2$，CI=0，RI=0，经检验，CR=0<0.10，通过一致性检验。

层次 B_1 与层次 C 构成的判断矩阵：

B_1	C_1	C_2	ω
C_1	1	1	0.5
C_2	1	1	0.5

$\lambda_{max}=2$，CI=0，RI=0，经检验，CR=0<0.10，通过一致性检验。

层次 B_2 与层次 C 构成的判断矩阵：

B_2	C_3	C_4	C_5
C_3	1	2	1/3
C_4	1/2	1	1/3
C_5	3	3	1

λ_{max}=3.0536，CI=0.0268，RI=0.58，经检验，CR= 0.0462<0.10，通过一致性检验。

第三步层次总排序及其一致性检验。

层次 C 某因素对于 B_i 单排序的一致性指标为 CI_j，相应的平均随机一致性指标为 RI_j，则层次 C 总排序一致性：

$$CR = \frac{\sum\limits_{i=1, j=1}^{k} \omega b_i CI_j}{\sum\limits_{i=1, j=1}^{k} \omega b_i RI_j} = 0.0191$$

CR<0.10，因此认为层次 C 总排序结果具有满意的一致性。

将所得到的各项指标的权重值乘以准则层的权重值，即得到各评价指标的权重，结果见表 6-12。

表6-12 各评价指标的权重

指标	C_1	C_2	C_3	C_4	C_5
权重	0.1250	0.1250	0.1870	0.1178	0.4452

（2）参数的分级和赋值

将每个参数分成 3 级，权重及分值见表 6-13。

表6-13 评价参数的分级和赋值

分值	地下水质量标准	背景值	主要污染物	变化趋势	变异程度
0	没有规定限制	—	—	下降	低度变异
1	小于Ⅲ类标准限值	小于背景值	未进入前25%	不显著	中等变异
2	大于Ⅲ类标准限值	大于背景值	前25%	上升	高度变异

叠加各指标的权重及分值计算综合评分，并排序：

总分 =$0.1250C_1+0.1250C_2+0.1870C_3+0.1178C_4+0.4452C_5$

6.2.5 场地尺度地下水污染指示性因子筛选

场地尺度地下水污染指示性因子筛选与区域尺度有较大区别，指示目标不同。场地污染范围相对较小，污染源浓度相对较大，污染产生的速度相对较快。因此，场地地下水污染指示性因子指示目标是指示污染组分对人类健康和环境的危害。针对各类场地污染源排放的特征污染物属性具有很大差异，在衡量对环境造成的污染上应考虑不同污染物在污染能力、污染范围和污染持续时间上的不同。因此，根据污染物属性对污染能力、污染范围和污染持续时间赋予不同的权重加以区分，以层次分析法对特征污染物属性指标进行权重量化处理。采用标度法讨论毒性、迁移性、降解性三者两两的重要性，结合文献及专家意见，三种特性两两比较，认为在地下水污染风险源识别与量化的过程中毒性相比于迁移性、降解性比较重要，迁移性及降解性相比同等重要。以此构造判断矩阵评分如表 6-14 所列。

表 6-14　特征污染物指标参考特性判断矩阵

项目	毒性	迁移性	降解性
毒性	1	3	3
迁移性	1/3	1	1
降解性	1/3	1	1

计算结果显示三者权重分配为：毒性 0.6、迁移性 0.2、降解性 0.2。基于以上论述，特征污染物特性（L）的计算公式表达为：

$$L_{ij} = T_{ij}W_{\mathrm{T}} + M_{ij}W_{\mathrm{M}} + D_{ij}W_{\mathrm{D}} \tag{6-11}$$

式中　　L_{ij}——风险源 j 的第 i 种特征污染物特性；

T_{ij}, M_{ij}, D_{ij}——特征污染物 i 的毒性量化值、迁移性量化值、降解性量化值；

$W_{\mathrm{T}}, W_{\mathrm{M}}, W_{\mathrm{D}}$——毒性、迁移性、降解性的权重值，根据层次分析认为毒性比迁移性和降解性更重要，迁移性和降解性同等重要，三者权重分别为 0.6、0.2、0.2。

由于污染物的三种属性量化值的量纲不统一，数值差异巨大，因此必须对其进行归一化处理，使之具有可比性。此外，无机及综合特征污染物的迁移性及降解性并无明确的参考量化指标。鉴于以上状况，在对无机及综合特征污染物的迁移性及降解性分别进行讨论评定后，结合其余三种属性的量化指标，分别给出污染物针对三种属性的排序。对应的序列值即代表了该特征污染物属性的相对大小。如果量化参考指标数值相同，则序列号相同，序列号依次顺延。

毒性的量化指标首先参考《生活饮用水卫生标准》（GB 5749—2006）中的指标值，如果该标准中没有该特征污染物，则参考 WHO 或别国对应的生活饮用水卫生标准，排放标准值越大，其毒性越小，排序号越小；迁移性的量化指标参考特征污染物的溶解度及有机碳分配系数，有机碳分配系数越大，越难迁移，其对地下水的危害性越小，排序号越小；降解性的量化指标参考降解性参数，降解性参数越大，半衰期越短，对地下水的危害越小，排序号越小。有机物的有机碳分配系数和降解性参数可根据 EPISuite 软件来进行计算，在环境化学研究中，EPISuite 已在国外得到了广泛的应用。溶解度对于无机特征污染物及有机特征污染物均有借鉴意义，有机碳分配系数则侧重于有机特征污染物的量化。无机特征污染物降解性的量化指标依据文献及讨论而定，有机特征污染物降解性的量化指标可参考特征污染物的半衰期。特征污染物指标量化分级的参考指标及分级列表如表 6-15 所列。

表 6-15　特征污染物指标量化分级的参考指标及分级列表

类型	特征污染物	生活饮用水质量标准 /(mg/L)	降解性参数	毒性排序	迁移性排序	降解性排序
综合指标	TDS	1000		1	24	24
	COD	5		5	21	1
无机指标	Cr^{6+}	0.05		15	17	23
	Cl^-	250		2	25	25
	SO_4^{2-}	250		2	22	4
	NH_4^+-N	0.5		8	18	2
	NO_3^--N	20		4	23	3
	Mn	0.1		13	19	22
	Fe	0.3		9	20	21
有机指标	苯并[a]芘	0.00001	5.95	25	1	19
	七氯	0.0004	4.38	24	2	20
	对三氟甲基苯酚（挥发酚）	0.002	2.6518	22	5	16
	四氯化碳	0.002	1.85	22	9	18
	苯	0.01	1.75	21	10	14
	硝基苯	0.017	1.94	20	8	12
	二氯甲烷	0.02	1.44	18	11	13
	甲基叔丁基醚	0.02	1.3544	18	12	11
	乙腈	0.05	1.1292	15	14	8
	氯化钾（氰化物）	0.05	0.3825	15	23	6
	三氯乙烯	0.07	2	14	7	15
	阴离子表面活性剂	0.3	3.5691	9	3	10
	萘（石油类）	0.3	2.96	9	4	17
	乙苯	0.3	2.23	9	6	9
	二氧化氯	0.8	1.337	7	13	7
	甲醛	0.9	0.8894	6	22	5

　　综合考虑不同场地污染物的毒性、迁移性以及降解性，根据特征污染物特性的量化排序，筛选出排序前十的污染物作为典型场地地下水污染指示性因子，构建指示性因子

筛选流程框图（图6-6）。

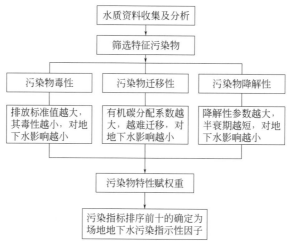

图6-6 典型场地地下水污染指示性因子指标筛选流程

6.3 地下水污染预警指标体系

实行地下水污染预警，首先应通过实地调查结果分析地下水水质污染现状、地下水污染模式，筛选影响地下水污染的主要指标，依据指标间的结构关系建立指标体系。地下水污染预警指标体系需要全面考虑影响地下水污染的因素，是与之相关的定性＋定量指标的有序组合，为预警模型计算和实现预警分区提供依据。推荐以欧洲模型（"源-路径-目标"）为理论基础筛选指标集，运用层次分析法构建多尺度（区域-城市-场地）地下水污染预警指标体系，将地下水污染预警作为目标层，将影响预警结果的一些主要因素作为准则层，并根据这些因素选取相应的指标因子构成指标层，建立以目标层、准则层（或要素层）和指标层为主体的地下水污染监测预警指标体系。对这些监测预警指标进行现状分析与模拟预测，开展预警等级的划分和预警阈值的确定工作，判断地下水是否存在污染风险。

"源-路径-目标"理论示意如图6-7所示。

基于地下环境系统的复杂性，不同尺度的地下水监测预警需要考虑的影响因素有所不同。大尺度的监测预警需要考虑的因素较多，包含地下水脆弱性、污染源荷载、地下水价值、地下水水质及动态等指标，但对水质监测指标的要求较低。小尺度如场地尺度的监测预警需要考虑的因素相对较少，但对地下水指标的监测要求很高，需要相对详细的水质监测数据作为支撑，提取针对性的预警指标。

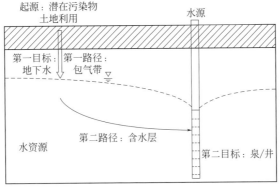

图6-7　"源－路径－目标"理论示意

6.3.1　区域尺度地下水污染预警指标体系

首先根据"源-路径-目标"理论选取预警指标体系准则层指标，"源"即指区域污染源，"路径"为地质及水文地质条件，在预警指标体系里反应为地质介质防护性能。"目标"为重要井、泉点或饮用水源地保护区，指标体系里表现为地下水水质动态及地下水价值功能。

以模型为指导建立准则层指标后，再根据实地调查和分析筛选指标层指标。对区域内可能存在的污染源、水文地质条件、地下水水质现状及变化趋势、地下水功能及开发利用等情况进行调查，在此基础上对地下水污染的模式进行分析，运用层次分析法计算各指标权重，筛选影响地下水污染的主要指标。

6.3.1.1　污染源特征指标

按污染物的成因可将污染源分为自然污染源和人为污染源两类，地下水污染预警中主要针对人为污染源。污染物从地表到含水层的输移过程一般较长，影响污染源中污染物释放及其在土壤和地下水中迁移转化的主要因素包括污染源的分布、污染源类型、污染防护措施、污染物性质等。污染源的特征包括空间位置、污染物的排放或储存量，污染物的种类包括有机物、无机物、放射性物质和病原微生物等，污染物的性质包括持久性、迁移性、溶解性、挥发性等。通过对污染源实地调查、地下水主要污染物识别选取影响地下水污染的指标，再通过层次分析法对各指标赋予相应的权重，以确定主要污染源指标。

6.3.1.2　地质介质防护性能指标

地质介质防护性能主要指地下水系统抵御污染的能力，地表污染物可以通过大气降水、人工排放等途径向地下水中渗入，因此地层对污染物的拦截作用即地质介质防护性能是地下水污染预警的重要影响因素。目前关于地质介质防护性能指标体系运用较广泛的为地下水脆弱性评价指标体系，其主要影响因素包括地形地貌、地质构造、岩层产状、包气带岩性及厚度、含水层岩性及厚度、隔水层岩性及厚度等。地质介质防护性能评价应重点分析包气带介质及含水层介质的结构特征，查清区域地下水补给、径流和排泄条件，评估水文地质系统抵御外界污染的能力。选取地质介质防护性能指标可参考地下水脆弱性评价体系指标，结合区域实际情况进行指标筛选。

6.3.1.3　地下水水质动态指标

地下水污染现状主要反映了地下水水质对于外界因素影响的一种响应状态，而分析地下水水质变化趋势可以确定地下水是否受到污染及其影响程度如何变化，结合地下水污染现状及水质变化趋势可表征污染源对地下水环境的影响。

在考虑区域地下水水质动态指标时，其污染程度最终反映为指标浓度超过背景值的程度。因此筛选水质预警指标时需要根据区域尺度分选点位评价区域现状污染，并对地下水中主要污染物进行识别筛选。目前识别地下水污染物的方法主要有分级评分法和基于污染风险评价的污染物识别等方法。

6.3.1.4　地下水价值指标

地下水污染预警的目的是保护人体健康和生态安全，因此在调查研究污染源的性质、地层的防护能力以及地下水污染现状趋势的同时，还应考虑污染物同在地下环境中的扩散以及与人体是否接触的影响。地下水价值包括环境价值、经济价值和社会价值，地下水动态因素中已考虑了地下水水质特征，因此地下水价值因素主要考虑地下水资源量和地下水功能指标。

6.3.2 场地尺度（重点污染区）地下水污染预警指标体系

对于重大污染源及周边区域（小尺度）的地下水污染预警，由于研究区相对较小，地下水脆弱性、污染源荷载、地下水价值因素相对较为单一，因此地下水水质及动态成为污染预警的主要参考指标。

对用于评价水质现状及其预测的水质指标进行筛选。主要从以下 3 个方面考虑。

① 根据国家相关规范筛选特定污染场地特征污染指标。

② 根据场地尺度分选点位运用分级评分法进行主要污染物识别，识别过程如下所示。

利用单指标污染评价法评价每个指标污染等级后，对指标污染级别频率进行统计，用各个指标污染程度频率分布来表征该指标的污染程度大小，统计每项指标在各个污染级别的采样点数目，并计算其相应频率。将所有指标在相同污染级别的频率由小到大排序，从 1 至 n 赋值，并运用层次分析法计算得到污染级别在未污染、疑似污染、轻度污染、中度污染、重度污染权重依次为 0、0.05、0.15、0.3、0.5，根据式（6-8）按照分级评分法叠加得到各个指标的综合污染指数 P_i，按照各个指标的综合污染指数大小排序，选取排名为前 15% 的污染指标为主要污染物，从而实现垃圾填埋场优控污染物的筛选。

③ 运用时间序列法分析各指标变化趋势，筛选出具有上升趋势性指标作为地下水水质监测预警指标。

结合以上 3 个过程筛选地下水水质监测预警指标，用以作为水质现状及其预测分析的依据。

6.3.3 多尺度地下水监测预警通用指标体系

结合不同尺度地下水监测预警指标的分析，建立以污染源特性、地质介质防护性能、水质现状及其预测（包含水质监测预警指标）和地下水价值因素 4 个方面的通用预警指标体系。具体尺度指标结合实际研究区 4 个方面调查结果，选取尺度范围内影响地下水污染因素和具有分布差异性的指标，构建兼顾地下水水质状态和水质趋势的综合预警通用指标体系。

多尺度地下水监测预警指标体系建立流程及方法如图 6-8 所示。

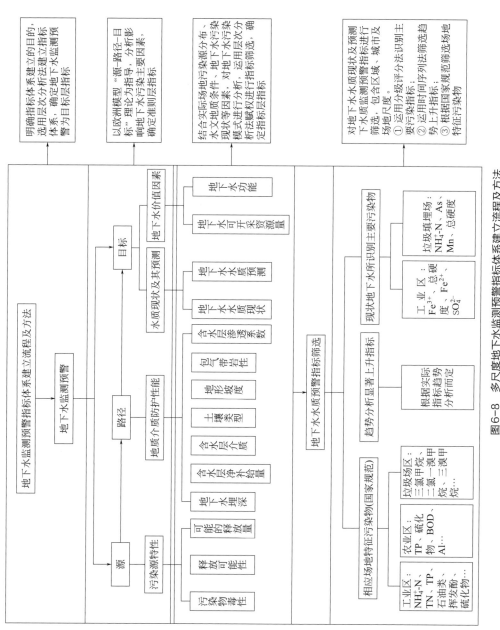

图6-8 多尺度地下水监测预警指标体系建立流程及方法

6.4　多时空尺度地下水监测因子预测模型

　　京津冀平原区地下水污染监测预测需掌握研究区概况、详细的地质及水文地质条件、污染源情况、地下水质量评价结果、地下水动态监测数据等相关资料。需要分析研究区地下水系统的结构与动态特征，通过适当简化和合理假设，对地下水的补径排条件、系统边界条件、源汇项、内部地下水运动状态、参数分布特征等进行准确表达。

　　预测指标的迁移转化过程包括物理过程和生物地球化学过程，根据污染物属性和水文地质条件，可涉及单个或多个过程。对预警指标在地下水中的物理迁移过程和生物地球化学转化过程进行定性分析，识别其涉及的主要迁移转化过程，并进行初步定量估算。

　　对于非稳定水流模型，初始条件就是在某一个选定的初始时刻含水层中的水头分布，通常取自代表该系统的稳定流模拟结果。对于非稳定迁移模型，初始条件用来描述给定初始时刻预警区域内各点的浓度分布状态，通常根据模拟目标确定。地下水流模型的边界条件包括三类，迁移模型的边界条件也包括三类。源汇项分为内部和外部两类。

　　根据研究区的条件和数据资料情况，选取适当的地下水监测预测模型。

6.4.1　理论解析模型

解析模型适用于条件比较简单的问题。

条件复杂的问题解析模型求解困难，对于复杂条件下的问题，推荐数值模拟。

（1）一维稳定流水动力弥散问题

① 一维无限长多孔介质柱体，示踪剂瞬时注入

$$C(x,t) = \frac{\dfrac{m}{w}}{2n_e\sqrt{\pi D_L t}}\, e^{\dfrac{-(x-ut)^2}{4D_L t}} \tag{6-12}$$

式中　x——距注入点的距离，m；

t ——时间，d；

$C(x, t)$ ——t 时刻 x 处的示踪剂浓度，g/L；

m ——注入的示踪剂质量，kg；

w ——横截面面积，m²；

u ——水流速度，m/d；

n_e ——有效孔隙度，无量纲；

D_L ——纵向弥散系数，m²/d；

π ——圆周率。

② 一维半无限长多孔介质柱体，一端为定浓度边界

$$\frac{C}{C_0} = \frac{1}{2}\mathrm{erfc}\left(\frac{x-ut}{2\sqrt{D_L t}}\right) + \frac{1}{2}\mathrm{e}^{\frac{ux}{D_L}}\mathrm{erfc}\left(\frac{x+ut}{2\sqrt{D_L t}}\right) \tag{6-13}$$

式中　x ——距注入点的距离，m；

C_0 ——注入的示踪剂浓度，g/L；

erfc( ) ——余误差函数；

其余符号意义同前。

（2）一维稳定流二维水动力弥散问题

① 瞬时注入示踪剂——平面瞬时点源

$$C(x, y, t) = \frac{\dfrac{m_M}{M}}{4\pi n_e t\sqrt{D_L D_T}}\mathrm{e}^{-\left[\frac{(x-ut)^2}{4D_L t}+\frac{y^2}{4D_L t}\right]} \tag{6-14}$$

式中　x, y ——计算点处的位置坐标；

$C(x, y, t)$ ——t 时刻点 x，y 处的示踪剂浓度，g/L；

M ——承压含水层的厚度，m；

m_M ——长度为 M 的线源瞬时注入的示踪剂质量，kg；

n_e ——有效孔隙度，无量纲；

D_T ——横向 y 方向的弥散系数，m²/d。

其余符号意义同前。

② 连续注入示踪剂——平面连续点源

$$C(x, y, t) = \frac{m_t}{4\pi M n_e\sqrt{D_L D_T}}\mathrm{e}^{\frac{xu}{2D_L}}\left[2K_0(\beta) - W\left(\frac{u^2 t}{4D_L}, \beta\right)\right] \tag{6-15}$$

$$\beta = \sqrt{\frac{u^2 x^2}{4D_L^2} + \frac{u^2 y^2}{4D_L D_T}}$$

式中　　x, y ——计算点处的位置坐标；

$C(x, y, t)$ ——t 时刻点 x，y 处的示踪剂浓度，g/L ；

m_t ——单位时间注入示踪剂的质量，kg/d ；

n_e ——有效孔隙度，无量纲；

$K_0(\beta)$ ——第二类零阶修正贝塞尔函数；

$W\left(\dfrac{u^2 t}{4D_L}, \beta\right)$ ——第一类越流系统井函数；

其余符号意义同前。

6.4.2 数值计算模型

数值模拟法可以解决复杂水文地质条件下的问题。数值模型建立在地下水水流与溶质运移数学模型基础上。

（1）数学模型

1）地下水水流模型

对于非均质、各向异性、空间三维结构、非稳定地下水流系统：

控制方程：

$$\mu_s \frac{\partial h}{\partial t} = \frac{\partial}{\partial x}\left(K_x \frac{\partial h}{\partial x}\right) + \frac{\partial}{\partial y}\left(K_y \frac{\partial h}{\partial y}\right) + \frac{\partial}{\partial z}\left(K_z \frac{\partial h}{\partial z}\right) + W \tag{6-16}$$

式中　μ_s ——贮水率，m^{-1}；

　　　h ——水位，m ；

K_x, K_y, K_z ——x、y、z 方向上的渗透系数，m/d ；

　　　t ——时间，d ；

　　　W ——源汇项，d^{-1}。

初始条件：

$$h(x, y, z, t) = h_0(x, y, z) \qquad (x, y, z) \in \Omega, t = 0 \tag{6-17}$$

式中　$h_0(x, y, z)$ ——已知水位分布；

　　　Ω ——模型模拟区。

边界条件：

① 第一类边界：

$$h(x, y, z, t)|_{\Gamma_1} = h(x, y, z, t) \qquad (x, y, z) \in \Gamma_1, t \geqslant 0 \tag{6-18}$$

式中　Γ_1 ——一类边界；

$h(x,y,z,t)$——一类边界上的已知水位函数。

② 第二类边界：

$$K\frac{\partial h}{\partial \vec{n}}\bigg|_{\Gamma_2} = q(x,y,z,t) \qquad (x,y,z)\in\Gamma_2, t>0 \qquad (6\text{-}19)$$

式中　Γ_2——二类边界；

$\quad K$——三维空间上的渗透系数张量；

$\quad \vec{n}$——边界 Γ_2 的外法线方向；

$q(x,y,z,t)$——二类边界上的已知流量函数。

③ 第三类边界：

$$\left[K(h-z)\frac{\partial h}{\partial \vec{n}}+\alpha h\right]_{\Gamma_3} = q(x,y,z) \qquad (6\text{-}20)$$

式中　α——已知函数；

$\quad \Gamma_3$——三类边界；

$\quad K$——三维空间上的渗透系数张量；

$\quad \vec{n}$——边界 Γ_3 的外法线方向；

$q(x,y,z)$——三类边界上的已知流量函数。

2）地下水溶质运移模型

水是溶质运移的载体，地下水溶质运移数值模拟应在地下水流场模拟基础上进行。因此，地下水溶质运移数值模型包括水流模型和溶质运移模型两部分。

控制方程：

$$R\theta\frac{\partial c}{\partial t} = \frac{\partial}{\partial x_i}\left(\theta D_{ij}\frac{\partial c}{\partial x_j}\right)-\frac{\partial}{\partial x_i}(\theta v_i c)-Wc_s-Wc-\lambda_1\theta c-\lambda_2\rho_b\overline{c} \qquad (6\text{-}21)$$

式中　R——迟滞系数，无量纲，$R=1+\dfrac{\rho_b}{\theta}\times\dfrac{\partial \overline{c}}{\partial c}$；

$\quad \rho_b$——介质密度，mg/dm^3；

$\quad \theta$——介质孔隙度，无量纲；

$\quad c$——组分的浓度，mg/L；

$\quad \overline{c}$——介质骨架吸附的溶质浓度，mg/L；

$\quad t$——时间，d；

$\quad D_{ij}$——水动力弥散系数张量，m^2/d；

$\quad v_i$——地下水渗流速度张量，m/d；

$\quad W$——水流的源和汇，d^{-1}；

$\quad c_s$——组分的浓度，mg/L；

$\quad \lambda_1$——溶解相一级反应速率，d^{-1}；

$\quad \lambda_2$——吸附相反应速率，$L/(mg\cdot d)$。

初始条件：

$$c(x,y,z,t) = c_0(x,y,z) \qquad (x,y,z) \in \Omega, t = 0 \qquad （6\text{-}22）$$

式中　　$c_0(x,y,z)$ ——已知浓度分布；

Ω ——模型模拟区域。

边界条件：

① 第一类边界——给定浓度边界：

$$c(x,y,z,t)\big|_{\Gamma_1} = c(x,y,z,t) \qquad (x,y,z) \in \Gamma_1, t \geqslant 0 \qquad （6\text{-}23）$$

式中　　Γ_1 ——定浓度边界；

$c(x,y,z,t)$ ——定浓度边界上的浓度分布。

② 第二类边界——给定弥散通量边界：

$$\theta D_{ij} \frac{\partial c}{\partial x_j}\bigg|_{\Gamma_2} = f_i(x,y,z,t) \qquad (x,y,z) \in \Gamma_2, t \geqslant 0 \qquad （6\text{-}24）$$

式中　　Γ_2 ——通量边界；

$f_i(x,y,z,t)$ ——边界 Γ_2 上已知的弥散通量函数。

③ 第三类边界——给定溶质通量边界：

$$\theta D_{ij} \frac{\partial C}{\partial x_j} - q_i c\big|_{\Gamma_3} = g_i(x,y,z,t) \qquad (x,y,z) \in \Gamma_3, t \geqslant 0 \qquad （6\text{-}25）$$

式中　　Γ_3 ——混合边界；

$g_i(x,y,z,t)$ —— Γ_3 上已知的对流 - 弥散总的通量函数。

（2）数值模型

需要对模拟空间进行网格剖分，网格尺寸的设计需根据经验进行初始设定，后期根据模拟效果，结合工作目标进行调整。对于预警指标的垂向分布有差异的模拟对象，需加密网格剖分，体现预警指标的垂向迁移分布特征。水流模型可根据情况选择稳定流模型或非稳定流模型。非稳定流模型的外部应力设置需综合反映流场或溶质运移过程中多种应力各自的时间分布特征，需叠加二者的时间剖分方案。

三维地下水水流问题的差分方程：

$$(1 - \lambda_x \delta_x^2) h_{i,j,k}^{k+1} = (1 + \lambda_y \delta_y^2 + \lambda_z \delta_z^2) h_{i,j,k}^k + \frac{\omega_{i,j,k}^{k+\frac{1}{2}}}{S_{s,i,j,k}} \Delta t$$

$$(1 - \lambda_y \delta_y^2) h_{i,j,k}^{k+1} = h_{i,j,k}^{k+1*} - \lambda_y \delta_y^2 h_{i,j,k}^k$$

$$(1 - \lambda_z \delta_z^2) h_{i,j,k}^{k+1} = h_{i,j,k}^{k+1**} - \lambda_z \delta_z^2 h_{i,j,k}^k \qquad （6\text{-}26）$$

$$\lambda_x = \frac{K_{i,j,k}^x \Delta t}{S_{s,i,j,k}(\Delta x)^2}, \lambda_y = \frac{K_{i,j,k}^y \Delta t}{S_{s,i,j,k}(\Delta y)^2}, \lambda_z = \frac{K_{i,j,k}^z \Delta t}{S_{s,i,j,k}(\Delta z)^2}$$

三维污染物迁移方程的隐式差分方程：

$$a_{i,j,l-1}C_{i,j,l-1}^{k+1} + a_{i,j-1,l}C_{i,j-1,l}^{k+1} + a_{i-1,j,l}C_{i-1,j,l}^{k+1} + a_{i,j,l}C_{i,j,l}^{k+1} + a_{i+1,j,l}C_{i+1,j,l}^{k+1}$$
$$+ a_{i,j+1,l}C_{i,j+1,l}^{k+1} + a_{i,j,l+1}C_{i,j,l+1}^{k+1} = b_{i,j,l}$$

(6-27)

$$i = 1, 2, \cdots, N_x; \quad j = 1, 2, \cdots, N_y; \quad l = 1, 2, \cdots, N_z; \quad k = 0, 1, 2, \cdots, N_l - 1$$

$$a_{i,j,l-1} = -s_{i,j,l-\frac{1}{2}} - \sigma_{i,j,l-\frac{1}{2}}$$

$$a_{i,j-1,l} = -s_{i,j-\frac{1}{2},l} - \sigma_{i,j-\frac{1}{2},l}$$

$$a_{i-1,j,l} = -s_{i-\frac{1}{2},j,l} - \sigma_{i-\frac{1}{2},j,l}$$

$$a_{i,j,l} = \tau_{i,j,l} - s_{i,j,l-\frac{1}{2}} + \sigma_{i,j,l-\frac{1}{2}} - s_{i,j-\frac{1}{2},l} + \sigma_{i,j-\frac{1}{2},l} - s_{i-\frac{1}{2},j,l} + \sigma_{i-\frac{1}{2},j,l} + s_{i+\frac{1}{2},j,l}$$
$$+ \sigma_{i+\frac{1}{2},j,l} + s_{i,j+\frac{1}{2},l} + \sigma_{i,j+\frac{1}{2},l} + s_{i,j,l+\frac{1}{2}} + \sigma_{i,j,l+\frac{1}{2}} + \lambda_{i,j,l}R_{di,j,l}n_{i,j,l}\Delta x\Delta y\Delta z - W_{oi,j,l}^{k+1}\Delta x\Delta y\Delta z$$

$$a_{i+1,j,l} = s_{i+\frac{1}{2},j,l} - \sigma_{i+\frac{1}{2},j,l}$$

$$a_{i,j+1,l} = s_{i,j+\frac{1}{2},l} - \sigma_{i,j+\frac{1}{2},l}$$

$$a_{i,j,l+1} = s_{i,j,l+\frac{1}{2}} - \sigma_{i,j,l+\frac{1}{2}}$$

$$b_{i,j,l} = \tau_{i,j,l}C_{i,j,l}^k + (W_{ei,j,l}^{k+1}C_{ei,j,l}^{k+1} + I_{i,j,l}^{k+1})\Delta x\Delta y\Delta z$$

6.4.3 统计预测模型

对于时间序列统计数据，常用的时间序列模型有自回归（AR）模型、移动平均
（MA）模型和自回归移动平均（ARMA）模型、差分自回归移动平均（ARIMA）模型
等多种模型。对于非平稳时间序列先进行差分运算化为平稳时间序列。

AR 模型 p 阶自回归模型记作 AR(p)，满足下面的方程

$$\mu_t = c + \varphi_1\mu_{t-1} + \varphi_2\mu_{t-2} + \cdots + \varphi_p\mu_{t-p} + \varepsilon_t \qquad t = 1, 2, \cdots, T$$

(6-28)

式中　　　　　　p——自回归模型阶数；

　　　　　　　　c——常数；

$\varphi_i (i = 1, 2, 3, \cdots, p)$ ——自回归系数；

ε_t ——均值为 0、方差为 σ^2 的白噪声。

MA(q) 模型对任意时期 t

$$\mu_t = \alpha + \varepsilon_t + \theta_1 \varepsilon_{t-1} + \cdots + \theta_q \varepsilon_{t-q} \qquad t = 1, 2, \cdots, T \qquad （6\text{-}29）$$

式中 　　　　α ——常数；

$\theta_i (i = 1, 2, 3, \cdots, p)$ ——移动平均模型的系数。

ARMA(p,q) 模型将纯 AR(p) 与纯 MA(q) 模型组合，得到一般的自回归移动平均方程 ARMA(p,q)：

$$\mu_t = c + \varphi_1 \mu_{t-1} + \cdots + \varphi_p \mu_{t-p} + \varepsilon_t + \theta_1 \varepsilon_{t-1} + \cdots + \theta_q \varepsilon_{t-q} \qquad t = 1, 2, \cdots, T$$

当 $p=0$ 时，ARMA(p,q)=MA(q)；当 $q=0$ 时，ARMA($p,0$)=AR(p)。

ARIMA(p,d,q) 模型对于非平稳的时间序列，通过多次差分可将其转化为平稳时间序列。设 μ_t 是 d 阶单整时间序列，即 $\mu_t \sim I(d)$，则

$$\omega_t = \Delta^d \mu_t = (1 - L)^d \mu_t$$

ω_t 为平稳时间序列，即 $\omega_t \sim I(0)$，可对 ω_t 建立 ARMA(p,q) 模型

$$\Phi(L) = C + \varphi_1 \omega_{t-1} + \cdots + \varphi_p \omega_{t-p} + \varepsilon_t + \theta_t \varepsilon_{t-1} + \cdots + \theta_q \varepsilon_{t-q}$$

根据北京市平谷区的地下水监测数据，基于时间序列模型进行分析得出：ARIMA 模型适用性较好，推荐使用基于时间序列的 ARIMA 模型。

6.5　预警模型的建立

6.5.1　影响因素的计算

6.5.1.1　污染源因素

污染源因素通过选取研究区内具有代表性的地下水污染源，确定污染源荷载风险的评价指标，包括污染物毒性、释放可能性及释放量这三项指标，通过下式计算地下水污染源荷载风险：

$$A_i = T \times P \times Q \qquad （6\text{-}30）$$

式中　A_i ——第 i 类污染源的荷载风险指数；

T, P, Q——污染物毒性、释放可能性、释放量这三项指标的等级赋值。

其中，P 的取值为 0、0.5 和 1；Q 的取值按释放量由小到大依次为 1、2、3；T 的取值见表 6-16。

表 6-16　需要统一污染物毒性（污染源种类）的等级赋值

等级赋值	工业污染源	养殖业污染源	农业污染源
1	—	—	不施加化肥农业
2			果园
3	—	小型养殖	主要施加有机肥的农业
4	食品加工	中型集中养殖	—
5	食品、烟草	大型集中养殖	有机肥、化肥混合施加的农业
6	造纸、纺织、再生水河道	—	主要施加化肥的农业
7	冶金		
8	制革、电镀、城区	—	—
9	石油化工		

根据地下水污染源荷载风险计算结果，通过下式计算地下水污染源荷载综合评价指数：

$$A = \mathrm{SUM}(A_i \times W_i) \qquad (6\text{-}31)$$

其中 A 的取值范围为 0 ～ 200，W_i 为第 i 类污染源的权重值。污染源类型权重推荐值见表 6-17。

表 6-17　污染源类型权重推荐值

污染源类型	工业	矿山或石油开采区	垃圾填埋场	危险废物	加油站	农业	高尔夫	地表污水
权重	5	5	3	2	3	4	1	1

根据综合评价指数计算结果，对研究区地下水污染源荷载进行评价，评价标准见表 6-18。

表 6-18　地下水污染源荷载评价标准

地下水污染源荷载综合指数范围	[0,20]	(20,40]	(40,60]	(60,80]	(80,200]
污染源荷载等级	低	较低	中等	较高	高

6.5.1.2　地质因素

地质因素的影响主要是将地层的防渗能力纳入预警模型中，通过评价地下水固有脆弱性进行评价。影响地下水固有脆弱性强弱的环境因素较多，其中包括地形、地貌、水文地质条件以及与污染物迁移相关的自然因素。采用 DRASTIC 模型进行研究区地下水固有脆弱性评价。该模型选取 7 个影响和控制地下水运动的指标作为评价因子，分别为地下水埋深 D、净补给量 R、含水层介质 A、土壤类型 S、地形坡度 T、包气带岩性 I 和

渗透系数 C。

采用 DRASTIC 模型计算地下水脆弱性指数的表达式如下：

$$V=D_W \times D_R+R_W \times R_R+A_W \times A_R+S_W \times S_R+T_W \times T_R+I_W \times I_R+C_W \times C_R$$

式中　　V——地下水脆弱性指数；

下标 W, R——评价指标权重和指标值。

根据各评价指标对地下水脆弱性的重要性赋予相应的权重，权重范围为 $1 \sim 5$，具体见表 6-19。

表 6-19　DRASTIC 指标体系中各评价指标权重

评价指标	权重	评价指标	权重
地下水埋深（D）	5	地形坡度（T）	1
含水层净补给量（R）	4	包气带岩性（I）	5
含水层介质（A）	3	含水层渗透系数（C）	3
土壤类型（S）	2		

DRASTIC 模型中各参数的类别及评分如表 6-20 所列。

根据地下水脆弱性指数的变化范围，将地下水固有脆弱性划分为 5 个等级，见表 6-21。

6.5.1.3　地下水水质及动态因素

地下水水质现状的分析采用改进的内梅罗指数法对水质现状进行评价。在运用内梅罗指数法进行地下水质量评价时，首先需根据单指标评价所得的地下水质量类别，按照表 6-22 来确定单组分评分值 F_i。

表 6-20　DRASTIC 模型中各参数的类别及评分

地下水埋深		含水层净补给量		含水层介质		土壤类型	
D/m	评分/分	R/mm	评分/分	A	评分/分	S	评分/分
＜2	10	＞315	10	以卵砾石为主	10	砂卵砾石	10
2～5	7	253～315	7	以砂卵砾石为主	8	含粉细砂黏质砂土	7
5～10	5	190～252	5	以中粗砂为主	5	黏质砂土	5
10～20	3	126～189	3	以细砂为主	3	黏土	3
＞20	1	＜126	1	以粉细砂为主	1	人工填土	1

地形坡度		包气带岩性		含水层渗透系数	
T/%	评分/分	L	评分/分	C/(m/d)	评分/分
0～2	10	砂卵砾石分布区	10	＞81.5	10
2～6	9	粉细砂分布区	7	40.7～81.5	8
6～12	5	砂质粉土分布区	5	12.2～40.7	5
12～18	3	黏质粉土、粉质黏土分布区	3	4.1～12.2	2
＞18	1	人工填土分布区	1	＜4.1	1

表6-21 地下水固有脆弱性分区

地下水脆弱性指数	对应分区	地下水脆弱性指数	对应分区
≤84	低脆弱性区	>124～151	较高脆弱性区
>84～103	较低脆弱性区	>151	高脆弱性区
>103～124	中等脆弱性区		

表6-22 地下水质量评分表

类别	I	II	III	IV	V
F_i	0	1	3	6	10

其次根据下两式计算综合评分值 F：

$$F = \sqrt{\frac{F_{\max}^2 + \overline{F}^2}{2}}$$

$$\overline{F} = \frac{1}{n}\sum_{i=1}^{n} F_i$$

（6-32）

式中　　$F_{\max}$——单项指标评分值 F_i 的最大值；

$\overline{F}$——各单项指标评分值 F_i 的平均值；

n——指标个数。

最后根据式（6-33）求得的 F 值，按照表6-23来划分地下水质量级别。

内梅罗指数法数学过程简单，物理概念清晰，便于研究和决策人员开展工作。但内梅罗指数法也存在着一定的不足，例如过于强调最大值对水质的影响，评价指标中只有一项指标的 F_i 值偏高就会使得综合评分值 F 偏高，这种"一票否决"式的评价方式不够客观合理。如果考虑不同评价指标对环境的毒性、易降解性以及去除难易性等因素，则同一质量级别不同指标的 F_i 值应有所差异，即应增加权重因素。

表6-23 地下水质量分级表

级别	I	II	III	IV	V
F	＜0.80	0.80～2.50	＞2.50～4.25	＞4.25～7.20	＞7.20

针对内梅罗指数法的上述缺陷，对该方法计算过程进行修正：

① 由于最大值对人体健康的威胁不一定最大，污染指标的危害性总体上与其III类水标准呈反比关系，所以通过在改进的公式中增加权重值体现危害性最大的污染指标对地下水水质的影响；

② 权重值较大的污染因子大多为毒性金属和难降解有机物，其中毒性金属为典型的累积性污染物，重金属浓度过高将对动植物生长和人体健康产生较大影响，因此应考虑重金属的累积对评价结果的影响。

改进的内梅罗指数法计算步骤如下：

（1）F_{max} 的修正

$$F'_{max} = \frac{F_{max} + F_w}{2}$$

$$F_w = \frac{\sum_{i=1}^{n} f_i}{m}$$

（6-33）

式中　F_w——权重值前 n 项指标的平均评分值，n 根据评价数据确定；

　　　f_i——前 n 项指标的评分值，划分标准依据表 6-23；

　　　m——前 n 项中 $f_i \geqslant 1$ 的项数。

用 F'_{max} 取代原计算公式中的 F_{max} 可得出修正的综合评分值 F'，根据表 6-23 即可得出评价结果。

（2）权重值 W_i 的计算

设各评价指标 S_i 的Ⅲ类水标准分别为 $S_1, S_2, \cdots, S_n$，将最大值 S_{max} 与 S_i 比较，令 R_i 为第 i 种评价指标的相关性比值，则

$$R_i = \frac{S_{max}}{S_i}$$

$$W_i = \frac{R_i}{\sum_{i=1}^{n} R_i}$$

（6-34）

式中　W_i——第 i 种污染指标的权重值，故 $\sum_{i=1}^{n} W_i = 1$。

6.5.1.4　地下水价值因素

地下水价值因素（可采资源量）的评价通过单位面积可开采的地下水量划分，划分原则如表 6-24 所列。

表 6-24　研究区地下水价值标准

可开采量/[10^4m³/(km²·a)]	＜2	2～6	6～10	10～20	＞20
地下水价值	低	较低	中等	较高	高

6.5.2　区域尺度地下水污染预警等级的划分

对于大区域尺度的地下水污染预警，考虑地下水脆弱性、污染源荷载、地下水价

值、地下水水质及动态等指标。首先对各项指标进行赋值，利用层次分析法计算各指标的权重。综合考虑各个指标，建立污染预警等级及阈值的划分方法。

地下水脆弱性、污染源荷载、地下水价值的赋值见表6-25。

表6-25　三项指标赋值

赋值	地下水脆弱性	污染源荷载	地下水价值
1	低	低	低
2	较低	较低	较低
3	中等	中等	中等
4	较高	较高	较高
5	高	高	高

地下水水质及动态赋值见表6-26。

表6-26　地下水水质及动态赋值

现状水质	预测水质			
	Ⅰ、Ⅱ类水	Ⅲ类水	Ⅳ类水	Ⅴ类水
Ⅰ、Ⅱ类水	1	1	2	3
Ⅲ类水	1	1	2	3
Ⅳ类水	2	2	2（水质稳定或好转） 3（水质恶化）	4
Ⅴ类水	3	3	3	4（水质稳定或好转） 5（水质恶化）

根据层次分析法计算得到地下水脆弱性、污染源荷载、地下水价值、地下水水质及动态指标权重分别为0.18、0.28、0.06、0.48。计算预警等级指数 K：

$$K = \mathrm{SUM}(K_i \times W_i) \tag{6-35}$$

式中，K 的取值范围为 $1 \sim 5$；W_i 为指标的权重值。

将地下水污染预警等级确定为5级，即无警 - 轻警 - 中警 - 重警 - 巨警（见表6-27）。无警表示地下水面临污染的风险很小，不需要发布预警。轻警、中警、重警、巨警表示地下水面临不同程度的污染，需要发布预警。典型城市尺度地下水污染预警等级划分说明见表6-28。

表6-27　典型城市尺度地下水污染预警等级划分

K	1	(1, 2]	(2, 3]	(3, 4]	(4, 5]
预警等级	无警	轻警	中警	重警	巨警

表6-28　典型城市尺度地下水污染预警等级划分说明

预警等级	特征
0（无警）	地下水脆弱性低（防污性能高），地表无污染源分布，地下水受污染风险小；地下水水质满足Ⅰ、Ⅱ、Ⅲ类标准，地下水水质变化稳定

预警等级	特征
Ⅰ（轻警）	地下水脆弱性较低（防污性能较高），地表有零星污染源分布，地下水有一定的污染风险；地下水质量属Ⅲ～Ⅳ类，地下水水质有轻微恶化趋势
Ⅱ（中警）	地下水脆弱性中等（防污性能中等），地表有部分污染源分布，地下水受污染风险中等；地下水质量属Ⅳ～Ⅴ类，地下水水质恶化趋势中等
Ⅲ（重警）	地下水脆弱性较高（防污性能较差），地表有大量污染源分布，地下水受污染风险较高；地下水质量属Ⅴ类，地下水水质恶化趋势较严重
Ⅳ（巨警）	地下水脆弱性高（防污性能差），地表存在大量污染源，地下水受污染风险很高；地下水质量属Ⅴ类，地下水水质恶化趋势非常严重

6.5.3 场地尺度（重点污染区）地下水污染预警等级的划分

对于重大污染源及周边区域（小尺度）的地下水污染预警，由于研究区相对较小，地下水脆弱性、污染源荷载、地下水价值因素相对较为一致，因此地下水水质及动态成为污染预警的主要参考指标。

若预警指标仅需要对单因子水质指标进行预警，引入水质变化速率的概念，其计算公式为：

$$Q = \frac{\dfrac{C_t - C_0}{C_0 \times 3}}{t} \qquad (6\text{-}36)$$

式中　C_t——模拟预测水质；

　　　C_0——现有水质；

　　　t——时间。

通过分析比较现有水质 P、水质预测变化速率 Q 以及近三年水质平均变化速率 R，对地下水水质及动态进行赋值，赋值参考表 6-29。重点污染区地下水污染预警等级划分说明如表 6-30 所列。

表 6-29　重点污染区地下水水质及动态赋值（单因子）

现状水质	预测水质			
	Ⅰ、Ⅱ类水	Ⅲ类水	Ⅳ类水	Ⅴ类水
Ⅰ、Ⅱ类水 Ⅲ类水	1	1（$Q \leqslant 0.1$）	2（$Q \leqslant 0.25$ 且 $Q \leqslant R$）	3（$Q \leqslant 0.25$）
				4（$0.25 < Q \leqslant 0.33$）
		2（$Q > 0.25$）	3（$Q > 0.25$ 或 $Q > R$）	5（$Q > 0.33$）
Ⅳ类水	2	2	2（$Q \leqslant 0.1$）	4（$Q \leqslant 0.25$ 且 $Q \leqslant R$）
			3（$Q > 0.1$）	5（$Q > 0.25$ 或 $Q > R$）
Ⅴ类水	3	3	3	4（$Q \leqslant 0$）
				5（$Q > 0$）

表 6-30　重点污染区地下水污染预警等级划分说明

预警等级	特征
0（无警）	地下水现状质量满足Ⅰ、Ⅱ或Ⅲ类标准，预测水质仍满足Ⅰ、Ⅱ或Ⅲ类标准，地下水水质变化稳定
Ⅰ（轻警）	地下水现状质量满足Ⅰ、Ⅱ或Ⅲ类标准，预测水质属Ⅳ类标准，地下水有轻微恶化趋势；地下水现状满足Ⅳ类标准，预测水质属Ⅰ、Ⅱ或Ⅲ类标准，地下水有好转趋势；地下水水质现状满足Ⅳ类标准，预测水质仍属Ⅳ类标准，但地下水有好转趋势
Ⅱ（中警）	地下水现状质量满足Ⅰ、Ⅱ或Ⅲ类标准，预测水质属Ⅴ类标准，地下水恶化趋势中等；地下水水质现状满足Ⅳ类标准，预测水质仍属Ⅳ类标准，但地下水有恶化趋势；地下水水质现状属Ⅴ类标准，预测水质属Ⅰ、Ⅱ、Ⅲ或Ⅳ类标准，地下水有好转趋势
Ⅲ（重警）	地下水水质现状满足Ⅳ类标准，预测水质属Ⅴ类标准，地下水恶化趋势中等；地下水水质现状满足Ⅴ类标准，预测水质仍属Ⅴ类标准，但地下水有好转趋势
Ⅳ（巨警）	地下水水质现状满足Ⅴ类标准，预测水质仍属Ⅴ类标准，但地下水有恶化趋势

[1] 王嘉瑜,蒲生彦,胡玥,等.地下水污染风险预警等级及阈值确定方法研究综述[J].水文地质工程地质,2020,47(02):43-50.

[2] 马晋,何鹏,杨庆,等.基于回归分析的地下水污染预警模型[J].环境工程,2019,37(10):211-215.

[3] 贝迪恩特，里法尔，纽厄尔，等．地下水污染——迁移与修复.原著第二版[M].施周，等译.北京：中国建筑工业出版社，2009.

[4] 郭清海，王焰新.水文地球化学信息对岩溶地下水流动系统特征的指示意义——以山西神头泉域为例[J].地质科技情报，2006, 25(3): 85-88.

[5] 杜欣,陈植华,林荣荣,等.福建马坑矿区水化学微量组分的指示作用[J].水文地质工程地质, 2008(06): 33-37.

[6] 陈宗宇,张光辉,聂振龙,等.中国北方第四系地下水同位素分层及其指示意义[J].地球科学—中国地质大学学报, 2002, 27(1): 97-104.

第 7 章

典型区域地下水污染
监测预警应用案例

7.1 地下水污染监测预警与数字化平台介绍

本书提及的地下水污染监测预警平台部署于北京市平谷区，并覆盖了通州海绵城市监测的部分区域。平台主要为平谷区地下水污染日常监测、事故预警和分区预警提供支撑。平台自 2019 年 10 月进入试运行，截至 2020 年 12 月累计无故障运行 397d，累计采测数据（含历史数据）共计 43 期。

7.1.1 系统概述

北京市平谷区地下水污染快速预警决策系统实现了平谷盆地在不同地下水使用情景下的水流预测，以及地下水不同污染情景下的快速响应计算。系统可与地下水在线监测连接，进行地下水污染实时一键预测与预警。系统内嵌智能算法，可对污染物进行一键溯源，可及时找到泄漏源，并根据监测数据实现污染迁移计算，为污染应急防治提供直观、科学的支持，防止污染进一步扩大。系统为平谷区的地下水资源的合理利用及地下水环境污染的应急预警提供了数字化决策平台。

决策系统基于平谷盆地的水流与溶质迁移模型，进一步在 Java 环境下，应用 SSM 框架（Spring + Spring MVC + MyBatis）[1]，开发了地下水数值模拟软件的水流控制与点源污染控制等部分子模块的前后处理程序，并实现了 B/S 架构[2] 下的数值模型操作，用户可通过网页浏览器在互联网上操作部署服务器的地下水数值模型，并采用高德地图 API 与三维渲染引擎实现浏览器前端对地下水模型的二维 / 三维渲染。

本系统功能由设备管理、数据管理、监测网络管理、视频监控、设备远程管控、监测网络全景展示、辅助决策以及基础支撑功能 8 大模块组成（见图 7-1）。目前所实现的数值模型操作包括应力期、抽 / 注水井与点源污染等相关参数控制，以及二维 / 三维结果显示、图层增删、水流与污染羽动画控制等模块。

系统以地下水综合信息采集为基础[3]，研发地下水污染关键指标提取分析技术，突破地下水数据分析关键技术，构建一套地下水污染监控预警与数字化技术平台，从而有效提升京津冀地下水污染防治与管理水平，为京津冀水环境质量整体改善的目标提供理论、技术与管理支撑。通过本平台的长期稳定运行和逐步完善，形成具备业务化运行能力的京津冀重点区域模块化、标准化监测预警与数据信息处理平台，为我国地下水环境监管提供技术支撑。

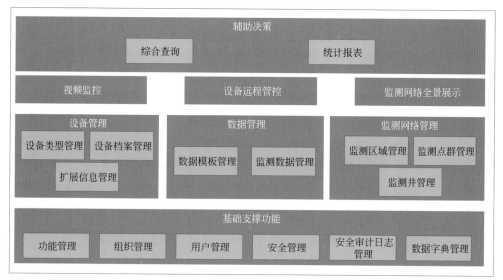

图7-1　地下水污染监测预警信息系统架构

7.1.2　业务化运行模块

（1）采样任务管理

包含了任务管理和进度监控功能，该模块涉及了采样任务的发起、复测、进度监控以及测试数据的导入和基于监测数据的水质评价。

（2）导入测试数据

对于已经执行过样本送检的采样任务执行测试数据导入操作。

（3）异常任务复测

对于有异常指标的任务可以发起复测任务。

（4）任务流程监控

查看采样任务每个流程环节所产生的业务数据。管理员可通过单击"采样进度监控"进入其页面，对其任务执行监控查看操作。在地理信息系统（GIS）上使用不同颜色图例分别统计当前月未采样、已采样、不具备采样条件监测井的数量及占比。

根据监测指标测量值对监测井进行水质评价并在 GIS 上统计展示各水质分类监测井数量及占比情况。管理员可通过单击"水质评价"进入其页面，对其水质情况进行查看（见图 7-2）。通过选择不同的区域、含水层可对监测井进行筛选查看，并通过点击时间轴上不同时间查看不同月份的监测井水质统计情况。通过切换"水质评价"菜单可查看各检测指标的水质等级，通过点击不同的指标列展示不同指标的历史数据。

图7-2　水质评价管理

数据一键采集控制如图 7-3 所示。

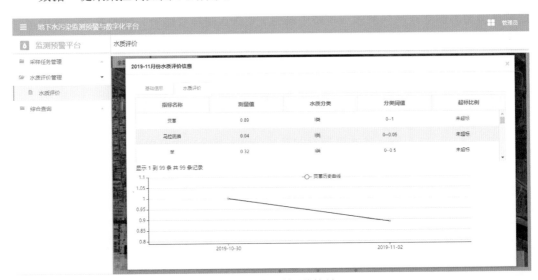

图7-3　数据一键采集控制

集自动采测井的数据采集指令下发、实时数据接收与展示、数据分析、历史数据展示、视频监控于一体的自动化数据监控平台见图 7-4。

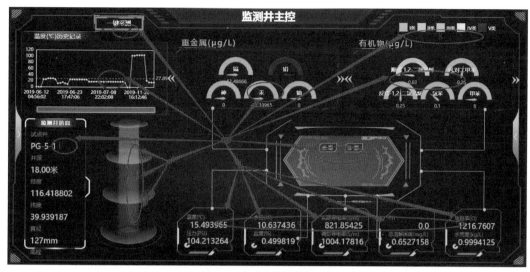

图 7-4　自动化数据监控平台

如图 7-4 所示：

标 1：井的基础信息展示。

标 2："一键采测"按钮同标 3 分层采测功能一致。

标 3：全层采测与分层采测指令的下发。

全层采测：每一含水层（共三个含水层）都进行采集指令的下发。

分层采测：当前含水层进行采集指令的下发。

标 4：展示井的当前含水层级。

标 5：当前含水层的常规指标数据的展示。

标 6：有机物指标的展示，通过不同颜色图例区分指标水质分类等级。

标 7：重金属指标的展示，通过不同颜色图例区分指标水质分类等级。

标 8：水质分类等级图例。

标 9：常规指标历史曲线图，点击标 5 中常规指标可进行历史指标的切换展示。

如图 7-5 所示，左右两个选择栏分别点击"标 1""标 2"可进行隐藏和展示的切换。

图 7-5 中标 3 展示的是可进行自动采测的监测井，可在左侧展示栏中点击选择需要一键采集的监测井，切换展示该监测井的监测数据。

标 4：展示当前井的实时视频监控画面。

7.1.3　趋势预警模块

模块可实现将数值模拟的污染迁移结果进行状态再现，并根据污染指标的阈值进行污染风险预警区域划分，可根据用户需求展示具体地点的时间序列的污染与预警等级情况，同时软件可将划分好的预警等级进行保存，方便后续管理。软件功能如下所述。

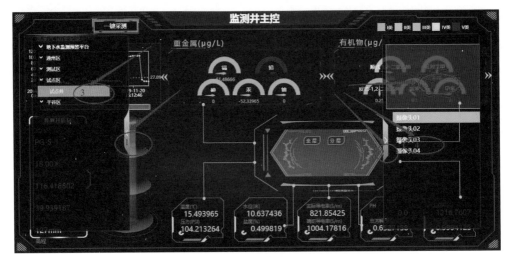

图7-5　监测井主控界面

（1）污染结果再现

选择不同时间下的污染迁移模拟结果，可以展示相应时间下的污染结果。如图7-6所示。

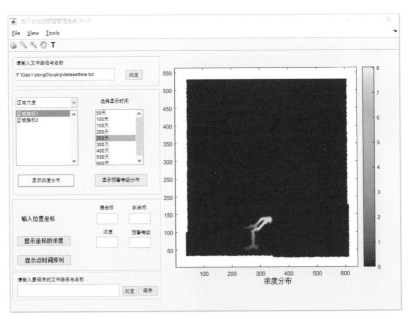

图7-6　污染结果显示

（2）预警等级划分

软件依据选定尺度的指标阈值对区域进行预警等级划分，根据污染物的浓度情况，从低到高分为"蓝色预警""黄色预警""橙色预警""红色预警"四个等级。如图 7-7 所示。

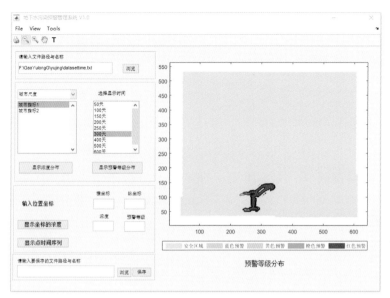

图7-7　预警等级划分功能

（3）具体点显示

软件可根据直接输入关注点的坐标或者在屏幕捕捉的位置，显示关注位置的污染物浓度和预警等级情况。具体点的等级情况如图 7-8 所示。

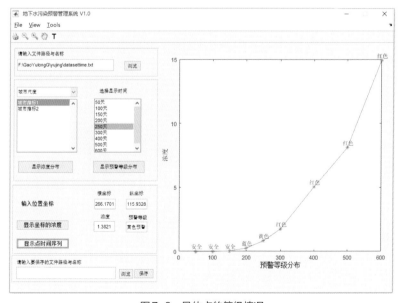

图7-8　具体点的等级情况

"地下水污染预警管理系统"软件目前已经实现了对地下水污染管理的基本功能，

但是在软件界面和对不同格式数据的识别方面依然需要改进，因此任务组后续需继续完善软件功能，以便做到更加通用化。

7.1.4　应急模拟模块

（1）以 MODFLOW 与 MT3D-USGS 作为计算引擎，构建模型计算服务器

MODFLOW[4] 与 MT3D-USGS 是由美国地质调查局开发的用于三维地下水水流、污染物运移模拟的标准模型，经过 30 多年的发展已经成为全世界普遍采用的地下水数值模拟软件。本系统以 MODFLOW 与 MT3D-USGS 软件作为计算引擎，构建模型计算服务器，实现在线监测数据与科学计算的无缝连接，并以二维和三维可视化技术实现地下水数值模型的前后文件处理与结果渲染。

（2）网络终端快速高效的地下水水流计算与预测

项目区域内规划了两处集中饮用水水源，设置了大量的水井作为抽水用途，模型计算服务器实现对项目区抽/注水井相关参数的控制，包括水井位置与抽/注水量，实现特定用水情境下的地下水水流与水位计算及规划管理功能。

水流预测控制界面如图 7-9 所示。

图7-9　水流预测控制界面

（3）网络终端快速高效的地下水污染迁移计算与预测

项目区域内能产生物理的、化学的、生物的有害物质（能量）的设备、装置与场所，均成为潜在的污染源，可能有点源与面源等类型，污染物包括重金属与有机物等诸多种类。因此，模型计算服务器实现对项目区潜在污染源位置与浓度的控制，达到特定污染情境下的污染物运移预测功能。

点源污染预测控制界面如图 7-10 所示。

图7-10　点源污染预测控制界面

（4）网络终端污染预测数值模型的实时计算

传统的地下水水流与污染物运移模拟只能通过台式计算机独立运算，以研究报告的形式为管理者提供决策参考依据，其机动性与时效性很低。本系统通过实现地下水数值模拟的实时在线计算功能，将在线监测系统与科学计算预测连接起来，打通数值模拟与管理决策之间的技术壁垒，极大地提高科学计算的机动性与时效性。

实时计算界面如图 7-11 所示。

图7-11　实时计算界面

（5）地下水污染快速预警二维与三维地图显示

污染物可随地下水迁移，其流向多呈羽状扩散，污染羽状体一般被称为污染羽。基于 MODFLOW 与 MT3D-USGS 数值模拟所形成的污染羽，可通过二维或三维图形的方式表现出来，以黄 - 红的颜色过渡，显示污染物浓度分布特征。二维与三维地图显示如图 7-12 所示。

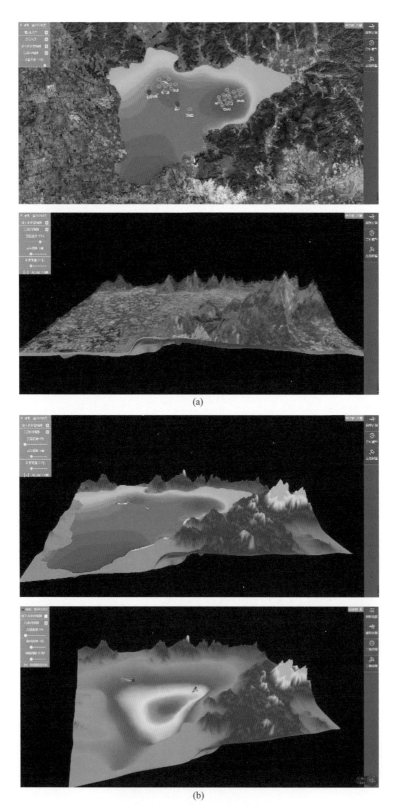

(a)

(b)

图7-12　二维与三维地图显示

当前的工作已经为后续工作打下了良好的基础，但关于研究区的污染运移模型与决策系统后续工作还需要更深入研究，特别是优化研究区非稳定流模型与溶质迁移模型，从而提高决策系统的可靠性。

7.2 地下水监测数据异常值识别与优化指标筛选

（1）地下水监测数据异常值识别

监测井网空间冗余，监测井识别结果往往取决于数据的准确性，因此对现有监测数据进行数据清洗和异常值识别是非常必要的。异常值常包含在极大值与极小值中。识别过程中遵循以下原则：

① 时间尺度上，每一个监测井的时间浓度变化趋势往往存在不符合变化趋势的单个极大值或者极小值，该异常值远远超过或低于正常值；

② 空间尺度上，相邻多个监测井同一指标的时间浓度如果呈现统一的极值趋势，往往不是异常值，而是地下水指标变化的实际反应。

2010～2018 年 PG-49 和 PG-50 监测井的总溶解固体（TDS）浓度分布如图 7-13 和

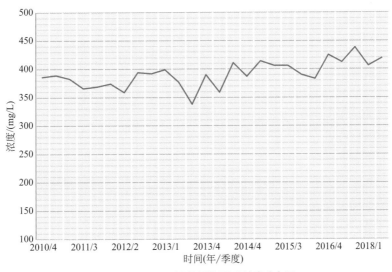

图 7-13　PG-49 监测井 TDS 浓度分布图

图 7-14 所示，其中图 7-13 显示 PG-49 监测井 TDS 浓度总体平稳，波动较小，因此不存在异常值；图 7-14 显示 PG-50 监测井 TDS 逐年变化过程，大多在 400mg/L 左右。2014年第 2 季度为最大浓度值，其值为 575mg/L。通过分析其相近监测井同时期 TDS 浓度值，发现 2014 年第 2 季度 PG-50 监测井附近 TDS 总体偏高，因此该值不是异常值。

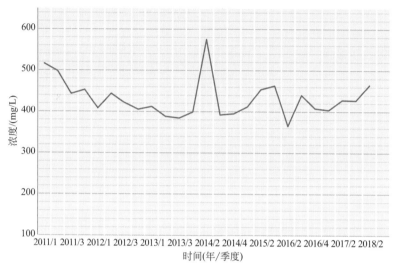

图7-14　PG-50监测井TDS浓度分布图

异常值识别和剔除过程中不仅需要考虑时间上的变化趋势，同时也不可忽略空间因素，准确识别数据中的异常值，对于监测网分析优化过程非常重要，本次异常值识别结果见表 7-1。

表7-1　监测数据异常值识别结果

监测井	指标	监测时间	浓度/ppb	类型
PG-13	TDS	2017年第3季度	60100（极小值）	
PG-19	Mn	2012年第2季度	11	
PG-32	Cl	2017年第2季度	77200	潜水含水层
PG-41	Cl	2017年第1季度	20900	
PG-42	Cl	2015年第1季度	20900	
PG-6	Mn	2013年第3季度	159	
PG-16	Mn	2013年第3季度	429	第一承压含水层
PG-5	Mn	2013年第3季度	158	
PG-17	NO_3^-	2013年第3季度	2700（极小值）	第二、第三承压含水层

注：1ppb=10^{-9}。

（2）优化指标筛选

监测井网优化过程中，优化指标的筛选十分重要，因为指标的选择往往直接决定着优化结果。监测井网优化过程中往往要求优化指标满足以下两个条件：

① 具有较高的空间检出率；

② 具有较高的超出限制百分比。

区域尺度场地类型主要指完整的冲洪积平原区、山间河谷盆地、冲洪积扇等，包含以基岩和沉积边界划分一级单元，可再根据沉积物成因、时代、岩性特征及富水性特征等进一步划分。本节针对区域尺度地下水污染监测井优化指标，基于指示性因子识别结果，通过 Mann-Kendall 分析进行筛选，如图 7-15 所示；根据指示性因子排序结果显示，因子得分较高的污染性因子有 NO_3^-、F^-、SO_4^{2-}、Cl^-、NH_4^+、Fe^{3+}、Fe^{2+} 和 Mn（见图 7-16）。通常情况下，人为污染可能通过两种方式使地下水中的组分含量升高：第一种

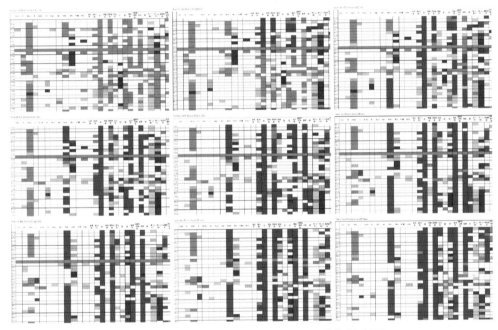

图 7-15　2010～2019 年 Mann-Kendall 趋势分析结果

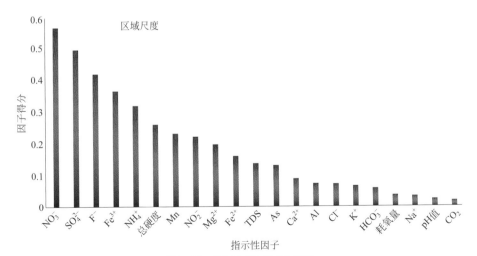

图 7-16　地下水指示性因子得分

方式是通过人为活动直接输入的方式，如 NO_3^-、F^-、SO_4^{2-}、Cl^- 和 NH_4^+；第二种方式是人为活动改变了地下水的环境（如氧化还原环境），从而改变了地下水的组分含量，如 Fe^{3+}、Fe^{2+} 和 Mn。因此将人类活动影响的指示性因子确定为优化指标，如 NO_3^-、NH_4^+-N、Cl^- 和 Mn。

（3）识别冗余监测井

本节围绕平谷盆地地下水污染监测网进行研究，示范区现有 58 口监测井，根据四个优化指标的浓度插值误差进行优化，分别为 NO_3^-、NH_4^+-N、Mn 和 Cl^-。具体过程分为以下两阶段。

① 基于平谷地区原有的 58 口井，利用蚁群算法与遗传算法检测出冗余井，同时采用风暴粒子群优化算法增加井的实验。最终选出最优目标井的位置，通过平谷地下水监测井的优化验证了上述过程是一套行之有效的方法。在进行监测井的增删位置检测之前，为了体现不同区域的重要性，将整个区域分成属于三个类别的五个部分，其中有两类包含两个部分，即先将平谷地区的 58 口井按深度划分为三层，并对该三层分别进行井删除或井增加操作。

② 在检测冗余井的过程中，采用均方根来作为误差，计算如式（7-1）、式（7-2）所列。式中，m 表示期望删除的监测井数量；$C_{i,est}$ 表示第 i 口监测井的估计浓度值；C_i 表示第 i 口监测井的真实浓度值，通过除以两者之间的较小值来实现相对误差估计。对于估计浓度值，采用反距离加权法进行估计，计算方法如下所示：

$$RMSE = \sqrt{\frac{\sum_{i=1}^{m}\left(\dfrac{C_{i,est} - C_i}{\min(C_{i,est}, C_i)}\right)^2}{m}} \qquad (7\text{-}1)$$

$$C_{i,est} = \frac{\sum_{j=1}^{n} \dfrac{c_j}{d_{ij}^p}}{\sum_{j=1}^{n} \dfrac{1}{d_{ij}^p}} \qquad (7\text{-}2)$$

根据以上指标的计算方法，检测平谷区域的第一层监测冗余井位置，设置期望删除井数为 1 ~ 10，运用基于非快速排序的多目标遗传算法（NSGA-Ⅱ）进行寻优计算，寻优方向为使得各个误差值趋于 0，对于任一期望的删除井数，将生成一组 Pareto 解。对这一组的 Pareto 解的 4 个优化指标的误差值分别计算平均值，由此得到关于每个优化目标的 10 个平均误差值（表 7-2），并将 4 个优化指标的平均误差值求和以作为总误差，所得结果如表 7-3 所列。总误差绘制为折线图，以观察其变化趋势，结果如图 7-17 所示。

由图 7-17 可知，随着被删除监测井数量的增加，误差也逐渐增大，因此折线整体将呈现上升趋势。而从删除 4 口监测井升至删除 5 口监测井时，关于误差的趋势拟合曲线斜率突然增大，因此删除 4 口监测井时牺牲各个指标的误差值所增加的效益是最大的，所以我们最终采用删除 4 口监测井的方案。而在删除 4 口现有监测井的设定下，其对应输出一组 Pareto 解，对于该组解，可通过具体需要进行选择，或者直接选择拥挤度最小的解，或者输出总误差最小的解。

表 7-2　各个离子不同期望删除井数对应的平均误差

删除井数	NH_4^+	Cl^-	NO_3^-	Mn
1	0.024367008	0.128531165	0.192112769	0.053617615
2	0.028926312	0.121072576	0.194087388	0.060856184
3	0.038071576	0.103824944	0.195349671	0.079038107
4	0.039325996	0.099195888	0.204332068	0.081167641
5	0.044133666	0.098740268	0.21411897	0.089453037
6	0.051645314	0.099812556	0.20782684	0.102910629
7	0.05798584	0.110278031	0.205797971	0.108799755
8	0.062466002	0.115338796	0.208038851	0.111838983
9	0.066274272	0.119815432	0.206096523	0.113874855
10	0.068516646	0.126562111	0.212509227	0.118718257

表 7-3　不同期望删除井数对应的总误差平均值

删除井数	1	2	3	4	5
RMSE	0.398628557	0.40494246	0.416284298	0.424021593	0.446445941
删除井数	6	7	8	9	10
RMSE	0.462195339	0.482861597	0.497682632	0.506061082	0.526306241

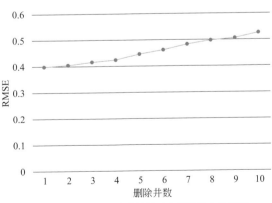

图 7-17　不同期望删除井数对应误差的变化趋势

（4）监测井增加

在应用过程中，对平谷区域划分后的三个层次的监测井分别进行监测井增加操作。在优化的过程中，为避免新增的井与原有井位置太过靠近，笔者及其团队加入了距离限定，设置新增井位置需在原有井位置的 500m 范围之外；为避免新增井位置落到边界之外，将算法由风暴粒子群优化算法改为头脑风暴算法；在最优点选取时，加入了整个边界内的均方误差作为选取条件。这里说明一点，笔者未在基于减井的基础上再进行井增加优化，而是直接在原有井的基础上进行井增加操作。设置新增监测井的数量为从 2 口至 12 口，运用头脑风暴算法结合克里金插值模拟的位置，使用 NO_3^-、NH_4^+、Mn 和 Cl^- 四个目标物浓度值的克里金插值中的模型误差为目标进行优化，并根据对应的 Pareto 前沿选出最优目标监测井的位置。对这 11 个不同的增加井数计算其分别对应的 Pareto 前沿，模拟其浓度分布和插值误差。

以第一层的监测井为例，计算增加监测井后的插值误差。对每一个期望增加井数，都将得到一组 Pareto 解，而针对每一个解，通过计算误差的增值程度来度量经过井增加后的监测井网络相比于未增加监测井时的网络性能，计算方式如式（7-3）所示。式中，m 表示期望增加的监测井数量；$C_{i,cha}$ 表示在新增监测井之后所有监测井的第 i 种目标物的估计误差值；C_i 表示原来所有监测井的第 i 种目标物的估计误差值。此处同样通过除以两者之间的较小值来实现相对误差估计。采用与监测井删除中类似的插值，计算不同期望增加监测井数量下的误差，其插值误差结果如表 7-4 所列。

$$Z = \sqrt{\frac{\sum_{i=1}^{4}\left(\dfrac{C_{i,cha} - C_i}{\min(C_{i,cha}, C_i)}\right)^2}{m}} \qquad (7\text{-}3)$$

表 7-4　各离子在不同增加井数量下的插值误差

增加井数	NH_4^+	Cl^-	NO_3^-	Mn
1	0.5126	0.9685	0.9735	2.8807
2	0.4826	0.8740	0.9120	2.7092
3	0.4692	0.8549	0.8852	2.6263
4	0.4584	0.8289	0.8593	2.5501
5	0.4497	0.8065	0.8356	2.4802
6	0.4497	0.8065	0.8126	2.4158
7	0.4326	0.7833	0.7919	2.3500
8	0.4223	0.7647	0.7708	2.2926
9	0.4128	0.7454	0.7518	2.2370
10	0.4004	0.7248	0.7340	2.1850
11	0.3907	0.7078	0.7171	2.1348
12	0.3843	0.6915	0.7001	2.0815

经过公式处理后，所得结果如表 7-5 所列。同样地，我们将误差增值绘制成折线图，以观察其变化趋势，结果如图 7-18 所示。

表 7-5　实际值与预测结果对比

时间	预测对象	实际值	预测值
2019 年第 1 季度	总硬度（以 $CaCO_3$ 计）/(mg/L)	296	307.4855
2019 年第 1 季度	NO_3^-/(mg/L)	6.8	6.2892

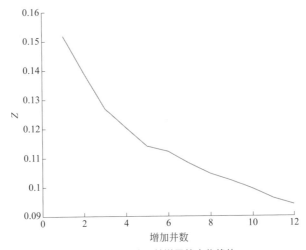

图 7-18　插值误差增量的变化趋势

在井增加的情形下，由图 7-18 可以看出，随着监测井数量的增加，插值误差的增量也将逐渐变小，因此折线整体将呈现下降趋势。而观察折线图，可以看出从增加 3 口监测井升至增加 5 口监测井时，关于误差的趋势拟合曲线斜率突然变小。因此认为增加 5 口监测井时，各个目标物的插值误差值所增加的效益是最大的，所以最终采用增加 5 口监测井的方案。在这种分布方案下，各目标物离子的浓度以及插值误差分布如图 7-19 ～图 7-22 所示，本节选 NH_4^+-N 及 Cl^- 的浓度分布和插值误差分布。

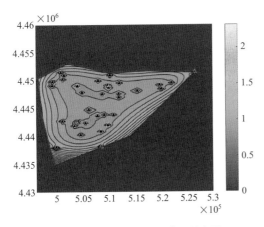

图 7-19　新增 5 口井 NH_4^+-N 浓度图

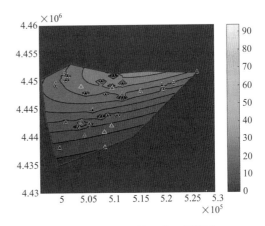

图 7-20　新增 5 口井 NH_4^+-N 误差图

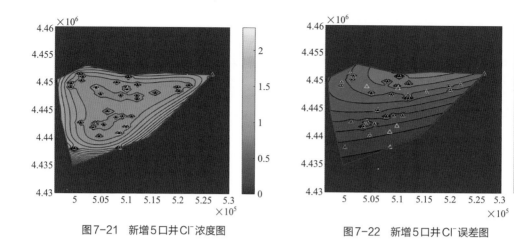

图7-21 新增5口井Cl⁻浓度图　　　图7-22 新增5口井Cl⁻误差图

7.3 地下水污染趋势预警与应急预警

7.3.1 基于时间序列的地下水水质预测模型

常用的时间序列模型有自回归（AR）模型、移动平均（MA）模型和自回归移动平均（ARMA）模型、差分自回归移动平均（ARIMA）模型等多种模型。对于非平稳时间序列先进行差分运算化为平稳时间序列。

根据北京市平谷区的地下水监测数据，基于时间序列模型进行分析得出：ARIMA模型适用性较好，推荐使用基于时间序列的 ARIMA 模型。而对于地下水水质监测数据具有季节性变化的时间序列，可采用 SARIMA 模型［Seasonal Autoregressive Integrated Moving Average，季节性差分自回归滑动平均模型，是在 ARIMA 基础上考虑了季节性影响（周期性）的一种时间序列分析方法］。

以 NO_3^- 和总硬度为例进行预测。其实际值与预测结果对比如表 7-5 所列。

总硬度预测结果如图 7-23 所示。

总硬度预测误差如图 7-24 所示。

NO_3^- 预测结果如图 7-25 所示。

NO_3^- 预测误差如图 7-26 所示。

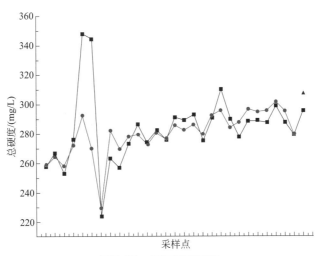

图7-23　总硬度预测结果

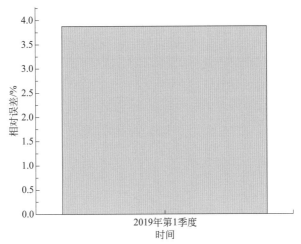

图7-24　总硬度预测误差

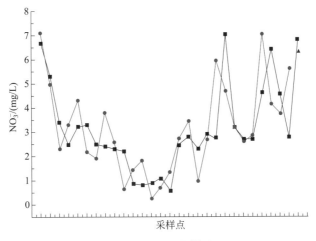

图7-25　NO_3^-预测结果

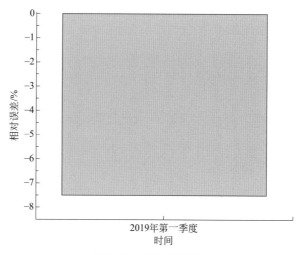

图7-26　NO₃⁻预测误差

本次选取了 PG-27、PG-44 监测井的部分因子进行时间序列分析，对已有数据的最后一年进行了预测，预测结果如图 7-27、表 7-6 所示。

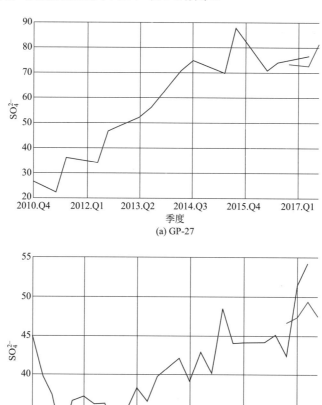

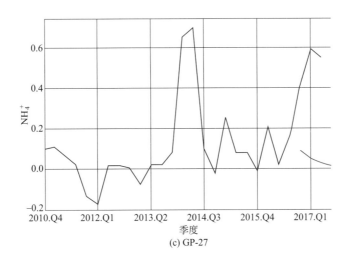

(c) GP-27

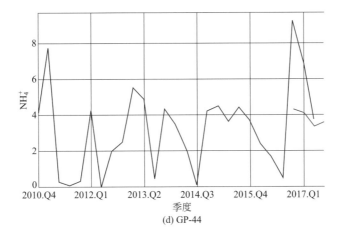

(d) GP-44

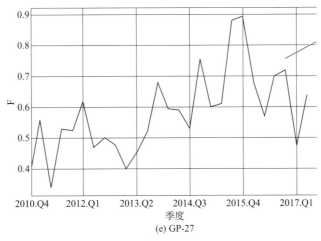

(e) GP-27

图7-27

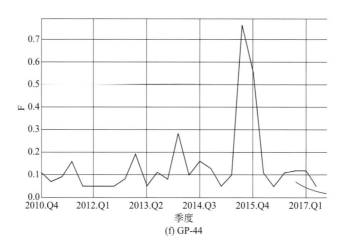

(f) GP-44

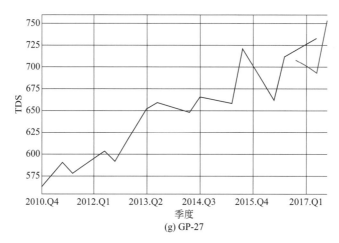

(g) GP-27

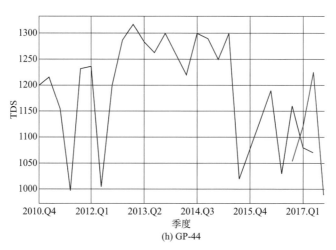

(h) GP-44

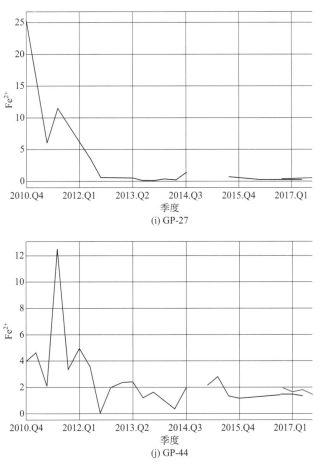

(i) GP-27

(j) GP-44

图7-27　实际值与预测数据对比图

（横标中 Q 表示季度，例如 2012.Q1 表示 2012 年第 1 季度）

表 7-6　实际值与预测结果对比

因子	井号	时间	实际值	预测值	误差/%
SO_4^{2-}	GP-27	2016.Q3	73.90	73.12	1.05
	GP-27	2017.Q2	76.80	81.41	6.00
	GP-44	2017.Q1	51.20	49.28	3.75
	GP-44	2017.Q2	54.20	47.34	12.65
NH_4^+	GP-27	2016.Q3	0.16	0.09	43.75
	GP-27	2017.Q2	0.55	0.02	96.36
	GP-44	2017.Q1	6.94	3.38	51.29
	GP-44	2017.Q2	3.78	3.61	4.49
F	GP-27	2016.Q3	0.70	0.76	−8.57
	GP-27	2017.Q2	0.64	0.81	−26.56
	GP-44	2017.Q1	0.12	0.03	75.00
	GP-44	2017.Q2	0.05	0.02	60.00

续表

因子	井号	时间	实际值	预测值	误差/%
TDS	GP-27	2016.Q3	711.00	707.66	0.46
	GP-27	2017.Q2	733.00	752.55	2.66
	GP-44	2017.Q1	1080.00	1224.90	13.41
	GP-44	2017.Q2	1070.00	987.75	7.68
Fe^{2+}	GP-27	2016.Q3	0.22	0.37	68.18
	GP-27	2017.Q2	0.28	0.57	103.57
	GP-44	2017.Q1	1.50	1.80	20.00
	GP-44	2017.Q2	1.41	1.46	3.54

注：时间中 Q 表示季度，例 2016.Q3 表示 2016 年第 3 季度。

将预测值与实测数据进行对比（图 7-27），可以发现对 SO_4^{2-} 因子的预测误差在 1.05% ～ 12.65% 之间；对 NH_4^+ 因子的预测结果显示 GP-27 误差较大，GP-44 误差相对准确；对 F 因子的预测误差为 –26.56% ～ 75%；对 TDS 的预测误差为 0.46% ～ 13.41%，能够反映 TDS 的真实情况；对 Fe^{2+} 因子的预测结果与实际监测值趋势相同。

通过对区域尺度的一些影响因子进行预测分析可知，该模型可以预测到监测数据的变化趋势，但对每个点位具体的数值预测存在一些偏差，最小偏差为 0.46%，最大偏差为 103.57%，该偏差对应每一个监测点的实测值，在所有的监测数据中，偶有大的误差对整体的预测影响不大。

产生这些误差的原因有：

① 时间序列分析需要有足够的数据量为基础，而目前的监测数据基数较小；

② 监测数据中间存在数据缺失，在对缺失数据进行拟合插值时会存在误差；

③ 利用 SARIMA 模型进行时间序列预测时，模型本身也会有预测偏差。而随着数据量的增加误差将会逐渐减小。

7.3.2 基于水质模型的事故应急预警

7.3.2.1 实时在线监测数据

实时在线监测数据输入主要是将模型范围内的地下水监测井的各种监测数据通过物联网的形式直接实时传输到在线模型系统相应的数据模块中。

本系统通过物联网技术将各个地下水监测井内的监测设备连接到网络，将自动监测数据直接传输到系统平台，在直接显示所测指标具体数值的同时也将这些数字以饼图、条形图、时间变化趋势图等多种形式更直观地呈现出来。实时在线监测数据界面展示如

图 7-28 所示。

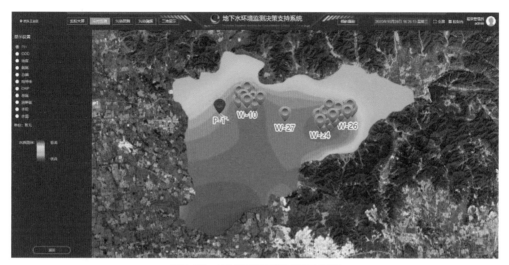

图7-28 实时在线监测数据界面展示

具体包括内容有点位位置地图展示、站点类型统计、设备状态展示、水质数据统计、多指标实时监测动态趋势展示、多指标在线监测数值展示、多指标历史监测数据展示、报警站点情况展示等。

7.3.2.2 人工监测数据

在现实情况中，有众多地下水环境监测井不能实现在线监测，其监测数据主要通过人工输入在线模型系统，此部分数据虽然时效性不强，但其覆盖的指标种类广，数据准确性高，对地下水环境监测具有重要意义。

7.3.2.3 源汇项数据

当模型范围内存在较大规模的人工抽注水或不在监测井有效监测半径内的大规模抽注水、排水活动及其他污染排放等活动中，模型的源汇项数据具有较大改变时，需要手动将此部分源汇项数据输入模型对应的数据框内，以实现模型流场和溶质场的准确刻画。

7.3.2.4 模型自启动计算

（1）水流计算

在在线模型系统中，当初始条件、边界条件、源汇项等数据输入相对全面且较准确的情况下，模型可以进行自启动计算，首先计算出水流模型的流场，流场可按应力期的不同分为稳定流流场和非稳定流流场（应力期和时间步长可人工自行调节），该流场数据可以以后台数据、污染晕显示等多种形式呈现。

该流场计算的相对准确性很重要，它直接决定后者的溶质计算过程的准确性，应该对输入项的准确性加以审核确认。

流场的计算启动方式可设置为定时启动、触发启动及人工操作启动等多种方式。

（2）污染计算

同流场计算启动方式一致，污染计算模型可设置为定时启动、触发启动及人工操作启动等多种方式。

该功能主要是将前期完成的地下水数值模拟模型以全新的代码形式呈现在云服务器上，该模型既继承了传统的地下水数值计算模型的各种优势，又可以将实时监测到的污染情况直接传输到在线模型系统，触发在线模型的自动计算功能，并且将计算后的污染运移数据呈现出来，并以快速、科学的手段直接计算出污染情况和污染趋势，这为后期地下水应急污染处理处置和风险管控赢得了宝贵的时间。

实时在线监测数据输入模拟预测界面展示如图7-29所示。

图7-29　实时在线监测数据输入模拟预测界面展示

在流场计算过后，通过物联网上传到模型的水质数据和人工监测水质数据可以在流场中以溶质输入的形式在监测点位附近展开计算，计算方式可以设置为瞬时注入和持续注入两种方式。

需要注意的是本计算结果并不代表地下水全局模型流场中的污染浓度，只是将污染源假设在监测点位上的概化计算过程。

当有突发事件发生时，可在系统中直接设置污染源点位和污染模式，此时的计算模式更符合实际，计算出的污染晕与实际较为符合。

7.3.2.5　事故应急预警

（1）预测报警

通过在线模型的污染计算结果，根据 7.1 部分中预设的地下水污染预警警级阈值等信息将污染运移模拟计算结果数据对应划分，将划分结果对应到预设的预警级别中，并在地图上显示出污染浓度对应的预警范围（图 7-30）。

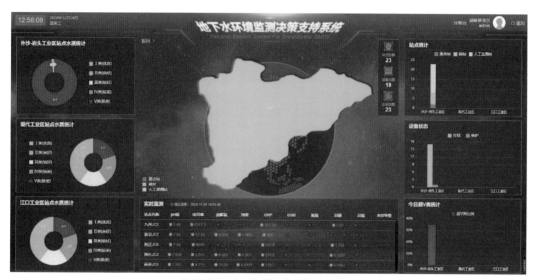

图7-30　实时在线污染预警界面展示

（2）报警响应

如果污染情况需要得到关注或者处理，直接触发警报系统，并以多种形式（管理平台、电话、短信、电台等）展现出来，为预警响应处理的顺利开展做好基础工作。

本功能主要是根据当地具体情况预设的地下水污染预警警度、警级阈值等信息，将前面提到的实时在线监测数据和实时在线监测数据输入模拟结果数据进一步处理划分，将划分结果对应到预设的预警级别中，如果污染情况需要得到关注或者处理，就直接触发警报系统，并以多种形式展现出来，及时通知管理者和相关人员。

7.3.2.6　事故污染溯源

（1）污染源数据库建立

溯源污染源信息库主要包含区域内所有企业的位置、涉水污染物种类及数量等关键信息。这部分信息在采集过程中应按照环评报告、安评报告、地下管网数据、企业排污许可备案、企业现场实地走访调研报告等资料获取。

（2）污染源溯源

溯源算法主要是通过测得的污染物所在监测井的位置、污染物类型和浓度等信息设置到溯源系统中，该溯源系统将通过预设的算法在地下水模型算得的历史和实时流场中向周边及上游搜索与该污染有关的企业或其他相关污染源，并将搜索情况展现出来，为排查解决污染问题提供科学合理、快速有效的帮助。实时在线监测污染溯源界面展示如图 7-31 所示。

图7-31　实时在线监测污染溯源界面展示

该功能主要靠4部分信息支撑运行，分别为溯源污染源信息库、溯源算法、监测系统及地下水水流模型。

[1] 杨开振,周吉文,梁华辉,等. Java EE互联网轻量级框架整合开发SSM框架(Spring MVC+Spring+MyBatis)和Redis实现[M]. 北京:电子工业出版社, 2017.

[2] 肖琴. 基于B/S构架的网络结构可视化系统设计及其实现研究[J].信息与电脑(理论版), 2020, 32(23): 153-155.

[3] 杨庆, 姜媛, 张伟红, 等. 基于地下水污染预警信息系统的污染防治研究[J]. 城市地质, 2015, 10(04): 63-66.

[4] 李国敏.地下水模拟软件的研究与开发进展[J].勘察科学技术,1994(06): 20-24.

附 录

附录**1** 常用水文地质参数确定方法的标准及指南

参数	参数用途 （溶质/水流）	确定方法	方法描述	辅助分析软件	备注
渗透系数	水流模型参数	野外抽水试验	在选定的钻孔或竖井中，对选定含水层（组）抽取地下水，形成人工降深场，利用涌水量与水位下降的历时变化关系，测定含水层（组）富水程度和水文地质参数。通过抽水试验可以确定岩石透水能力大小	AquiferTest Aqtesolv MODFLOW PUMP7EST SLUGC SLUGT2 TIMELAG TGUESS WELLTEST	试验方法说明参照《水文地质手册》1978版、2012版，或《供水水文地质勘察规范》（GB 50027—2001）
		室内土柱试验	—	—	室内试验结果运用在野外现场，通常有尺度效应
潜水单位给水度	水流模型	实验室法	在器皿中填充地层介质，注水后，测定流出水的量，进而分析得出给水度值		
		单孔抽水资料	根据潜水含水层单井抽水试验中流量、降深，随时间的变化关系，用曲线法分析求解给水度	—	
		指示剂法	通过在主孔抽水，观测孔投入指示剂的方法，确定指示剂在抽水孔中出现的时间，进而计算给水度	—	野外试验详细方法说明参见《水文地质手册》2012版（第二版）及1978版
		非稳定流有限差分方法	利用观测孔的水位长期变化数据，通过求解非稳定流有限差分方程，得出给水度	—	
		非稳定流抽水试验法	在选定的钻孔或竖井中，对选定含水层（组）抽取地下水形成人工降深场，利用涌水量与水位下降的历时变化关系，测定含水层（组）富水程度和水文地质参数	AquiferTest Aqtesolv MODFLOW WELLTEST	
承压水单位释水系数 S_s	非稳定流水流模型	抽水试验	在选定的钻孔或竖井中，对选定含水层（组）抽取地下水，形成人工降深场，利用涌水量与水位下降的历时变化关系，测定含水层（组）富水程度和水文地质参数	AquiferTest Aqtesolv MODFLOW THCVFIT THEISFIT TSSLEAK	也可用野外试验和室内试验的方法

参数	参数用途 （溶质/水流）	确定方法	方法描述	辅助分析软件	备注
弥散度	溶质运移	弥散试验	研究污染物在地下水中运移时其浓度的变化规律，并通过试验获得进行地下水环境质量定量评估的弥散参数	—	弥散试验通常使用污染物的天然状态法、附加水头法、连续注水法、脉冲注入法等进行。详见《城市环境水文地质工作规范》（DZ 55—87）
孔隙度	溶质运移	实验室分析法	孔隙度的测定是在实验室中进行的，用的是小块的岩芯或岩屑		
		定性估计方法	包括：电测，钻井岩屑的显微镜检查，钻井时间录井，岩心的短缺，放射性测井，其他测井方法	—	
地下水流速	水流流场	流速试验	一般在以地下水的水平运动为主的裂隙、岩溶含水层中进行，通过按照地下水流向布设试验井，运用投放试剂的方法，观测并计算地下水流速	—	参见《城市环境水文地质工作规范》（DZ 55—87），《水文地质手册》2012版、1978版或相关文献
		水头分析法	利用水头数据从3个空间方向估算流速分量。每4个观测点组成一个小组，连接在一起形成四面体，然后使用线性插值计算每个四面体的头部梯度。运用达西定律，最后生成速度分量	TETRA	该程序可用于承压和非承压，各向异性或均质含水层
地下水流向	水流流场	静水位分析法	根据多点静水位手动描绘地下水流线；或者插值软件插值计算地下水流场分布	Surfer GIS	
		三角形法	沿等边三角形顶点布置三个钻孔，测得各孔水位高程后，编制等水位线图	—	详见《水文地质手册》2012版、1978版
降水渗入系数	含水层参数	基本计算法	通过全年降水入渗补给量与全年降水量的比值计算入渗系数	—	具体方法请参考《地下水数值模拟的理论与实践》，宁立波、董少刚、马传明编著
		地下水均衡场计算	在某均衡区的均衡时段内，地下水补给量与消耗量之差等于地下水储存量的变化量。利用均衡关系，求得降雨入渗补给系数	—	
		地下水动态资料分析法	根据地下水动态长期观测资料及降雨数据，分析求得入渗系数	—	
		数理统计法	建立次降雨入渗系数，雨前地下水位埋深，降雨量大小之间关系式的统计模拟分析。得出降雨入渗系数随其他参数的变化曲线	—	
		数值法反求	利用数学模型，运用数值模拟方法推求入渗系数	—	

附录2 常用模型参数选取表

附表1 不同岩石类型渗透系数取值范围

材料	渗透系数/(m/d)	材料	渗透系数/(m/d)
沉积物		砂岩	$3\times10^{-10}\sim6\times10^{-6}$
砾石	$3\times10^{-4}\sim3\times10^{-2}$	泥岩	$1\times10^{-11}\sim1\times10^{-8}$
粗砂	$9\times10^{-7}\sim6\times10^{-3}$	盐	$1\times10^{-12}\sim1\times10^{-10}$
中砂	$9\times10^{-7}\sim5\times10^{-4}$	硬石膏	$4\times10^{-13}\sim2\times10^{-8}$
细砂	$2\times10^{-7}\sim2\times10^{-4}$	页岩	$1\times10^{-13}\sim2\times10^{-9}$
粉砂，黄土	$1\times10^{-9}\sim2\times10^{-5}$	结晶岩	
冰碛物	$1\times10^{-12}\sim2\times10^{-6}$	可透水的玄武岩	$4\times10^{-7}\sim3\times10^{-2}$
黏土	$1\times10^{-11}\sim5\times10^{-9}$	裂隙火成岩和变质岩	$8\times10^{-9}\sim3\times10^{-4}$
未风化的海积黏土	$8\times10^{-13}\sim2\times10^{-9}$	风化花岗岩	$3\times10^{-6}\sim3\times10^{-5}$
沉积岩		风化辉长岩	$6\times10^{-7}\sim3\times10^{-6}$
岩溶和礁灰岩	$1\times10^{-6}\sim2\times10^{-2}$	玄武岩	$2\times10^{-11}\sim3\times10^{-7}$
灰岩，白云岩	$1\times10^{-9}\sim6\times10^{-6}$	无裂隙火成岩和变质岩	$3\times10^{-14}\sim3\times10^{-10}$

注：收集整理自 Domenico 和 Schwartz（1998）。

附表2 部分垂直和水平渗透系数的经验比例

介质	K_v/K_h	介质	K_v/K_h
黏土	$0.025\sim1.4$	盐	1
石灰石	$0.1\sim0.5$	有机淤泥	$0.6\sim0.8$
断裂钙质砂岩	0.002	粉砂岩	$0.1\sim0.107$
砂岩	$0.5\sim1.0$	页岩	$0.1\sim0.5$

附表3 孔隙度经验值表

材料	孔隙度/%	材料	孔隙度/%
沉积物		灰岩，白云岩	$0\sim20$
砾石（粗）	$24\sim36$	岩溶灰岩	$5\sim50$
砾石（细）	$25\sim38$	页岩	$0\sim10$
砂（粗）	$31\sim46$	结晶岩	
砂（细）	$26\sim53$	有裂隙的结晶岩	$0\sim10$
淤泥	$34\sim61$	致密的结晶岩	$0\sim5$
黏土	$34\sim60$	玄武岩	$3\sim35$
沉积岩		风化的花岗岩	$34\sim57$
砂岩	$5\sim30$	风化的辉长岩	$42\sim45$
泥岩	$21\sim41$		

附表 4　部分经验弥散系数经验值表

介质	迁移距离 /m	弥散度 /m	介质	迁移距离 /m	弥散度 /m
冲积层	40	3	砂岩和冲积沉积物	50	200
冲积层	15	3	淤泥和黏土层的砂岩	28	1
冲积层	91	0.03 ~ 0.5	冰川冲积砂	90	0.5
冲积层（凝灰岩）	18	10 ~ 30	砂	13	1.0
冲积层	13	30.5	冰川冲积砂	11	0.08
冲积层	290	0.1 ~ 12	冰川冲积砂	700	7.6
冲积层	25	30.5	砂	100	5600 ~ 40000
冲积层	6.4	30.5	冰川冲积砂	600	30 ~ 60
冲积层（砾石）	10	41	冰川冲积砂	90	0.43
冲积层（砾石）	3200	0.3 ~ 1.5	中到粗粒径的砂	250	0.96
冲积层	17.1	15.2	中等粒径分层砂	38.3	4
冲积层	20	61	河砂	25	1.6
冲积层	20	61	砂	6	0.18
角砾化玄武岩	8	0.6	砂	6	0.01
沉积玄武岩和熔岩	8	91	冰碛和细砂	4	0.06
沉积玄武岩和熔岩	538	910	砂	2 ~ 8	0.01 ~ 0.42
石灰石	23	1	砂	13 ~ 32.5	0.8 ~ 2.7
断裂石灰岩	122	3.1	河砂	40	0.06 ~ 0.16
断裂结晶岩	55	134	中到小尺度的砂	57.3	1.5
断裂白云石	250	5.2	砂	3	0.03
裂隙白云石	21.3	15	砂	8	0.5
裂隙白云石	5	38.1	砂，淤泥和砾石	11 ~ 43	2 ~ 11
白云石	17	7	砂砾	25 ~ 150	11 ~ 25
裂隙白云石	10	2.1	砂砾		
裂隙花岗岩	54.9	0.5	砂，淤泥和砾石	57.3	0.76
裂隙花岗岩	700	2	砂砾	43.4	91.4
冰川冲积砾石	2000	5	砂，淤泥和砾石	16	1
砂砾卵石		1.4 ~ 11.5	砂砾	18.3	0.26
碎石		130 ~ 234	砂，淤泥和砾石	79.2	15.2
石灰石		1	砂砾	1.52	0.015
石灰石	91	11.6	非常不均质的砂砾	200	7.5
石灰石	41.5	20.8	冰川砂砾		30.5
裂隙石灰石	32	23	冰川砂砾		6
裂隙石灰石	490	6.7	冰川砂砾		460
砂岩	3 ~ 6	0.16 ~ 0.6	冰川砂	4000	30 ~ 60

续表

介质	迁移距离/m	弥散度/m	介质	迁移距离/m	弥散度/m
冰川砂	600	0.43	层状粉质砂砾	100	10
砂和砾石与卵石	90	11	层状粉质砂砾	100	58
冲积砂砾伴随薄黏土层	6	15	砂砾伴随薄黏土层	500	2～3
冲积砂砾伴随薄黏土层	800	12	砂砾	19	2.13～3.35
层状粉质砂砾	1000	0.7	断裂带	16.4	134.1
层状粉质砂砾	10.4	6.7	冰碛		3.0～6.1

附表5　部分入渗系数经验值表

岩石名称	入渗系数 a	岩石名称	入渗系数 a
亚黏土	0.01～0.02	半坚硬岩石（裂隙极少）	0.10～0.15
轻亚黏土	0.02～0.05	裂隙岩石（裂隙度中等）	0.15～0.18
粉砂	0.05～0.08	裂隙岩石（裂隙度较大）	0.18～0.20
细砂	0.08～0.12	裂隙岩石（裂隙极深）	0.02～0.25
中砂	0.12～0.18	岩溶化极弱的灰岩	0.01～0.10
粗砂	0.18～0.24	岩溶化较弱的灰岩	0.10～0.15
砾砂	0.24～0.30	岩溶化中等的灰岩	0.15～0.20
卵石	0.30～0.35	岩溶化较强的灰岩	0.20～0.30
坚硬岩石（裂隙极少）	0.01～0.10	岩溶化极强的灰岩	0.30～0.50

其他